材料科学与工程系列教材

材料物理实验

戴　鹏　吴明在◎主编

北京师范大学出版集团
BEIJING NORMAL UNIVERSITY PUBLISHING GROUP
安徽大学出版社

图书在版编目(CIP)数据

材料物理实验/戴鹏,吴明在主编. —合肥:安徽大学出版社,2025.3
(2025.9重印)
　材料科学与工程系列教材
　ISBN 978-7-5664-2708-3

Ⅰ.①材… Ⅱ.①戴… ②吴… Ⅲ.①材料科学－物理学－实验－教材
Ⅳ.①TB303－33

中国国家版本馆 CIP 数据核字(2023)第 235981 号

材料物理实验

CAILIAO WULI SHIYAN

戴　鹏　吴明在 主编

出版发行:	北京师范大学出版集团
	安 徽 大 学 出 版 社
	(安徽省合肥市肥西路 3 号 邮编 230039)
	www.bnupg.com
	www.ahupress.com.cn
印　　刷:	江苏凤凰数码印务有限公司
经　　销:	全国新华书店
开　　本:	710 mm×1010 mm　1/16
印　　张:	15.25
字　　数:	267 千字
版　　次:	2025 年 3 月第 1 版
印　　次:	2025 年 9 月第 2 次印刷
定　　价:	54.00 元

ISBN 978-7-5664-2708-3

策划编辑:刘中飞　陈玉婷	装帧设计:李　军
责任编辑:陈玉婷	美术编辑:李　军
责任校对:王梦凡	责任印制:赵明炎

版权所有　侵权必究

反盗版、侵权举报电话:0551-65106311
外埠邮购电话:0551-65107716
本书如有印装质量问题,请与印制与运营中心联系调换。
印制与运营中心电话:0551-65106311

前 言

在过去20年里,我国材料科学的发展迅速且深入。材料科学从细分走向综合,通过学科交叉、渗透等,最终形成具有共同理论和技术基础的大材料科学。

材料物理作为材料科学的基础课程之一,在人才培养方面理应注重材料科学和物理学基础知识及技能的培养,以及材料工程实践能力的培养,旨在实现高素质应用人才的培养。材料物理实验作为与材料物理配套的实验实践课程,可培养学生理论联系实际、发现问题、分析问题和解决问题的能力,以及科学思维能力和实践创新能力。材料物理实验在教学中发挥如下重要作用:(1)使学生获得丰富的感性认识,加深学生对材料科学中的物理相关理论知识、原理和定理的理解。(2)初步培养学生的科研实践能力,帮助学生将所学的理论知识运用到实践中。(3)使学生对材料物理相关仪器形成一定的认知并可熟练操作,为后期科研之路打下坚实的基础。

当前,材料科学发展日新月异,新材料不断涌现。为适应新形势下人才培养需求和社会需求以及当前实验教学改革的要求,编者在总结各版本材料物理实验教程优缺点的基础上,结合安徽大学材料与物理实验室的学科建设、发展和实验教学方法、教学仪器改进方面的经验,编写本书。本书旨在实现以下教学目标:(1)培养学生的动手能力,帮助学生在掌握理论知识的基础上熟练掌握实验方法和操作技能,并通过实验过程加深对材料物理相关知识和理论的理解。(2)培养学生的思维能力,尤其是在实验过程中发现问题、分析问题、解决问题的能力,增强学生的综合素质。(3)培养学生的实验总结能力,提升学生的科研素养。

本书分为材料磁学性能实验、材料光学性能实验、材料电学性能实验、材料热学性能实验、材料综合物理性能实验,共包含30个实验。本书主要有以下特点:(1)淘汰了一些陈旧的实验技术和内容,引入了一些最新的科研成果,并将与科研和生产关系密切的材料物性分析等内容纳入材料物理实验教学。(2)编写本书的目的不只是传授知识,更重要的是培养学生的责任感和独立思考、分析问题的能力。本书将科学教育与材料物理学发展史普及教育相融合,旨在发挥价值引领作用,通过实验教学实现课程思政的育人目标。

本书由安徽大学材料科学与工程学院的戴鹏和吴明在老师组织编写和统稿,参与本书编写工作的还有刘艳美、吕庆荣和蒋童童老师。

在编写过程中,编者参阅了其他出版社的相关教材和资料,以及部分仪器厂家的说明书,并得到了兄弟院校及同行的帮助,在此一并致以诚挚的谢意。

由于编者水平有限,书中难免存在疏漏和不足之处,恳请广大读者不吝批评指正。

编 者
2024 年 3 月

目 录

第1章 材料磁学性能实验 ··· 1
实验1-1 永磁材料直流磁性测量 ·· 1
实验1-2 软磁材料直流磁性测量 ·· 9
实验1-3 铁磁材料居里温度测量 ··· 16
实验1-4 微波铁氧体铁磁共振线宽测量 ·· 22
实验1-5 巨磁电阻效应测量 ··· 29

第2章 材料光学性能实验 ·· 39
实验2-1 薄膜样品制备及其折射率和厚度测量 ································ 39
实验2-2 光电效应法测量功函数和普朗克常数 ································ 49
实验2-3 色度学特性测量 ··· 57
实验2-4 光度学特性测量 ··· 66
实验2-5 LED光源光电色度参数测量 ·· 75
实验2-6 拉曼光谱分析 ·· 86
实验2-7 荧光光谱分析 ·· 95
实验2-8 紫外-可见光谱分析 ·· 103

第3章 材料电学性能实验 ··· 111
实验3-1 材料压电性能测量 ··· 111
实验3-2 材料介电常数测量 ··· 117
实验3-3 材料电阻率/方阻测量 ··· 124
实验3-4 超导材料电阻-温度特性测量 ·· 132
实验3-5 铁电薄膜铁电性能测量 ·· 137

第4章　材料热学性能实验 …… 142
实验4-1　材料热膨胀系数测量 …… 142
实验4-2　材料导热系数测量 …… 148
实验4-3　热重曲线测量 …… 153
实验4-4　材料差热曲线测量 …… 159
实验4-5　半导体热电效应测量 …… 165

第5章　材料综合物理性能实验 …… 173
实验5-1　半导体材料霍尔效应测量 …… 173
实验5-2　能源转换综合实验仪电池特性测量 …… 183
实验5-3　矢量网络分析仪测量微波吸收材料的吸波性能 …… 191
实验5-4　表面磁光克尔效应法测量材料磁性参数 …… 199
实验5-5　X射线衍射物相定性分析 …… 210
实验5-6　材料孔隙率及比表面积测量 …… 216
实验5-7　粉体粒径及粒度分布测量 …… 223

附　录 …… 229
附录1　厚度修正因子表 …… 229
附录2　直径修正因子表 …… 230
附录3　硅的电阻率温度系数 …… 231
附录4　电阻率测试仪测量电流选择表 …… 233
附录5　固体的线膨胀系数表 …… 235
附录6　铜-康铜热电偶分度表 …… 236

参考文献 …… 237

第1章 材料磁学性能实验

实验1-1 永磁材料直流磁性测量

永磁材料又称硬磁材料,是指那些难以磁化,且除去外磁场以后仍能保留高的剩余磁感应强度(剩磁)的材料。永磁材料的磁滞回线较粗,具有高矫顽力,充磁后不易退磁。永磁材料有铝镍钴系永磁合金、永磁铁氧体材料、稀土永磁材料等几个系列,主要用来储存和提供磁能。作为磁场源,永磁材料广泛应用于机械制造、农业生产、国防科技、交通运输、资源开发等领域。电表、电机、磁选机、电话机、扬声器、电视机中都有永磁材料。

直流磁性又称静态磁性,是材料在静态磁化过程中表现的磁性能。静态磁化过程是在恒定直流磁场下,样品从一个稳定磁化状态转变至新的平衡状态的过程。材料的直流磁性常用静态(直流)条件下的磁化曲线和磁滞回线表示。永磁材料常用的直流磁性参数有剩余磁感应强度 B_r、矫顽力 H_c 以及最大磁能积 $(BH)_{max}$。另外,稳定性是评价永磁材料性能的关键因素之一,其中最重要的是温度稳定性。本实验主要通过测量比较铝镍钴合金、永磁铁氧体、稀土永磁材料的直流磁性。

一、实验目的

① 了解永磁材料的直流磁性参数及测量原理。
② 测量比较三种常用永磁材料的直流磁性。
③ 测量永磁材料直流磁性随温度变化的情况,分析永磁材料的温度稳定性。

二、实验原理

1. 永磁直流磁性参数

图1-1-1展示了磁性材料的静态直流磁化过程。对处于磁中性状态的样

品,随着外加磁场强度从零增大到 H_m,样品内磁感应强度沿 OA 段(磁化曲线)从零增大到 B_m;当外加磁场强度从 H_m 减小到零时,样品内磁感应强度并不沿原路减小,而是从 B_m 减小到 B_r(剩余磁感应强度);外加磁场强度接着从零向反方向增大到 H_c(矫顽力)时,样品内磁感应强度从 B_r 减小到零;外加磁场强度反向增大到 $-H_m$ 时,样品内磁感应强度也随之达到 $-B_m$,形成磁滞回线的上半支;外加磁场强度继续从 $-H_m$ 到零再到 H_m,样品内磁感应强度从 $-B_m$ 到 B'_r 再到 B_m,形成完整的磁滞回线。

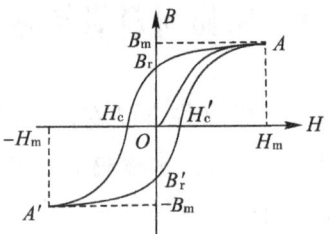

图 1-1-1　磁化曲线和磁滞回线

永磁材料的主要直流磁性参数都可以从退磁曲线(磁滞回线的第二象限部分)得到。磁能积是退磁曲线上每一点的磁感应强度 B 和磁场强度 H 的乘积 (BH),用于表征材料内部储存的磁能量。最大磁能积 $(BH)_{max}$ 是退磁曲线上 B 和 H 乘积(磁能积)的最大值,是衡量永磁材料性能的重要参数。绘制退磁曲线后,即可由图 1-1-2 所示的作图法求出 $(BH)_{max}$。

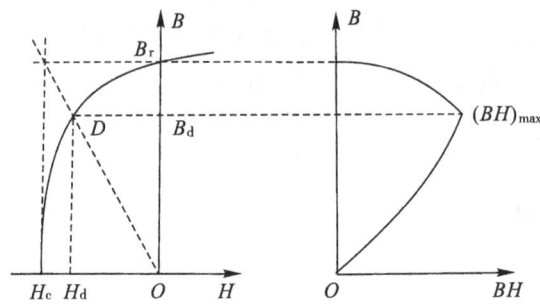

图 1-1-2　作图法求最大磁能积

2. 永磁直流磁性测量原理

磁场强度测量原理为霍尔效应:在长方形导体薄板上通电流 I,并施加与电流方向垂直的磁场 H,在与电流和磁场均垂直的方向上会产生电势差,此现象称为霍尔效应,此电势差称为霍尔电压,$U_H = KIH$(K 为系数)。利用这个原理,我们可以用霍尔元件制成的磁强计来测量样品所在位置的磁场强度 H。

磁感应强度的测量原理为法拉第电磁感应定律:在磁场强度 H 作用下,样品区域产生磁感应强度 B,若样品截面积为 S,测量线圈匝数为 N,则穿过测量线圈的磁通量 $\Phi=NSB$。当磁通量发生变化时,线圈内产生与磁通量变化率成正比的感应电动势

$$U_i = -\frac{\mathrm{d}\Phi}{\mathrm{d}t} = -NS\frac{\mathrm{d}B}{\mathrm{d}t} \tag{1-1-1}$$

用电子磁通计对这个电动势进行积分,得到与磁通量变化量成正比的输出电压

$$U_0 = \int U_i \mathrm{d}t = \int \left(-NS\frac{\mathrm{d}B}{\mathrm{d}t}\right)\mathrm{d}t = \int (-NS)\mathrm{d}B = NS\Delta B \tag{1-1-2}$$

由此输出电压可以求得测量线圈内 Φ 的变化量,从而得到测量线圈内 B 的变化量 ΔB,求出磁感应强度 B。

温度稳定性一般用一定温度范围内剩磁 B_r、矫顽力 H_c 和最大磁能积 $(BH)_{max}$ 随温度变化的情况来表示。

三、实验仪器

永磁测量装置由电子磁通计、磁强计、励磁电源、电磁铁及数模(D/A)转换器、模数(A/D)转换器等组成,如图 1-1-3 所示。电子磁通计的主要功能是完成磁通量的测量和电平的变换,以便 A/D 转换器正常使用。磁强计用于完成对磁场的测量和电平的变换,以适应模数转换器。励磁电源向电磁铁提供大电流,完成对样品的磁化。电磁铁为测量提供一个较高、较均匀的磁化场。D/A 转换器和 A/D 转换器用于实现计算机所有的控制功能和数据采集功能,充当计算机与电子磁通计、磁强计和励磁电源之间的桥梁。

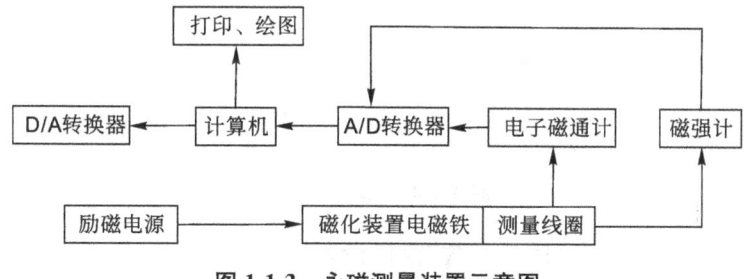

图 1-1-3 永磁测量装置示意图

四、实验步骤与要求

1. 样品要求

样品一般为圆柱体或长方体,内部和外部不应有砂眼、缺口、裂纹或其他缺

陷,端面应相互平行,并垂直于轴线,尺寸的测量误差不超过0.2%。样品表面必须与电磁铁的极头紧密结合,尽可能做到没有间隙,防止端面产生表面磁荷,在内部产生退磁场。

2. 铁氧体、铝镍钴样品测量

打开计算机后,先打开测量软件,再依次打开电子磁通计、励磁电源,预热10 min,准备测试。关机顺序相反。

在"测量"下拉菜单中点击"选项",打开"选项"窗口,如图1-1-4所示,在"测试样品"中点选样品类别(铁氧体、铝镍钴或钕铁硼),在"测试方法"中点选"缠绕B线圈"(自己绕线)、"固定B线圈"(固定的木板线圈)或"固定J线圈"(固定的木板线圈),点击"确定"。

选择"缠绕B线圈"时,须在样品上缠绕一定匝数的测量线圈,缠绕后的接线引出端的漆包线呈麻花状,连接磁通计接线盒的相应接线柱,并输入线圈匝数和线径(一般为0.13 mm)。选择"固定B线圈"或"固定J线圈"时,需要输入固定线圈的面积(将面积值写在固定线圈板上),固定线圈引出线连接磁通计接线盒的相应接线柱。

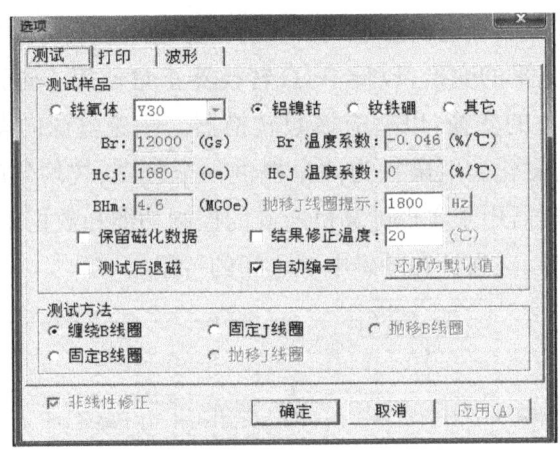

图1-1-4 "选项"窗口

如图1-1-5所示,在"样品参数"窗口设置样品形状、尺寸及线圈参数;在"励磁波形"窗口设置峰值电压(分别为30 V、35 V、90 V)后回车,可自动生成拐点电压(分别为15 V、17.5 V、0 V),扫描时间分别设置为60 s、60 s、110 s。如果主窗口中没有"样品参数"和"励磁波形"窗口,可以在"查看"菜单(图1-1-6)的"参数"选项中点击"样品"和"励磁",分别打开"样品参数"和"励磁波形"窗口。在"查看"菜单中点击"磁通计"和"磁强计"选项,便可分别打开"磁通计"和"磁强计"窗口,这两个窗口下方都有选择不同量程的按钮和"自动"按钮,测试过程中须点击"自动"按钮。

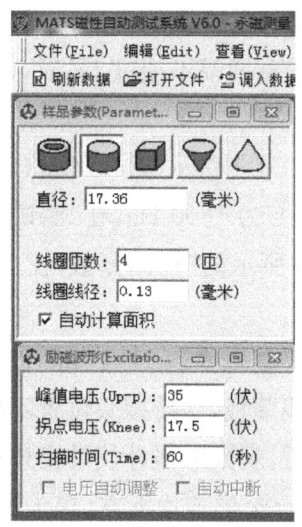

图 1-1-5 "样品参数"和"励磁波形"窗口　　　　图 1-1-6 "查看"菜单

将样品置于电磁铁极头中间位置,探头对准样品的 1/2 高度处,与样品保持一定水平间距(铁氧体样品为 2～3 mm,铝镍钴样品为 5～10 mm,此间距主要影响矫顽力和磁能积)。

通过转动电磁铁顶部的三个把手调节电磁铁极头间距,使上下极头与样品密切接触,然后多次左右摇晃锁紧把手,锁紧电磁铁极头。测量完成后,需要先将锁紧的把手放松,再用电磁铁顶部三个把手调节电磁铁极头间距,然后才能取出样品。

测试前样品磁化:先按电子磁通计左侧"RESET"按钮清零,再点击测量软件主窗口最下方的"磁化"。磁化完成后,再按一次"RESET"按钮,然后点击测量软件主窗口最下方的"测试",即开始测量。

如果磁通计读数变化太快,磁化及测量前需要旋转磁通计前面板上的"DRIFT ADJ"旋钮调零。如果主窗口最下面一排中没有"磁化"或"测试"选项,可以在"测量"菜单中找到对应的功能并执行。

测试完,在"文件"菜单(图 1-1-7)中点击"存盘"或"另存为",即可保存 B 和 H 的连续变化数据。

图 1-1-7 "文件"菜单

3. 稀土样品测量

稀土样品测试前需要先充磁，且每次重复测量需要重新充磁。稀土样品需要用专业充磁机充磁，不能用 MATS-2010H 永磁测量装置进行磁化充磁。当充磁电压升高 10%（不小于 100 V），样品的表磁增幅不超过 1% 时，认为样品已经充磁饱和，可用磁强计进行标记定点测量。

在"测量"菜单中点击"选项"，打开如图 1-1-4 所示"选项"窗口，在"测试样品"中选择"钕铁硼"，则抛移 J 线圈频率自动变为 1800 Hz，在"测试方法"中选择"抛移 J 线圈"，单击"确定"。在如图 1-1-5 所示的"样品参数"窗口输入样品参数及线圈参数。

确定样品充磁后的磁化方向：将样品放入电磁铁，套上 J 线圈板，调整好霍尔探头的位置，固定探头。然后移出样品和线圈板，保持探头位置不变，锁紧极头，点击"测试"，听到"嘀"一声，再"嘀"一声后，观察磁强计读数窗口正负符号，按下键盘上的"Esc"取消测试。再将样品置于探头芯片下方（探头和样品置于电磁铁外的无磁场区域），观察磁强计读数符号与第一次读数符号是否相同。若不同，则改变样品放置的方向。

确定样品放置方向后，将样品放入电磁铁，套上线圈。霍尔探头置于固定线圈的固定缺口处，对准样品的 1/2 高度处，与线圈水平间距为 1 mm。

在如图 1-1-5 所示的"励磁波形"窗口设置峰值电压（90 V）、拐点电压（自动为 0）和扫描时间（110 s）。

将磁通计调稳清零，取出线圈，点击"测试"。听到第一声"嘀"后，迅速将线圈套在样品上，摇下极头，锁紧并回 1/4 圈（须在听到第二声"嘀"之前完成，否则需要从充磁开始重新操作）。

听到第二声"嘀"后，迅速进入"测试"状态。

听到第三声"嘀"后，松开电磁铁锁紧装置，摇上极头，取出 J 线圈板并将其置于极头外，确保霍尔探头位置不动，再摇下极头，锁紧并回 1/4 圈（须在听到第四声"嘀"之前完成，否则需要从充磁开始重新操作）。

听到第四声"嘀"后，即可等待测试结果。

4. 变温测量

点击"SET"，出现"SP"窗口，按"∨""∧"设定温度，再点击"SET"，即开始加热。点击"SET"，将温度设置为"0"，再点击"SET"，即停止加热。不用加热时，可以不开温控装置电源开关。

先放入样品,合上磁极,调好霍尔探头位置,开始加热,加热到设定温度后开始磁性测量。升温过程开始阶段,升温速度快;接近设定温度时,升温速度慢。

五、实验数据记录与处理

1. 永磁材料直流磁性测量

分别测量三种永磁材料的直流磁性参数(表 1-1-1),比较三种永磁材料直流磁性的差异。

表 1-1-1　不同永磁材料的直流磁性参数

材料	$(BH)_{max}$	B_r	H_c
铁氧体			
铝镍钴			
钕铁硼			

2. 永磁材料温度稳定性测量

分别测量三种永磁材料的直流磁性参数随温度变化的情况(表 1-1-2～表 1-1-4),讨论三种材料的温度稳定性。

表 1-1-2　铁氧体的直流磁性参数随温度变化的情况

温度					
$(BH)_{max}$					
B_r					
H_c					

表 1-1-3　铝镍钴的直流磁性参数随温度变化的情况

温度					
$(BH)_{max}$					
B_r					
H_c					

表 1-1-4　钕铁硼的直流磁性参数随温度变化的情况

温度					
$(BH)_{max}$					
B_r					
H_c					

六、注意事项

①计算机电源开启、关闭应间隔 1 min 以上,严禁连续开关。开机预热 10 min,待设备稳定再开始测试。

②每次测试前,都要将磁强计和磁通计正确调零。磁通计接线盒接测量线圈后才可按"RESET"按钮清零,调节零漂。需要特别注意的是,磁通计输入端处于开路时,磁通计无法清零。磁强计调零时,必须先将磁通计清零,再将霍尔探头置于电磁铁外无磁场区域。

③注意保护霍尔探头,不要压、摔、碰霍尔探头,以免损坏。

④在没有磁性的情况下,对于某一类稀土磁性材料(如 $SmCo_5$),只要用较弱的磁场就可将其饱和磁化。因此,这类材料的无磁样块不必预先饱和充磁,也不必判断 N 极,直接放置在电磁铁上下极头间,同样用抛移 J 线圈法测量即可。

七、思考题

①如何用霍尔效应法测量磁场强度 H?

②如何用电磁感应法测量磁感应强度 B?

③如何确定永磁材料的矫顽力 H_c、剩余磁感应强度 B_r 和最大磁能积 $(BH)_{max}$?

实验 1-2 软磁材料直流磁性测量

软磁材料主要是指那些容易反复磁化,矫顽力 H_c 较小,且去掉外磁场后容易退磁的磁性材料。其特点为磁滞回线面积小、磁导率高、饱和磁感应强度大、矫顽力小、剩磁小、损耗小。软磁材料按主要成分、磁性特点、结构特点及制品形态来分类,主要有以下三类:合金类,如硅钢片、坡莫合金、非晶及纳米晶合金;粉芯类,如铁粉芯、铁硅铝粉芯、高磁通量粉芯、坡莫合金粉芯;铁氧体类,如锰锌系铁氧体、镍锌系铁氧体。

软磁材料广泛应用于电子工业,其主要功能是导磁,主要用于制作各种电机、变压器、继电器、磁放大器、电磁铁极头及各种测量仪器中的传感器。软磁材料主要应用于交流励磁的场合,也可应用于产生直流磁通的场合。软磁材料的直流磁性是评价低频磁场下材料性能的关键指标。

软磁材料常用的直流磁性参数有起始磁导率 μ_i、最大磁导率 μ_m、饱和磁感应强度 B_s、剩余磁感应强度 B_r、矫顽力 H_c 等。

一、实验目的

①了解软磁材料直流磁性及冲击电流计测量原理。

②掌握软磁直流测量装置的工作原理和使用方法,测量软磁样品的磁化曲线、磁滞回线和其他直流磁性参数。

③理解常用软磁直流磁性参数的物理意义。

二、实验原理

1. 冲击电流计工作原理

冲击电流计又称冲击检流计,是用来测量单个脉冲电流的磁电式仪表。在直流磁性测量中,常用它来测量某一脉冲持续时间间隔内穿过测量线圈的磁通量的变化量 $\Delta\Phi$。

如图 1-2-1 所示为冲击电流计的结构示意图。冲击电流计与一般的磁电式仪表的区别是,活动线圈加了一个铜制圆盘,从而使其转动惯量增大,自由振荡周期变长。另外,通过冲击电流计的磁通量存在时间非常短,这使冲击电流计指针不会停留在某一值,而是达到某一最大值后立即返回零点。

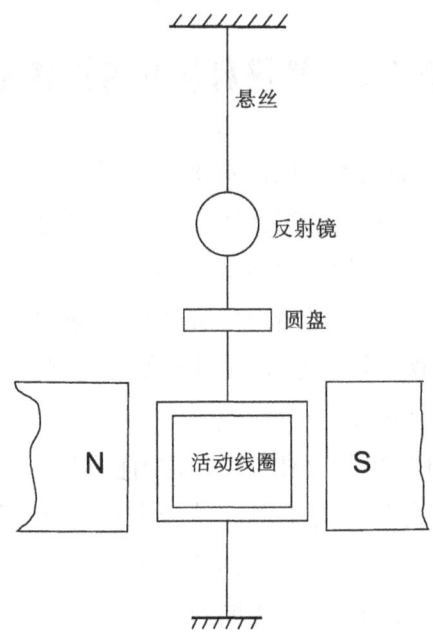

图 1-2-1 冲击电流计的结构示意图

由于冲击电流计结构特殊,活动线圈转动惯量较大,因此,当电流瞬间通过线圈时,线圈的运动状态来不及发生变化。电流停止后,线圈才以一定的角速度摆动。线圈开始转动后,立即受到各种反力矩的作用,运动速度逐渐减小,转动至最大偏转角位置的瞬间停止,然后回复至初始位置,并在初始位置附近往返摆动数次,最终停止。

根据冲击电流计活动线框运动方程及运动初始条件,可以导出穿过活动线框的磁通量增量 $\Delta\Phi$ 与活动线框的最大偏转角 α_m 成正比,即

$$\Delta\Phi = C_\Phi \alpha_m \tag{1-2-1}$$

式中 C_Φ 为冲击常数。

2. 冲击法测量直流磁性

测量磁化曲线和磁滞回线,须同时测量磁感应强度 B 和磁场强度 H。如何同时测得 B 和 H?我们可以通过在样品上缠绕两组线圈来实现:缠绕测量线圈以测得 B,缠绕磁化线圈以测得 H。测量线圈要求用细的绝缘导线绕制,而且最好直接缠绕在样品上。如果测量线圈不是直接缠在样品上,计算 B 值时还应考虑样品与线圈间气隙内磁场的影响。磁化线圈应均匀地缠绕在样品上,以保证样品磁化均匀。

图 1-2-2 为冲击法测量直流磁性示意图。若测量线圈直接绕在样品上,磁化线圈均匀分布在样品上,根据安培环路定理,均匀密绕螺绕环内部磁场 H 可以直接计算:

$$H = \frac{N_1}{l}I \qquad (1\text{-}2\text{-}2)$$

由式(1-2-3)可求得磁感应强度 B 的增量。

$$\Delta B = \frac{\Delta \Phi}{N_2 S} \qquad (1\text{-}2\text{-}3)$$

式中:S 为样品截面积;l 为试样的平均磁路长度;N_1、N_2 分别为磁化线圈和测量线圈的匝数。

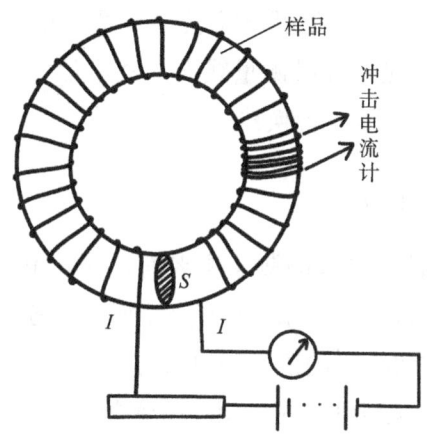

图 1-2-2 冲击法测量直流磁性示意图

用冲击电流计测量软磁直流磁性是一种传统的方法,测试结果稳定可靠,仪器设备简单、维修方便;但对测试人员要求相当高,测试工作繁重、速度慢,脉冲非瞬时误差难以完全消除。本实验采用的软磁直流测量装置以电子积分器取代传统的冲击电流计,实现微机控制下的模拟冲击法测量,不仅可以完全消除经典冲击法中因使用冲击电流计而产生的非瞬时性误差,而且测量精度高、速度快、重复性好,可消除各种人为因素的影响,为研究材料磁化机理提供可靠的依据。

三、实验仪器

软磁直流测量装置(图 1-2-3)由计算机、打印机、数据采集系统、电子积分器、励磁电源等组成。

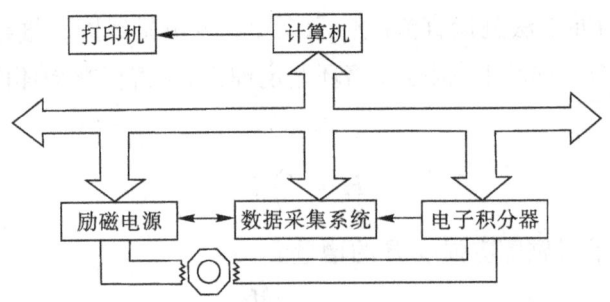

图 1-2-3 软磁直流测量装置组成示意图

计算机和打印机组成微机系统,进行数据、图形的计算、打印和处理。数据采集系统包括 D/A 转换器、A/D 转换器以及 RS232 串行接口。励磁电源在微机控制下提供励磁电流,并把励磁电流转换成适当的电平送至 A/D 转换器。电子积分器的主要作用是对样品测量线圈的感应信号进行放大、积分,并将其转换成适当的电平,送至 A/D 转换器。

四、实验步骤与要求

软磁材料的直流磁性参数的测量主要有冲击法和扫描法两种测量方式。系统提供了两个测量软件,一个基于传统的冲击法,另一个基于扫描法。由于磁化速度不同,两种方法测得的磁场强度数据稍有不同,而磁感应强度数据基本一致。建议测量磁性参数时选用冲击法,观测磁滞回线时使用扫描法。

1. 开机

为确保仪器安全,务必按照以下顺序对仪器进行开机操作:
①打开计算机主机电源,等待操作系统正常启动。
②运行测量软件,进入测试界面。
③开启软磁直流测量装置主机。

2. 测量操作

①电源输出调零。按下装置前面板上的"APC"按钮,调节"ZERO"电位器,使"DC VOLTAGE"表头尽可能指示为零。
②测量样品的外径 D、内径 d、高 h,给样品均匀缠绕磁化线圈和测量线圈。磁化线圈和测量线圈分别连接装置前面板"DRIVE"和"SENSE"接线柱。
③调节装置前面板"DRIFT"旋钮,使积分器漂移(变化)最小。调节过程中,注意观察积分器表头变化。如表头显示数值向正方向变化,则顺时针旋转

该旋钮；如表头显示数值向负方向变化，则逆时针旋转该旋钮；如表头显示数值超过 1000，则按"RESET"按钮清零。

3. 冲击法测量

双击冲击法图标进入如图 1-2-4 所示测量界面。输入样品参数和磁场设置参数，选择相应的测量功能。点击"Bs.Hc"可以测量磁滞回线及矫顽力 H_c、剩余磁感应强度 B_r、饱和磁感应强度 B_s，点击"u-h"可以测量磁化曲线、磁导率曲线及起始磁导率 μ_i、最大磁导率 μ_m。测试完毕，屏幕上出现磁滞回线、起始磁化曲线和磁导率曲线，双击测量界面中间的图片框将曲线放大，即可打印或保存。

测量主菜单中"Bm-Hm"为备用功能，可以按照给定的测试点测试一系列磁滞回线。

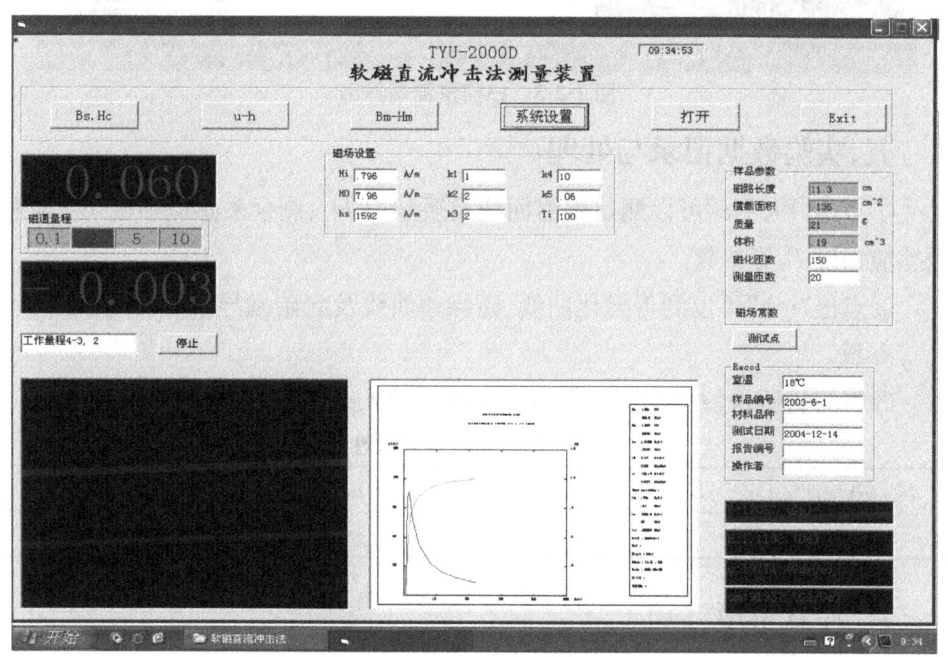

图 1-2-4　冲击法测量界面

4. 扫描法测量

双击扫描法图标进入如图 1-2-5 所示的测量界面。扫描法可以测量磁滞回线及饱和磁感应强度 B_s、剩余磁感应强度 B_r 和矫顽力 H_c。扫描法的软件操作与冲击法的软件操作基本相同，输入样品参数和磁场设置参数，点击相应的测量功能按钮即可进行测量。

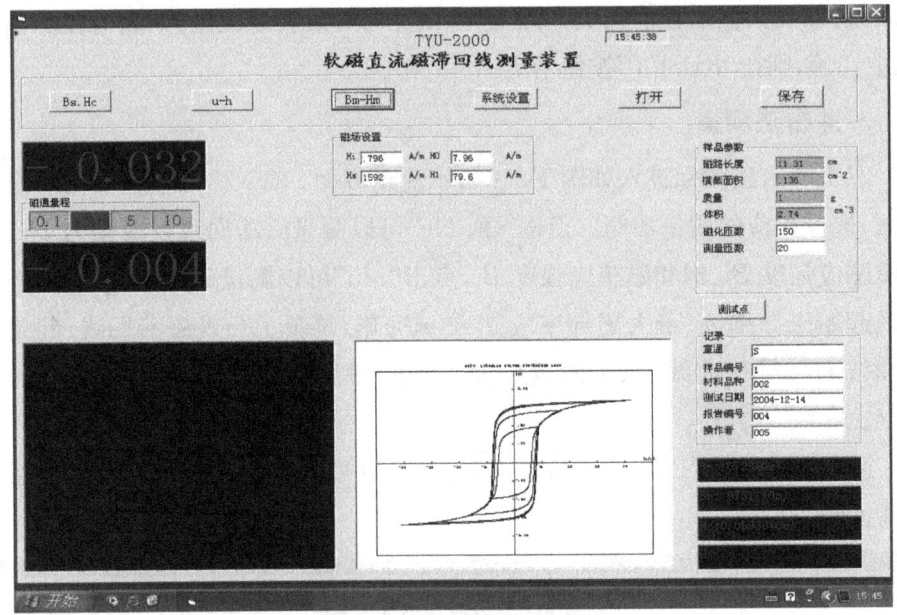

图 1-2-5　扫描法测量界面

五、实验数据记录与处理

①点击"Bs. Hc"可以测得磁滞回线及矫顽力 H_c、剩余磁感应强度 B_r、饱和磁感应强度 B_s 等参数。

②点击"u-h"可以测得磁化曲线、磁导率曲线及起始磁导率 μ_i、最大磁导率 μ_m 等参数。

③将测量所得的软磁材料直流磁性参数填入表 1-2-1。

表 1-2-1　软磁材料直流磁性参数

H_c/(A/m)	B_r/T	B_s/T	μ_i/(H/m)	μ_m/(H/m)

六、注意事项

①仪器开机后,须预热 10~15 min 再开始测试操作。

②测试前须检查样品的磁化线圈、测量线圈,确认线圈已连接好。

③测试过程中不可关闭软磁直流测量装置主机前面板上的电源开关。如遇紧急情况,须先按键盘上的"Esc"键,退出测试后方可关闭电源开关。

④设备运行过程中,不可在设备进出风口处摆放物品,以免影响设备散热。

⑤每次输入样品参数、测试条件后,一定要按"Enter"键确认。

⑥测试一轮结束,要停止 10 min 以上,待样品冷却再进行测试。

七、思考题

①比较本实验所用测量装置与冲击电流计的优缺点。

②从软磁材料磁化曲线和磁滞回线可以得出哪些直流磁性参数？

③磁性材料的磁导率随磁场变化的曲线有何特点？

实验 1-3　铁磁材料居里温度测量

铁磁材料的磁性随温度的变化而变化，当温度上升至某一值时，铁磁材料由铁磁状态转变为顺磁状态，即失去铁磁材料的特性而转变为顺磁材料，这个温度称为居里温度。居里温度是表征磁性材料基本特性的物理量，主要与材料的化学成分和晶体结构有关，几乎与晶粒的大小、取向以及应力分布等微观结构特征无关，因此又被称为结构不灵敏参数。测定铁磁材料的居里温度对磁性材料、磁性器件的研究、研制及其应用都有十分重要的意义。

一、实验目的

①了解铁磁物质由铁磁性转变为顺磁性的微观机理。

②掌握交流电桥法测量铁磁材料居里温度的原理和方法。

③分析加热速率和交流电桥输入信号频率等测量条件变化对居里温度测量结果的影响。

二、实验原理

1. 铁磁材料的磁化规律

物质的磁性可分为抗磁性、顺磁性和铁磁性三种。一切可被磁化的物质均可称为磁介质。在铁磁材料中，相邻电子之间存在一种很强的交换耦合作用，在无外磁场的情况下，它们的自旋磁矩能在一个个微小区域内自发地整齐排列起来，形成自发磁化小区域，称为磁畴。在未经磁化的铁磁材料中，虽然每个磁畴内部都有确定的自发磁化方向，有很强的磁性，但大量磁畴的磁化方向各不相同，因此整个铁磁材料无磁性。图 1-3-1 给出了多晶磁畴结构示意图。当铁磁材料处于外磁场中时，那些自发磁化方向和外磁场方向成小角度的磁畴的体积随着外磁场的增强而增大，并使磁畴的磁化方向进一步转向外磁场方向，另一些自发磁化方向和外磁场方向成大角度的磁畴的体积则逐渐缩小，这时铁磁材料表现出磁性。当外磁场增强时，上述效应也相应增强，直至所有磁畴都沿外磁场方向排列好，此时介质达到磁饱和。

由于在每个磁畴中磁矩已完全排列整齐，因此铁磁材料具有很强的磁性。介质里的掺杂和内应力在磁场去掉后阻碍磁畴恢复原来的状态，是造成磁滞现象的主要原因。铁磁性与磁畴结构紧密相关：当铁磁体受到强烈的震动或在高温下受到剧烈运动的影响，磁畴便会瓦解。这时，与磁畴相关的一系列铁磁性质（如高磁导率、磁滞等）全部消失。

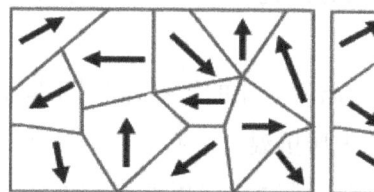 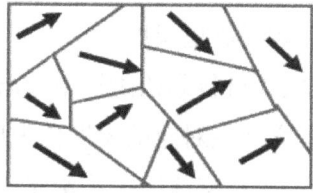

图 1-3-1　未加磁场时（左）和加磁场时（右）的多晶磁畴结构

磁介质的磁化规律可用磁感应强度 B、磁化强度 M 和磁场强度 H 来描述，它们满足以下关系：

$$B = \mu_0(H+M) = (\chi_m+1)\mu_0 H = \mu_r \mu_0 H = \mu H \qquad (1-3-1)$$

式中：μ_0 为真空磁导率，χ_m 为磁化率，μ_r 为相对磁导率，μ 为磁导率。对于顺磁性介质，磁化率 $\chi_m > 0$，μ_r 略大于 1；对于抗磁性介质，$\chi_m < 0$，其绝对值一般在 10^{-4} 与 10^{-5} 之间，μ_r 略小于 1；对于铁磁性介质，$\chi_m \gg 1$，$\mu_r \gg 1$。

对于非铁磁性的各向同性的磁介质，H 和 B 满足线性关系 $B = \mu H$，而铁磁性介质的 μ、B 与 H 之间有着复杂的非线性关系。一般情况下，铁磁材料内部存在自发的磁化强度，温度越低，自发磁化强度越大。图 1-3-2 展示了典型的磁化曲线（B-H 曲线），反映了铁磁材料的共同磁化特点：开始时，随着 H 增大，B 缓慢增大，此时 μ 较小；此后，随着 H 增大，B 急剧增大，μ 也迅速增大；最后，随着 H 增大，B 趋于饱和，而此时的 μ 在到达最大值后又急剧减小。图 1-3-2 中的磁导率曲线（μ-H 曲线）表明，磁导率 μ 是磁场强度 H 的函数。从图 1-3-3 可以看出，磁导率 μ 还是温度 T 的函数。当温度升高到某个值时，铁磁状态变成顺磁状态，曲线突变点所对应的温度就是居里温度 T_C。

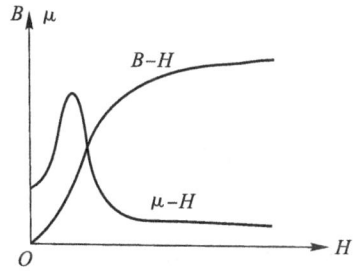 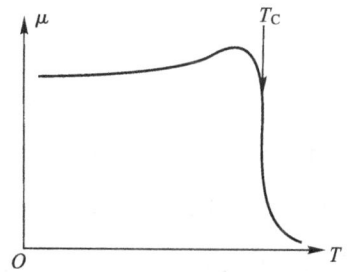

图 1-3-2　磁化曲线和磁导率曲线　　　图 1-3-3　磁导率随温度变化的曲线

2. 用交流电桥测量居里温度

在居里温度附近,铁磁物质有很多反常现象。例如:铁磁体自发磁化消失;起始磁导率急速下降;电阻温度系数、定压比热等发生突变。利用铁磁体这些反常特性,可以测得居里温度。

可以根据铁磁材料起始磁导率随温度变化的特性,测量不同温度下的起始磁导率,磁导率突变点对应的温度称为居里温度。起始磁导率可以用任何一种交流电桥测量。采用交流电桥法测量铁磁物质居里温度的方法具有系统结构简单和测量结果稳定、可靠等优点。

铁磁材料的居里温度可以用任何一种交流电桥测量。交流电桥种类很多,如麦克斯韦电桥、欧文电桥等,其中,大多数电桥可归结为如图 1-3-4 所示的四臂阻抗电桥,电桥的四个臂可以是电阻、电容、电感的串联或并联组合。调节电桥的桥臂参数,使 C、D 两点间的电位差为零,电桥达到平衡,则有

$$\frac{Z_1}{Z_2} = \frac{Z_3}{Z_4} \tag{1-3-2}$$

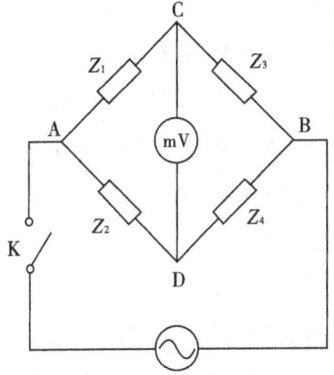
图 1-3-4 交流电桥的基本电路

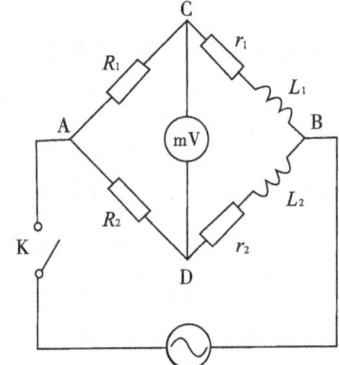
图 1-3-5 RL 交流电桥

若要上式成立,必须使阻抗的模和相位角分别相等,即

$$\frac{|Z_1|}{|Z_2|} = \frac{|Z_3|}{|Z_4|} \tag{1-3-3}$$

$$\phi_1 + \phi_4 = \phi_2 + \phi_3 \tag{1-3-4}$$

由此可见,交流电桥平衡时,除阻抗大小满足式(1-3-3)外,阻抗的相位角还要满足式(1-3-4),这是它和直流电桥的主要区别。

本实验采用如图 1-3-5 所示的 RL 交流电桥。在电桥中,输入电源由信号发生器提供,在实验中应适当选择较高的输出频率,Z_1 和 Z_2 为纯电阻,Z_3 和 Z_4

为电感(包括电感的线性电阻 r_1 和 r_2),其复阻抗为

$$Z_1 = R_1$$
$$Z_2 = R_2$$
$$Z_3 = r_1 + \mathrm{j}\omega L_1$$
$$Z_4 = r_2 + \mathrm{j}\omega L_2$$
(1-3-5)

式中 ω 为信号发生器的角频率。当电桥平衡时,有

$$R_1(r_2 + \mathrm{j}\omega L_2) = R_2(r_1 + \mathrm{j}\omega L_1) \tag{1-3-6}$$

由于实部与虚部分别相等,因此有

$$r_2 = \frac{R_2}{R_1} r_1$$
$$L_2 = \frac{R_2}{R_1} L_1$$
(1-3-7)

选择合适的电子元件相匹配,在未放入样品时可直接使电桥平衡,但当其中一个电感放入样品后,电感大小发生变化,会引起电桥不平衡。随着温度上升至某一个值,样品的铁磁性转变为顺磁性,C、D两点间的电位差发生突变并趋于零,电桥趋向于平衡,这个突变的点对应的温度就是居里温度。可通过绘制桥路电压 U 与温度 T 的关系曲线,求曲线突变处的温度,分析升温与降温过程中温度变化速率对实验结果的影响。

被测样品置于电感的绕组中,被线圈包围,如果升温速度过快,则传感器测试温度将与样品实际温度不同(升温时,样品温度可能低于传感器温度)。对这种温度滞后现象,实验中必须加以重视。在动态平衡的条件下测得的磁性突变温度更接近居里温度。

三、实验仪器

FD-FMCT-A 型铁磁材料居里温度测试实验仪主要包括两台实验主机、一个实验箱、一台计算机,如图 1-3-6 所示。

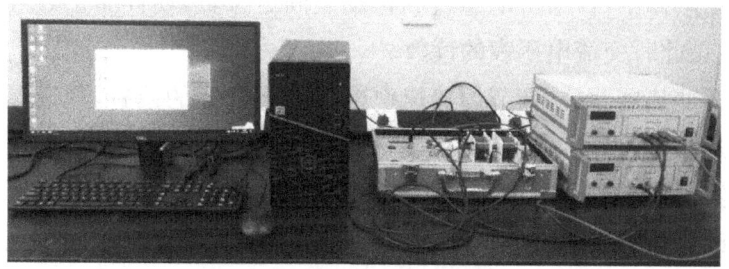

图 1-3-6　居里温度测试实验仪

两台实验主机中,一台配备交流电压表和信号采集系统,另一台配备信号发生器和数字频率计。

①交流电压表:测量交流电桥输出的电压信号;"输入"接线柱可接入外部信号,测量交流电压(如正弦波电压)。

②信号采集系统:"样品温度"接线柱将温度传感器测得的样品温度信号通过连接线接入信号采集系统,作为测量曲线的横坐标;"电桥输出"接线柱将电桥输出的交流信号电压接入信号采集系统,作为测量曲线的纵坐标,同时将电桥输出的交流信号电压接入交流电压表;"串口输出"可以通过串口连接线与计算机相连。

③数字频率计:显示信号发生器的输出频率;"输入"接线柱允许外部信号接入,以测量信号频率(如正弦波)。

④信号发生器:"信号输出"接线柱为正弦波信号输出端,由连接线连接实验箱;"频率调节"旋钮可调节正弦波频率,右旋增大频率;"幅度调节"旋钮可调节正弦波的幅度,右旋增大幅度。

实验箱包含交流电桥、加热器和温度显示装置。"温度输出"接线柱与实验主机中的"样品温度"接线柱连接。"加热速率调节"可以控制加热器的加热速率,右旋增大加热速率。右边两个线圈和电阻以及电位器连接,构成交流电桥。"接交流电压表"接线柱与实验主机上的"电桥输出"接线柱相连。"接信号源"接线柱与信号发生器"信号输出"接线柱相连。

四、实验步骤与要求

①按照实验仪器中的说明将实验主机和实验箱连接起来,并按实验箱上的接线示意图连接交流电桥,用串口连接线连接实验主机与计算机。

②打开实验主机,调节交流电桥上的电位器使电桥平衡。

③移动电感线圈,露出样品槽,给实验测试样品均匀涂上导热脂,再放入线圈中心的加热棒中,重新将电感线圈移动至固定位置,使样品正好处于电感线圈中心,记录此时交流电压表的读数。

④打开加热器开关,调节加热速率电位器至合适的位置,观察温度显示窗口。加热过程中,温度 T 每升高 5 ℃,记录一次电压表的读数 U。在此过程中,要仔细观察电压表的读数,当电压表的读数变化较大时(不同材料变化不同,不好定量),改为每隔 1 ℃记下电压表的读数,直至温度升至 100 ℃,关闭加热器开关。

⑤根据记录的数据作 U-T 图,计算样品的居里温度。

说明:仪器配有自动采集系统,可以通过计算机自动扫描分析。用串口连接线将实验主机上的"串口输出"与计算机主机相连,可将测量数据同步到计算机系统,通过联机软件同步读取并分析实验数据。该软件具有导入导出实验数据、输出实验曲线等功能。

五、实验数据记录与处理

①记录电压表读数 U 随温度 T 变化的数据,填入表 1-3-1。

表 1-3-1 样品交流电桥输出电压与加热温度

T/℃									
U/V									

②作 U-T 图,求得居里温度。

③可以分别用升温和降温的方法测量,也可以改变加热速率和信号发生器的频率重复测量,分析测量条件变化对实验结果的影响。

六、注意事项

①加热时样品架温度较高,勿用手触碰,以免烫伤。

②放入样品前需要在样品棒上涂上导热脂,以防止受热不均。

③实验时应该将输出信号频率调节至 500 Hz 以上,否则电桥输出信号微弱,不容易测量。

④加热器加热时注意观察温度变化,不可超过 120 ℃,否则容易损坏其他器件。

⑤实验测试过程中,不允许调节信号发生器的"幅度调节"旋钮,不允许改变电感线圈的位置。

七、思考题

①铁磁物质的三个特性是什么?

②用磁畴理论解释样品的磁化强度在达到居里温度时发生突变的微观机理。

③测得的 U-T 曲线为什么与横轴没有交点?

实验 1-4 微波铁氧体铁磁共振线宽测量

铁磁共振(ferromagnetic resonance，FMR)是指铁磁介质处在频率为 f 的微波磁场(磁场强度为 h)中，改变外加恒定磁场的磁场强度 H 时发生的共振吸收现象。铁磁共振与其他磁共振(核磁共振、电子自旋共振)现象以及光谱学、X 射线衍射、穆斯堡尔效应等初步构成了一个与研究物质微观结构密切相关的全电磁波谱学的概貌。

朗道和栗弗席兹早在 1935 年便在理论上预言了铁磁共振的存在。但直到 1946 年，随着微波技术的发展和应用，人们才首次从实验中观察到这一现象。1949 年，波尔德提出亚铁磁共振影响磁导率的理论。随后，霍根发明铁氧体微波线性器件，引发微波技术的重大变革。铁磁共振不仅是磁性材料在微波领域应用的物理基础，也是研究磁性材料宏观性能与微观结构的有效手段。

在微波领域，各种磁性器件及测量设备目前均采用铁氧体。其中钇铁石榴石(yttrium iron garnet，YIG，分子式为 $Y_3Fe_5O_{12}$)性能优异，用其制成的微波电调滤波器、预选器、宽频带固态源等器件正广泛应用于国防、科研等领域。

一、实验目的

① 了解并掌握各个微波器件的功能及其调节方法。
② 了解铁磁共振的测量原理和实验条件，观测铁磁共振现象。
③ 用谐振腔法测量共振线宽 ΔH、朗德因子 g 和旋磁比 γ。

二、实验原理

1. 铁磁共振原理

铁磁共振主要观察铁磁介质中的未成对电子，也被称为铁磁介质中的电子自旋共振。由磁学知识可知，物质的铁磁性主要来源于原子或离子在未满壳层中的非成对电子自旋磁矩。

一块宏观的铁磁材料包含大量磁畴，每一个磁畴都有一定的磁矩，且有各自的取向。未加外磁场时，各磁畴的磁矩排列是无序的，磁性相互抵消，所以对外不显磁性；外加磁场后，各磁畴的磁矩有序排列，并趋向外磁场的方向，对外表现出较强的磁性。

铁磁介质中的电子自旋磁矩（单位体积内的磁矩或每一个磁畴的磁矩），用磁化强度 M 表示。对各向同性的磁性介质，其磁化强度 M 与磁场强度 H 以及磁感应强度 B 方向相同，因此有

$$M = \chi H$$
$$B = \mu_0(H+M) = \mu_0(1+\chi)H = \mu_0\mu_r H \qquad (1\text{-}4\text{-}1)$$
$$\mu_r = 1 + \phi$$

式中：χ 为磁化率；μ_r 为相对磁导率；μ_0 为真空磁导率。

在恒磁场 H 中，磁性材料的磁导率和磁化率都是实数，但在微波磁场 h 作用下，受阻尼作用影响，磁性材料的磁感应强度变化落后于交变磁场强度的变化，这时磁导率要用复数 $\mu = \mu' - j\mu''$ 来描述。其实部 μ' 相当于恒磁场中的磁导率，决定磁性材料中储存的磁能；虚部 μ'' 则反映铁磁体的磁损耗。

实验表明，在恒磁场 H 和微波磁场 h 共同作用下，当微波频率固定不变时，微波铁氧体的磁导率虚部 μ'' 随 H 的变化规律如图 1-4-1 所示。由图可见，μ''-H 的关系曲线上出现共振峰，即产生了铁磁共振现象。从经典物理学的角度来看，铁磁共振点对应铁磁体的磁损耗极大值。从量子物理学的角度来看，铁磁体在恒磁场作用下可产生能级分裂，当外来微波电磁场量子能量等于能级间隔时，将发生对这种量子的共振吸收。通常将与 μ'' 最大值相对应的磁场称为共振磁场（磁场强度为 H_r）。对于球形样品，H_r 与角频率 ω 的关系为

$$\omega = \gamma H_r \qquad (1\text{-}4\text{-}2)$$
$$\gamma = \frac{\mu_0 e}{2m} g \qquad (1\text{-}4\text{-}3)$$

式中：γ 为旋磁比；μ_0 为真空磁导率，$\mu_0 = 4\pi \times 10^{-7}\,\text{H/m}$；$e$ 为电子电量绝对值，$e = 1.6022 \times 10^{-19}\,\text{C}$；$m$ 为电子质量，$m = 9.109 \times 10^{-31}\,\text{kg}$；$g$ 为朗德因子。

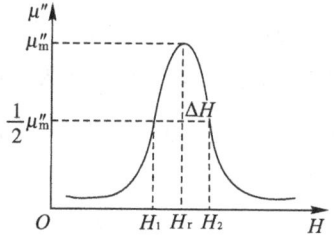

图 1-4-1 铁磁共振线宽的表示

μ'' 降到其最大值的一半时对应的两个磁场强度值之差称为铁磁共振线宽，

$\Delta H = H_2 - H_1$。实际上,铁磁共振损耗并不用 μ'' 表示,而采用共振线宽 ΔH 表示。ΔH 是描述铁氧体材料的一个重要参数,ΔH 越小,磁能损耗越低。ΔH 的大小也可反映磁性材料对电磁波的吸收性能。所以测量 ΔH 对研究铁磁共振机理和提高微波器件性能都十分重要。

2. 铁磁共振线宽 ΔH 的测量方法

本实验采用短路波导法测量 YIG 样品的共振线宽:将 YIG 样品小球放在短路波导中,靠近短路波导断面正中心(微波磁场强度最大的位置),当铁磁共振发生时,可以把 YIG 样品小球等效为一个和传输线耦合的铁磁谐振器。测定 YIG 样品小球与外界发生能量耦合时的有载线宽并进行修正即得共振线宽。

图 1-4-2 给出了样品与传输线能量耦合时的共振曲线。在共振点,样品对微波磁场有最大吸收,半共振点的输出功率 $P_{1/2}$ 对应的两个磁场强度值之差称为样品的铁磁共振有载线宽,用 ΔH_L 表示。半共振点的输出功率为

$$P_{1/2} = \frac{P_0 + P_r}{2} \tag{1-4-4}$$

式中:P_0 为远离铁磁共振区时谐振腔的输出功率;P_r 为出现共振时的输出功率。

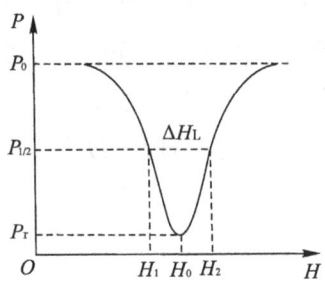

图 1-4-2 输出功率与外加恒磁场的关系

本实验采用晶体检波器检测微波信号,其主体是一个置于传输系统中的晶体二极管,可将微波信号转换为直流或低频信号,以使用普通的仪表指示。如果加在晶体二极管上的电压较小,检波电流与晶体二极管的端电压满足平方律关系,则检波电流与微波功率成正比,即 $I \propto P$,所以谐振腔的输出功率可以用检波电流表示。半共振点的检波电流为

$$I_{1/2} = \frac{I_0 + I_r}{2} \tag{1-4-5}$$

式中:I_0 为远离铁磁共振区时谐振腔的检波电流;I_r 为出现铁磁共振时谐振腔的检波电流,此时对应的外磁场为共振磁场 H_r。

对有载线宽进行修正，得到 YIG 样品小球的共振线宽：

$$\Delta H = \frac{\Delta H_L}{2}\left(1+\frac{P_r}{P_0}\right) = \frac{\Delta H_L}{2}\left(1+\frac{I_r}{I_0}\right) \tag{1-4-6}$$

这样，就可以由 I-H 曲线得到共振线宽 ΔH。

三、实验仪器

1. 仪器组成

微波铁磁共振实验装置主要由磁铁系统、微波系统、实验主机系统及示波器组成，如图 1-4-3 所示。

图 1-4-3　微波铁磁共振实验装置

2. 微波系统

微波系统包括微波源、隔离器、直波导、频率计、环行器、晶体检波器、扭波导、双 T 调配器、谐振腔、短路活塞。微波源输出微波信号；隔离器在微波源和负载之间起隔离的作用；直波导为引导电磁波传播的波导管；频率计用于测量谐振时的微波频率；环行器是一种多端口定向传输电磁波的微波器件；晶体检波器用于检测微波信号；扭波导用于改变波导中电磁波的偏振方向；双 T 调配器用于调节微波系统以实现阻抗匹配；谐振腔是一段矩形波导，一端开一小孔允许微波进入，另一端接短路活塞，构成反射式谐振腔；短路活塞用于在波导末端形成可调节的短路，以反射微波并形成驻波。

3. 仪器连接

实验主机中的"电磁铁励磁电源"与电磁铁相连，"磁铁扫描电源"一路接电磁铁，一路接示波器的 CH1 通道，转换开关置于"接通"端。此开关的作用是控制扫描电源与扫描线圈的通断，接通时用于示波器检测，断开时用于微电流计直接测量。

实验主机中共振信号检测（微电流计）的"接检波器"与微波系统中的检波

器相连,"接示波器"与示波器的 CH2 通道相连。中间的转换开关向左拨表示检波器输出连接微电流计,可进行直接测量;向右拨表示检波器输出连接示波器,可进行交流观察和测量。高斯计的"信号输入"接高斯计探头,探头应固定在电磁铁转动支架上。用同轴线将主机"DC12V"输出与微波源相连。

四、实验步骤与要求

本实验采用扫场法进行微波铁氧体的共振实验,即保持微波频率不变,连续改变外磁场强度,当外磁场强度与微波频率满足式(1-4-2)时,将发生微波磁场的能量被吸收的铁磁共振现象。

1. 测量磁场与励磁电压的关系

转动高斯计探头固定臂,将高斯计探头放入谐振腔中心孔,转动探头方向,使传感器与磁场方向垂直(根据霍尔效应原理,此时传感器输出的数值最大),调节电磁铁励磁电源"电压调节"电位器,改变励磁电压 U,记录高斯计表头读数(磁场强度 H),填入表 1-4-1。

2. 观测共振信号

移开高斯计探头,放入样品,将磁铁扫描电源转换开关置于"接通"端,并旋转"电流调节"电位器至电流最大位置,将共振信号检测(微电流计)转换开关向右拨(接示波器)。

慢慢旋转电磁铁励磁电源"电压调节"电位器,由小至大慢慢改变励磁电压。在此过程中,示波器上可以观察到共振信号,但信号强度可能并非最大。可以再微调双 T 调配器和短路活塞,增强信号,然后仔细调节励磁电压,使示波器上观察到的共振信号均匀分布(此时的磁场为测量朗德因子 g 的共振磁场),如图 1-4-4 所示。

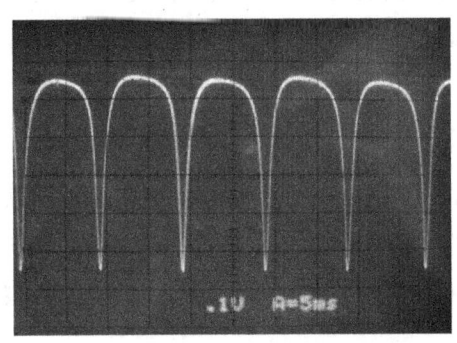

图 1-4-4　示波器显示的共振信号

3. 测量旋磁比 γ 以及朗德因子 g

测量频率时,需要先调节频率计上的调谐机构,使腔体达到谐振状态。此时,波导中的电磁场有部分功率进入腔内,使到达终端信号检测器的微波功率明显降低。只要读出系统输出为最小值时调谐机构上的读数,就可以得到所测量的微波频率。具体操作:旋转频率计上端黑色旋钮,达到微波频率时,能够在示波器上看到共振信号突然抖动。仔细调节,确定抖动的位置,根据机械式频率计的读数测量微波频率 f(一般在 9.4 GHz 左右)。将"磁铁扫描电源"转换开关置于"断开"端,将"共振信号检测(微电流计)"中转换开关向左拨(接检波器),选择"20 mA"挡。由小至大改变励磁电压,记录微电流计数值 I,填入表 1-4-2。

五、实验数据记录与处理

①将电压读数与高斯计读数(磁场强度 H)填入表 1-4-1,绘制 $U\text{-}H$ 关系图,拟合 $U\text{-}H$ 关系式。

表 1-4-1　磁场强度随励磁电压变化表

U/V									
H/(A/m)									

②将电压读数和微电流计读数填入表 1-4-2。由前面得出的 $U\text{-}H$ 关系式,可求出相应的磁场强度 H,绘制 $I\text{-}H$ 曲线。将测得的 f 和 H_r 代入式(1-4-2)和式(1-4-3),可以计算出旋磁比 γ 和朗德因子 g。

表 1-4-2　检波电流随励磁电压变化表

U/V									
I/mA									
H/(A/m)									

③计算共振线宽 ΔH:根据前面绘制的 $I\text{-}H$ 曲线,可以得到 I_0 和 I_r,代入式(1-4-5)得出 $I_{1/2}$。根据 $I_{1/2}$ 的大小从 $I\text{-}H$ 曲线中找出相对应的两个磁场值 H_1 和 H_2,即可计算出有载线宽 ΔH_L,代入式(1-4-6)即可计算出共振线宽 ΔH。

六、注意事项

①磁极间隙在仪器出厂前已经调整好,实验时最好不要自行调节,以免磁场强度偏离共振磁场过大。

②保护好高斯计探头,避免弯折、挤压。

③励磁电源要缓慢调节,仔细观察波形变化,以便识别共振峰。

④检波器输出线不得短路,否则将损坏检波晶体。

⑤测量完成后,应将直流磁场强度和扫描磁场强度调节至零,调整直流磁场强度和扫描磁场强度时应缓慢转动旋钮。

⑥更换样品时要小心谨慎,防止样品损坏、破碎或丢失。

七、思考题

①简述铁磁共振线宽的测量原理。

②实验装置中有哪些微波器件,它们的功能是什么?

③铁磁共振、电子自旋共振与核磁共振有什么异同点?

实验 1-5　巨磁电阻效应测量

由磁场引起材料电阻变化的现象称为磁电阻效应,一般磁电阻效应很微弱。20 世纪 80 年代,法国科学家艾尔伯·费尔和德国科学家彼得·格林贝格尔分别独立发现巨磁电阻效应。巨磁电阻(giant magnetoresistance,GMR)效应是指材料的电阻率在有外磁场作用时大幅度减小,磁场的微弱变化可导致巨磁电阻材料电阻的明显改变,该效应常用于探测微弱信号。

巨磁电阻材料在数据读出磁头、磁随机存储器和传感器上有广泛的应用前景。用巨磁电阻材料制成的高灵敏度读出磁头,可使存储单字节数据所需的磁性材料尺寸大大减小,从而使磁盘存储密度得到大幅度提高。巨磁电阻传感器可广泛应用于家电行业、汽车工业,用于测量和控制角度、转速、加速度、位移等物理量。与各向异性磁电阻传感器相比,巨磁电阻传感器具有灵敏度高、线性范围宽、寿命长等优点。

一、实验目的

①了解巨磁电阻效应的原理,测量巨磁电阻模拟传感器的磁电转换特性曲线、磁阻特性曲线,测量巨磁电阻开关传感器的磁电转换特性曲线。
②学习巨磁电阻传感器定标方法,计算巨磁电阻传感器的灵敏度。
③用巨磁电阻传感器测量通电螺线管的磁场分布曲线。

二、实验原理

1. 电子自旋

巨磁电阻效应作为自旋电子学的开端,具有深远的科学意义。传统的电子学是以电子的电荷移动为基础的,电子自旋往往被忽略了。巨磁电阻效应表明,电子自旋对电流的影响非常强烈,电子的电荷与自旋都可能载运信息。

根据导电的微观机理,电子在导电时并非沿电场直线前进,而是不断和晶格中的原子发生碰撞,这种碰撞又被称为散射。每次散射后,电子都会改变运动方向,总的运动是电场对电子的定向加速与这种无规则散射运动的叠加。电子在两次散射之间走过的平均路程为平均自由程。若电子散射概率小,则平均自由程长,电阻率低。电阻定律 $R=\rho l/S$ 中将电阻率 ρ 视为常数,认为其与材料的几何尺度无关,这是因为材料的几何尺度通常远大于电子的平均自由程,可以忽略其边界效应。当材料的几何尺度小到纳米量级,只有几个原子的厚度时,电子在边界上的散射概率则大大增大,可以明显观察到厚度减小、电阻率增大的现象。

电子除携带电荷外,还具有自旋特性,自旋磁矩有平行和反平行于外磁场两种可能的取向。早在 1936 年,英国物理学家、诺贝尔奖获得者内维尔·莫特就指出,在过渡金属中,自旋磁矩与材料的磁场方向平行的电子发生散射的概率远小于自旋磁矩与材料的磁场方向反平行的电子。总电流是两类自旋电流之和,总电阻是两类自旋电流的并联电阻,这就是所谓的两电流模型。

2. 多层膜巨磁电阻效应

利用巨磁电阻效应制成的多种传感器已广泛应用于各种测量和控制领域。如图 1-5-1 所示,无外磁场时,多层膜 GMR 结构中上下两层铁磁膜呈反平行(反铁磁)耦合状态。施加足够强的外磁场后,两层铁磁膜的磁场方向都与外磁场方向一致,外磁场使两层铁磁膜从反平行耦合变成平行耦合。

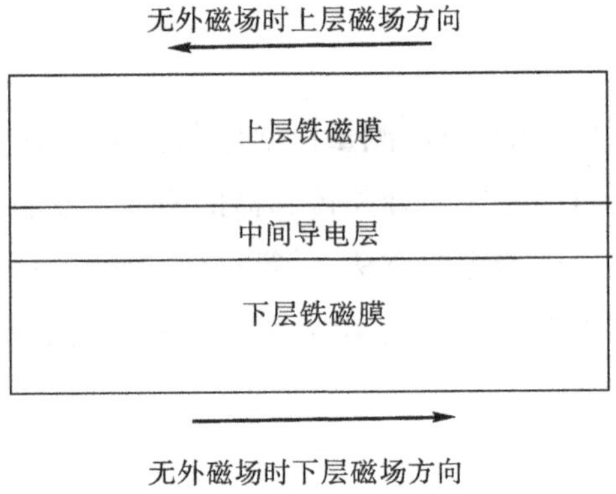

无外磁场时上层磁场方向 ←

| 上层铁磁膜 |
| 中间导电层 |
| 下层铁磁膜 |

无外磁场时下层磁场方向 →

图 1-5-1 多层膜 GMR 结构图

图 1-5-2 是图 1-5-1 结构的某种 GMR 材料的磁阻特性曲线。由图 1-5-2 可见,随着磁感应强度 B 沿正方向增大,电阻 R 逐渐减小,其间有一段线性区域。外磁场使上下两层铁磁膜完全平行耦合后,继续加大磁感应强度,电阻不再减小,进入磁饱和区域。施加反向磁场时,磁阻特性曲线表现出对称性。图 1-5-2 中有两条曲线,分别对应磁感应强度增大和减小时的磁阻特性,两条曲线不重合是因为铁磁材料具有磁滞特性。

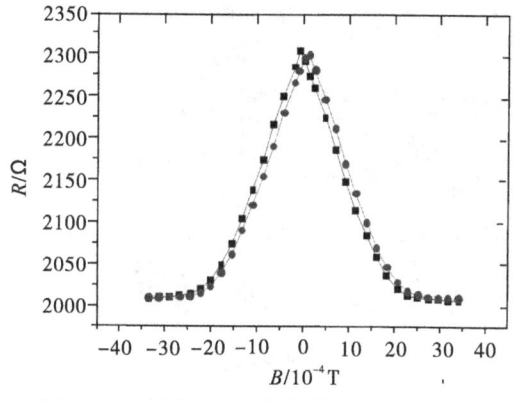

扫码查看彩图

图 1-5-2 某种 GMR 材料的磁阻特性曲线

有两类与自旋相关的散射对巨磁电阻效应有影响。

其一是界面上的散射。无外磁场时,上下两层铁磁膜的磁场方向相反,无论电子的初始自旋状态如何,从一层铁磁膜进入另一层铁磁膜时都面临状态改变(由平行至反平行,或由反平行至平行),电子在界面上的散射概率很大,对应高电阻状态。有外磁场时,上下两层铁磁膜的磁场方向一致,电子在界面上的散射概率很小,对应低电阻状态。

其二是铁磁膜内的散射。即使电流方向平行于膜面,由于存在无规则散射,电子也有一定概率在上下两层铁磁膜之间穿行。无外磁场时,上下两层铁磁膜的磁场方向相反,无论电子的初始自旋状态如何,在穿行过程中都会经历平行(散射概率小)和反平行(散射概率大)两种状态,两类自旋电流的并联电阻等效于两个中等阻值电阻的并联,对应高电阻状态。有外磁场时,上下两层铁磁膜的磁场方向一致,自旋平行的电子散射概率小,自旋反平行的电子散射概率大,两类自旋电流的并联电阻等效于一个小电阻与一个大电阻的并联,对应低电阻状态。

3. 巨磁电阻基本特性测量模块

巨磁电阻基本特性测量模块(图 1-5-3)由 GMR 模拟传感器、螺线管线圈、比较电路、输入输出插孔组成,可用于测量 GMR 的磁电转换特性、磁阻特性。GMR 模拟传感器置于螺线管的中央。

螺线管用于在实验过程中产生大小可计算的磁场。由理论分析可知,无限长直螺线管内部轴线上任一点的磁感应强度为

$$B = \mu_0 n I \tag{1-5-1}$$

式中:n 为线圈密度,$n=18000$ 匝/m;I 为流经线圈的电流强度;μ_0 为真空磁导率。

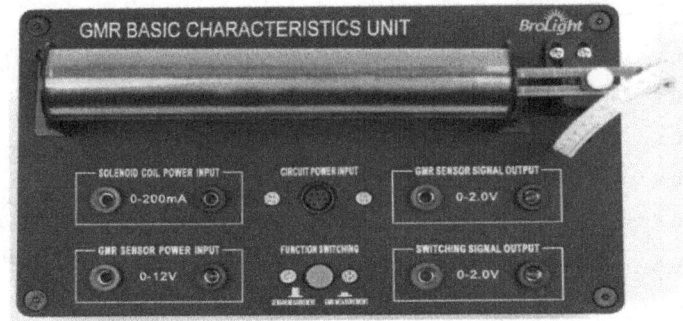

图 1-5-3　巨磁电阻基本特性测量模块

4. GMR 模拟传感器

为了消除温度等环境因素对输出的影响，GMR 模拟传感器一般采用桥式结构，如图 1-5-4 所示。如果 4 个 GMR 对磁场的影响完全同步，就不会有信号输出。

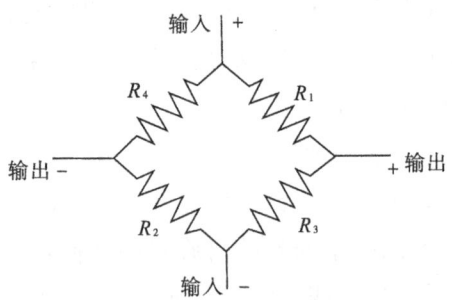

图 1-5-4　GMR 模拟传感器电路图

图 1-5-4 中处在电桥对角位置的两个电阻 R_3 和 R_4 被一层高磁导率的材料覆盖，以屏蔽外磁场的影响，而 R_1 和 R_2 的阻值随外磁场变化而变化。设无外磁场时 4 个 GMR 的阻值均为 R，R_1 和 R_2 的阻值在外磁场作用下的减小量为 ΔR，则输出电压 U_{OUT} 与输入电压 U_{IN} 的关系为

$$U_{OUT} = \frac{U_{IN}\Delta R}{2R - \Delta R} \tag{1-5-2}$$

在不同磁场下测得输出电压 U_{OUT}，即可作出 GMR 模拟传感器的磁电转换特性曲线。同一外磁场强度条件下，输出电压的差值反映了材料的磁滞特性。

5. GMR 开关传感器

将 GMR 模拟传感器与比较电路、晶体管放大电路集成在一起，就构成 GMR 开关（数字）传感器，结构如图 1-5-5 所示。其中，比较电路的功能是，当电桥电压低于比较电压时,输出低电平;当电桥电压高于比较电压时,输出高电平。选择适当的 GMR 电桥并调节比较电压,可调节 GMR 开关传感器开关点对应的磁场强度。

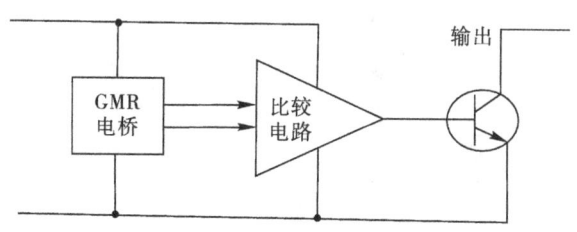

图 1-5-5　GMR 开关传感器结构图

三、实验仪器

巨磁电阻特性测量实验仪器如图 1-5-6 所示。

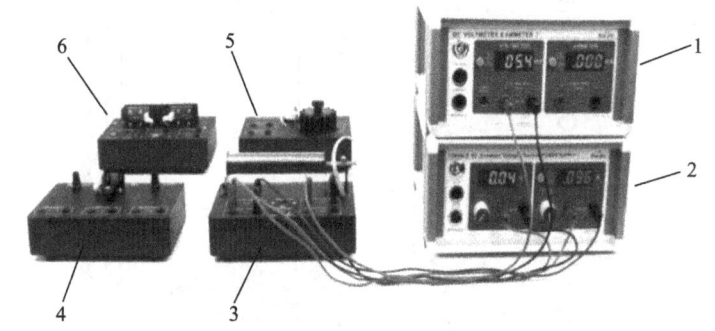

1—可调直流(恒压恒流)电源;2—直流电压电流表;3—巨磁电阻基本特性测量模块;
4—巨磁电阻测量电流模块;5—巨磁电阻角位移测量模块;6—巨磁电阻磁卡读写模块。

图 1-5-6　巨磁电阻特性测量实验仪器

按图 1-5-7 连接导线:将 GMR 模拟传感器置于螺线管磁场中,功能切换按钮切换为传感器测量,实验仪的可调电压源接至基本特性组件巨磁电阻电源输入端,可调恒流源接至螺线管励磁电流输入端,基本特性测量模块 GMR 传感器信号输出接至实验仪电压表,实验仪上的电源输出接口接至巨磁电阻基本特性测量模块对应的电路电源输入插孔。

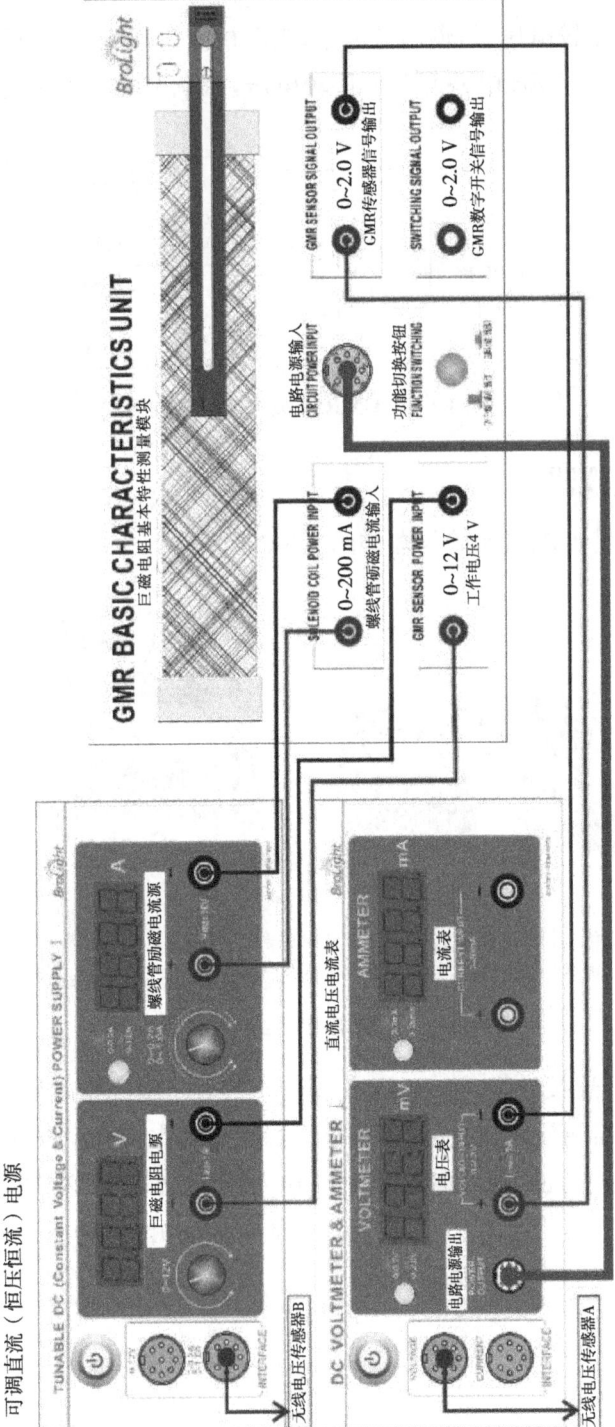

图 1-5-7 实验仪器连接示意图

四、实验步骤与要求

1. GMR 模拟传感器磁电转换特性测量

将实验仪的恒流源输出电流设置为 0~0.2 A,所有电压电流旋钮都逆时针旋到底,按图 1-5-7 连接导线,打开电源开关。

调节巨磁电阻电源电压为 4 V,调节螺线管励磁电流为 0.15 A,逐渐减小励磁电流,将相应的输出电压填入表 1-5-1 的"减小磁场"列。由于恒流源本身不能提供负向电流,电流减至零后,须改变恒流输出接线的极性,使电流反向。增大励磁电流 I,此时流经螺线管的电流与磁感应强度的方向为负向。负向电流增大至 −0.15 A 后,逐渐减小负向电流(负向电流减至零时同样需要改变恒流输出的极性),将相应的输出电压填入表 1-5-1 的"增大磁场"列。

2. 通电螺线管磁场分布曲线测量

按照图 1-5-7 连接导线,将传感器电源电压设置为 4 V,恒流源输出电流设置为 0~0.2 A,电流调节为 0.030 A(注:螺线管电流不能超过 0.045 A,否则磁场强度超出传感器的线性范围)。

将传感器电路板上的刻度"0"对准固定座上面的刻线,此时传感器位于螺线管的正中央。缓慢地移出传感器电路板,同时将不同刻度对应的传感器输出电压填入表 1-5-2。

3. GMR 开关传感器磁电转换特性测量

参照图 1-5-7 连接导线,将传感器电源电压设置为 4 V,从 0.1 A 逐渐减小励磁电流,输出电压从高电平(开)转变为低电平(关),将相应的输出电压填入表 1-5-3 的"减小磁场"列。电流减至零后,改变恒流输出接线的极性,使电流反向。再次增大电流,此时,流经螺线管的电流与磁感应强度的方向为负向,输出电压从低电平(关)转变为高电平(开),将相应的输出电压填入表 1-5-3 的"减小磁场"列。将电流调至 −0.1 A,逐渐减小负向电流,输出电压从高电平(开)转变为低电平(关),将相应的输出电压填入表 1-5-3 的"增大磁场"列。负向电流减至零时,改变恒流输出接线的极性,输出电压从低电平(关)转变为高电平(开),将相应的输出电压填入表 1-5-3 的"增大磁场"列。

4. GMR 磁阻特性测量

参照图 1-5-7 连接导线,将基本特性测量模块的功能切换按钮切换为巨磁电阻测量。此时,被磁屏蔽的两个电桥电阻 R_3 和 R_4 被短路,而 R_1 和 R_2 并联。

将电流表串联进电路中,测量不同磁感应强度下回路中电流的大小,就可以通过欧姆定律计算磁阻。

将实验仪恒流源输出电流设置为 0~0.2 A,实验仪电流表量程选择 0~2.0 mA,所有电压电流旋钮都逆时针旋到底。确认导线连接无误后,打开电源开关。

调节巨磁电阻电源电压为 4 V,调节励磁电流为 0.15 A,逐渐减小磁场强度,将相应的磁阻电流填入表 1-5-4 的"减小磁场"列。电流减至零后,改变恒流输出接线的极性,使电流反向。再次增大电流,此时流经螺线管的电流与磁感应强度的方向为负向,记录相应的磁阻电流。电流调至 −0.15 A 后,逐渐减小负向电流(电流减至零时同样需要改变恒流输出接线的极性),将相应的磁阻电流填入表 1-5-4"增大磁场"列。

五、实验数据记录与处理

①根据螺线管的线圈密度($n=18000$ 匝/m),计算出螺线管内的磁感应强度 B,填入表 1-5-1。以磁感应强度 B 为横坐标,以电压表的读数为纵坐标,作磁电转换特性曲线。

表 1-5-1　GMR 模拟传感器磁电转换特性测量数据

励磁电流/mA	磁感应强度/($\times 10^{-4}$T)	输出电压/mV	
		减小磁场	增大磁场
150			
140			
…			
30			
20			
10			
5			
0			
−5			
−10			
−20			
−30			
…			
−140			
−150			

②GMR 传感器测量磁感应强度的线性范围为 1.5~10.5 Gs(1 Gs=10^{-4} T)。取表 1-5-1 中数据,作传感器输出电压 U_{OUT} 与磁感应强度 B 的曲线,由线性拟合得到 $U_{OUT}=kB$,其中 k 为常数。传感器工作电压 U 为 4 V,传感器灵敏度 $s=U_{OUT}/BU=k/U$。根据传感器灵敏度 s,换算出输出电压对应的磁感应强度 B,填入表 1-5-2,作磁场分布曲线。

表 1-5-2　通电螺线管轴向磁场测量数据

距离/mm	0	5	10	15	20	…	80
输出电压/mV							
磁感应强度/($\times 10^{-4}$ T)							

③根据螺线管的线圈密度($n=18000$ 匝/m),计算出螺线管内的磁感应强度 B,填入表 1-5-3。以磁感应强度 B 为横坐标,以输出电压为纵坐标,作磁电转换特性曲线。

表 1-5-3　GMR 开关传感器磁电转换特性测量数据

励磁电流/mA	磁感应强度/($\times 10^{-4}$ T)	输出电压/mV	
		减小磁场	增大磁场
100			
90			
…			
20			
10			
0			
−10			
−20			
…			
−90			
−100			

④根据螺线管的线圈密度($n=18000$ 匝/m),计算出螺线管内的磁感应强度 B,填入表 1-5-4。根据欧姆定律 $R=U/I$ 计算磁阻。以磁感应强度为横坐标,以磁阻为纵坐标,作磁阻特性曲线。

表 1-5-4 GMR 磁阻特性测量数据

励磁电流/mA	磁感应强度/($\times 10^{-4}$ T)	减小磁场		增大磁场	
		磁阻电流/mA	磁阻/Ω	磁阻电流/mA	磁阻/Ω
150					
140					
130					
…					
30					
20					
10					
5					
0					
−5					
−10					
−20					
−30					
…					
−130					
−140					
−150					

六、注意事项

①由于巨磁电阻传感器存在磁滞现象，因此，实验中恒流源只能单方向调节，不可回调；否则测得的实验数据将不准确。表 1-5-1、表 1-5-3、表 1-5-4 中列出的电流值仅作为参考，实验时以实际测量的数据为准。

②实验仪器不得处于强磁场环境中。

七、思考题

①什么是磁阻效应？什么是巨磁电阻效应？
②本实验测量巨磁电阻效应的基本电路是什么？
③除电荷信息外，巨磁电阻效应材料的电流中还包含哪些物理信息？

第 2 章 材料光学性能实验

实验 2-1 薄膜样品制备及其折射率和厚度测量

薄膜技术在近代科学技术的许多领域都有重要作用,其研究和应用日益广泛。薄膜的制备方法有很多,常用的有真空蒸发镀膜、溅射镀膜和化学水浴法成膜等。折射率和厚度是薄膜的重要参数,在一定程度上决定了薄膜的力学性能、电磁性能和光电性能。因此,需要精确测定薄膜的折射率和厚度。测量薄膜折射率和厚度的传统方法分别为布儒斯特角法和干涉法。椭圆偏振法是一种更为先进的方法,可以同时测量薄膜折射率和厚度(纳米级),具有单原子层级分辨率和快速测量的优势,能够在高真空、普通空气和含水汽的环境中应用。

椭圆偏振法在光学、半导体、生物和医学等领域均有较为广泛的应用。在太阳能电池制作过程中,常需要在发射区表面制作钝化膜和增透膜,薄膜厚度测量显得尤为重要。折射率会随着多元组分薄膜材料中各组分含量的变化而变化,精确测量折射率和各组分含量的关系,有助于研究各组分对薄膜物理性能的影响。

一、实验目的

① 了解薄膜的制备方法和椭偏仪的构造与使用方法。
② 掌握用椭圆偏振法测量薄膜折射率和厚度的原理和方法。
③ 了解椭偏仪测试技术的相关应用。

二、实验原理

1. 椭圆偏振法的基本原理

椭圆偏振法利用椭偏仪测量反射或透射偏振光相对于入射光的偏振态变化,准确计算待测薄膜样品的光学参数,具有非接触、无损伤的特点。椭偏仪光路图如图 2-1-1 所示。一束自然光先经起偏器转换为线偏振光,再经 1/4 波片转换为椭圆偏振光,最终照射到待测的薄膜面。反射后,光的偏振态发生变化。通过检测这种变化,便可推算出待测薄膜的某些参量,如膜厚和折射率。

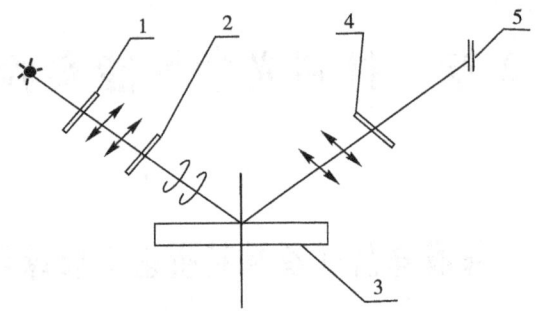

1—起偏器;2—1/4波片;3—薄膜面;4—检偏器;5—接收装置。

图 2-1-1　椭偏仪光路图

菲涅耳公式表明,对于两种光学各向异性的均匀媒介构成的理想光学界面(图 2-1-2),当入射光在该界面发生反射时,其反射光的偏振态会发生改变,因为振动方向与入射面平行(p 光)和垂直(s 光)的两个线偏振光分别有不同的菲涅耳反射系数,这是椭圆偏振法测量薄膜样品光学参数的物理依据。常用 R_s 和 R_p 表示 s 光和 p 光的复反射系数。

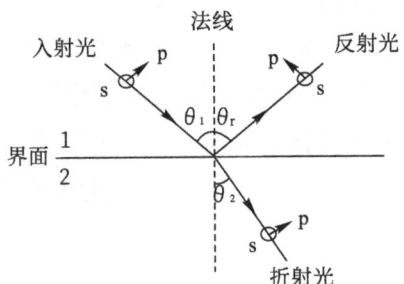

图 2-1-2　入射光在两介质界面的反射和折射

复反射系数可定义为反射光与入射光的电矢量复振幅之比,即

$$R_s = \frac{E_{rs}}{E_{is}} = r_s \exp(\delta_s j)$$
$$R_p = \frac{E_{rp}}{E_{ip}} = r_p \exp(\delta_p j)$$

(2-1-1)

式中:E_{rp} 和 E_{rs} 分别表示反射光电矢量的 p 分量与 s 分量在界面处的振幅;E_{ip} 和 E_{is} 分别表示入射光电矢量的 p 分量与 s 分量在界面处的振幅;r_p 和 r_s 分别表示反射光与入射光电矢量的 p 分量和 s 分量在界面处的振幅比;δ_p 表示反射光与入射光的 p 分量在界面处的相位增量,即相移;δ_s 表示反射光与入射光的 s 分量在界面处的相移。

由于这两个偏振分量具有不同的菲涅耳反射系数,即$R_s \neq R_p$。任意偏振态的入射光由两个偏振分量E_{is}和E_{ip}构成,由于$R_s \neq R_p$,光通过界面时振幅、相位变化不同,因此反射光的偏振态不同于入射光的偏振态。

2. 参数 Ψ 和 Δ 的物理意义

由式(2-1-1)可得 p 偏振(平行于入射面)和 s 偏振(垂直于入射面)的菲涅耳反射系数R_p和R_s的比值ρ,即

$$\rho = \frac{R_p}{R_s} = \frac{r_p}{r_s} \exp[(\delta_p - \delta_s)j] \tag{2-1-2}$$

式(2-1-2)也可以改写为

$$\rho = (\tan \Psi)\exp(\Delta j) = \rho_0 \exp(\Delta j) \tag{2-1-3}$$

对比式(2-1-2)和式(2-1-3)可知,$\tan \Psi = \frac{r_p}{r_s} = \rho_0$,$\Delta = \delta_p - \delta_s$。$\Psi$ 与 Δ 为椭偏参数,其物理意义可以用式(2-1-4)来表达。

$$\tan \Psi = \frac{r_p}{r_s} = \frac{E_{rp}}{E_{ip}} \frac{E_{is}}{E_{rs}}$$
$$\Delta = \delta_p - \delta_s = (\beta_{rp} - \beta_{ip}) - (\beta_{rs} - \beta_{is}) \tag{2-1-4}$$

式中:β_{rp}和β_{rs}分别为反射光的 p 分量和 s 分量在相应界面处的相位;β_{ip}和β_{is}分别为入射光的 p 分量和 s 分量在相应界面处的相位。一般规定,Ψ 和 Δ 的变化范围为 $0° \leq \Psi < 90°$,$0° \leq \Delta < 360°$。Ψ 和 Δ 分别反映光与物质相互作用后,p 分量和 s 分量的振幅和相位变化,是实验中可被测量的物理量。

3. 椭偏方程

如图 2-1-3 所示为一光学均匀且各向同性的单层介质膜(有两个平行的界面)。该薄膜厚度为 d,折射率为 n_2,均匀地覆在折射率为 n_3 的衬底上。通常,薄膜上方是折射率为 n_1 的空气(或真空)。波长为 λ 的光入射到膜面上时,在界面 1 和界面 2 上形成多次反射和折射,并且各反射光和折射光分别产生多光束干涉,其干涉结果可反映薄膜的光学特性。

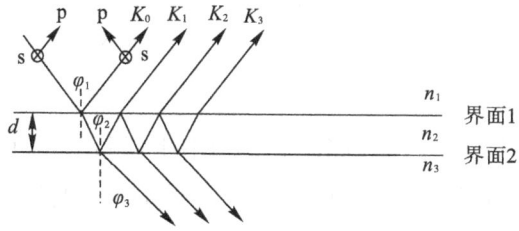

图 2-1-3 光学均匀且各向同性的单层介质膜的反射和折射

入射光经薄膜的上下两个界面多次反射后，其 p 光和 s 光具有不同的复反射系数，即 $R_p \neq R_s$。p 光和 s 光的复反射系数分别为

$$R_p = \frac{r_{1p} + r_{2p}\exp(-2\beta j)}{1 + r_{1p}r_{2p}\exp(-2\beta j)}$$

$$R_s = \frac{r_{1s} + r_{2s}\exp(-2\beta j)}{1 + r_{1s}r_{2s}\exp(-2\beta j)}$$

(2-1-5)

联立式(2-1-2)、式(2-1-3)和式(2-1-5)，可得椭圆偏振方程，即椭偏方程

$$(\tan \Psi)\exp(\Delta j) = \frac{r_{1p} + r_{2p}\exp(-2\beta j)}{1 + r_{1p}r_{2p}\exp(-2\beta j)} \cdot \frac{1 + r_{1s}r_{2s}\exp(-2\beta j)}{r_{1s} + r_{2s}\exp(-2\beta j)}$$

(2-1-6)

式中：r 为反射光电矢量振幅 E_r 与入射光电矢量 E_i 振幅之比，其下标 1p 和 2p 分别表示 p 光在大气与薄膜介质之间的界面反射、在薄膜介质与衬底之间的界面反射，下标 1s 和 2s 分别表示 s 光在大气与薄膜介质之间的界面反射、在薄膜介质与衬底之间的界面反射；2β 为相邻两束反射光间的相位差。由式(2-1-6)知，Ψ 和 Δ 都是 2β 的函数，β 又是薄膜折射率 n_2（或复折射率 N_2）和厚度 d 的函数，故 Ψ 和 Δ 都是 n_2（或 N_2）和 d 的函数。根据实验测量的 Ψ 和 Δ，由式(2-1-6)很难直接求出 n_2 和厚度 d，一般通过计算机软件求解薄膜折射率和厚度。

4. 椭偏参数 ψ 和 Δ 的测量方法

测量 Ψ 和 Δ 的方法主要有消光法和光度法。手动操作的椭偏仪采用消光法，自动椭偏仪采用光度法。这里主要介绍消光法原理，读者可扫描右侧二维码自学光度法原理。

光度法原理

为使 Ψ 和 Δ 比较容易测量，应设法满足两个条件：入射光满足 $E_{is} = E_{ip}$，反射光成为线偏振光，即反射光的 p 分量和 s 分量的相位差为 $0°$ 或 $180°$。满足上述两个条件时，有

$$\tan \Psi = \frac{E_{rp}}{E_{rs}}$$

$$\Delta = (\beta_{rp} - \beta_{rs}) - (\beta_{ip} - \beta_{is})$$

$$\beta_{rp} - \beta_{rs} = 0° \text{ 或 } 180°$$

(2-1-7)

如图 2-1-4 所示为椭偏仪光路图。在图中坐标系中，x 轴和 x' 轴均在入射面内，且分别与入射光和反射光的传播方向垂直，而 y 轴和 y' 轴均垂直于入射面。起偏器和检偏器的透光轴 t 和 t' 与 x 轴（或 x' 轴）的夹角分别用 P 和 A 表示。

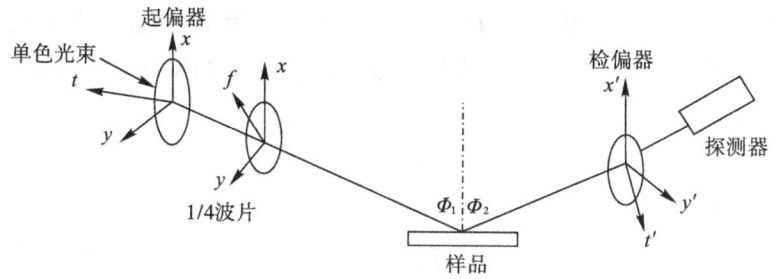

图 2-1-4 椭偏仪光路图

(1) f 轴与 x 轴的夹角为 $45°$

如图 2-1-5 所示,将 1/4 波片的快轴 f 与 x 轴的夹角设为 $45°$,便可以在 1/4 波片后面得到投射到样品表面光束光矢量的 p 分量和 s 分量的振幅

$$E_p = E_x = \frac{\sqrt{2}}{2} E_0 \exp[(P+45°)j]$$
$$E_s = E_y = \frac{\sqrt{2}}{2} E_0 \exp[(135°-P)j]$$
(2-1-8)

由式(2-1-8)可知,样品表面入射光是满足条件 $E_{is} = E_{ip}$ 的特殊椭圆偏振入射光,p 分量和 s 分量的相位差为 $\beta_{ip} - \beta_{is} = 2P - 90°$。

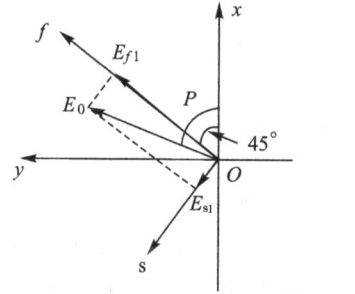
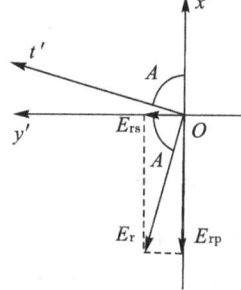

图 2-1-5 1/4 波片快轴 f 的取向　　图 2-1-6 检偏器透光轴 t' 的取向

由图 2-1-6 可以看出,当检偏器的透光轴 t' 与合成的反射线偏振光的电矢量 E_r 垂直时,即反射光在检偏器后消光时,反射光的 p 振动和 s 振动的振幅 E_{rp} 和 E_{rs} 满足 $\frac{E_{rp}}{E_{rs}} = \tan A$。这样,式(2-1-7)可以写成

$$\Psi = A \text{ 或 } 180° - A$$
$$\Delta = (\beta_{rp} - \beta_{rs}) - (2P - 90°)$$
$$\beta_{rp} - \beta_{rs} = 0° \text{ 或 } 180°$$
(2-1-9)

式(2-1-9)中,设 A 为第一或第二象限角。下面分别讨论 $\beta_{rp} - \beta_{rs} = 180°$ 和 $\beta_{rp} - \beta_{rs} = 0°$ 的情况。

①$\beta_{rp}-\beta_{rs}=180°$。此时的 P 记为 P_1，合成的反射线偏振光的E_r在第二或第四象限内，于是 A 为第一或第三象限角。A 取第一象限角，记为 A_1，由式(2-1-9)可得

$$\Psi = A_1$$
$$\Delta = 270° - 2P_1 \qquad (2\text{-}1\text{-}10)$$

②$\beta_{rp}-\beta_{rs}=0°$。此时的 P 记为 P_2，合成的反射线偏振光的E_r在第一或第三象限内，于是 A 为第二或第四象限角。A 取第二象限角，记为 A_2，由式(2-1-9)可得

$$\Psi = 180° - A_2$$
$$\Delta = 90° - 2P_2 \qquad (2\text{-}1\text{-}11)$$

可以看出，$A_1+A_2=180°$，$|P_1-P_2|=90°$。因此，对于图 2-1-4 的装置，只要使 1/4 波片的快轴 f 与 x 轴的夹角为 45°，然后测出检偏器消光时起偏器和检偏器的方位角(A_1,P_1)或(A_2,P_2)，就可以求出(Ψ,Δ)。

(2) f 轴与 x 轴的夹角为 $-45°$

与之类似，将 1/4 波片的快轴 f 与 x 轴的夹角设为 $-45°$，则经 1/4 波片投射到样品表面光束光矢量的 p 分量和 s 分量的振幅矢量为

$$E_p = \frac{\sqrt{2}}{2} E_0 \exp[(P+135°)j]$$
$$E_s = \frac{\sqrt{2}}{2} E_0 \exp[(225°-P)j] \qquad (2\text{-}1\text{-}12)$$

式(2-1-12)表明，当 1/4 波片快轴 f 与 x 轴夹角设为 $-45°$时，样品表面入射光仍然是满足条件$E_{is}=E_{ip}$的特殊椭圆偏振入射光，p 分量和 s 分量的相位差仍然为$\beta_{ip}-\beta_{is}=2P-90°$，这与 1/4 波片快轴 f 与 x 轴的夹角为 45°时的情况相同。

为了提高测量精度，实验时采用波片快轴 f 与 x 轴的夹角分别为 45°和 $-45°$两种实验配置，分别测量两组 A 和 P。根据 A_1 与其他 A_n 的关系、P_1 与其他 P_n 的关系，将其他 A_n 和 P_n 都转换成 A_1 和 P_1 的近似值，记为$A_{(n)}$和$P_{(n)}$，再求 $A_{(n)}$和$P_{(n)}$的平均值。

5. 薄膜折射率 n 和厚度 d 的获得方法

由于(Ψ,Δ)与(n,d)之间并非简单的函数关系，常需要先用计算机制作出$(\Psi,\Delta)\sim(n,d)$的数值表或$(A,P)\sim(n,d)$的数值表，再根据数值表查出薄膜的折射率n_2和厚度 d。

$(A,P)\sim(n,d)$数值表

三、实验仪器

本实验用 HG-WJZ 激光椭圆偏振仪(简称椭偏仪,图 2-1-7)测量薄膜折射率和厚度。HG-WJZ 椭偏仪以 JJY1′-Ⅲ 型分光计为实验平台,配置偏振读数系统,利用传统的消光法原理进行测量。

图 2-1-7　HG-WJZ 激光椭圆偏振仪

如图 2-1-7 所示,试样台固定在分光计载物台上。从激光器发出的光线经平行光管和起偏器后变为线偏振光,垂直照在波片表面,分为 o 光(光振动垂直光轴)和 e 光(平行光轴)。二者传播方向相同,离开 1/4 波片时存在 90°相位差,合成椭圆偏振光,入射到试样台上的薄膜样品表面。薄膜表面反射光经检偏器和望远镜筒照在光电探头上转换成电信号,由检流计的电流强度表征,反映经过检偏器的薄膜反射光的强度大小。起偏器读数头、1/4 波片读数盘和检偏器读数头的刻度盘分别刻有 360 等分的刻线,格值为 1°,游标读数为 0.1°。1/4 波片由双折射晶体制成,其光轴与表面平行。光孔盘是为防止杂散光进入偏振器而附设的,由于仪器光路调整较难,一般测量时可卸下不用。

四、实验步骤与要求

1. 制备 In_2S_3 薄膜

本实验用化学水浴法制备 In_2S_3 薄膜,衬底采用载玻片。衬底先后用丙酮、乙醇和去离子水超声清洗,然后烘干。按 In:S 为 1:5(原子数比)称取四水合三氯化铟($InCl_3 \cdot 4H_2O$)和硫代乙酰胺(CH_3CSNH_2),置于烧杯中,倒入适量去离子水,搅拌,再加入乙酸调节 pH 至 2.0,将衬底放入反应溶液中。然后将装有反应物的烧杯放入温度为 75°的恒温水浴槽中,反应 0.5~2 h 后,取出生长 In_2S_3 薄膜的衬底,用去离子水清洗,吹干待用。

2. 调整分光计(自准直法)

先粗调望远镜、平行光管和载物台,使之与分光计的转轴垂直,再仔细调节。首先,调节目镜,使分划板在目镜视场中清晰成像;然后,调节望远镜位置和载物台水平位置,使望远镜对准载物台上的平面镜,目镜中可看到平面镜反射回来的十字叉丝像位于分划板上十字中心线;载物台旋转180°后再重复上述操作。除此之外,还须调整分光计分度盘,调整光路,调整检偏器和起偏器读数头透光轴的零点位置,调整1/4波片至零位。注意:HG-WJZ椭偏仪的起偏器和检偏器透光轴零点位置在竖直方向,与入射面垂直。

3. 调整入射角

将望远镜筒转动40°后固定,将待测薄膜样品放在载物台的中央,载物台与望远镜筒同向转动20°,使激光在样品表面的入射角达到预定的70°。判断方法:用白纸挡住镜筒,样品反射光光斑位于接收镜筒的中心,同时检流计的读数达最大值,表明入射角达到预定值。

4. 测量样品

先置1/4波片快轴于45°(转动波片盘),仔细调节检偏器和起偏器,使检流计的读数达最小值,记下 A 值和 P 值,这样可以测得两组消光位置的数值。其中 $A_1>90°$, $A_2<90°$,对应的 P 值分别为 P_1 和 P_2。

将1/4波片快轴转到 $-45°$,也可测得两组消光位置的数值。其中 $A_3>90°$, $A_4<90°$,对应的 P 值分别为 P_3 和 P_4。

五、实验数据记录与处理

①记录1/4波片快轴转到45°和 $-45°$ 时测得的 A_n 和 P_n,填入表2-1-1。

表 2-1-1 实验数据

	$A_1/(°)$	$P_1/(°)$	$A_2/(°)$	$P_2/(°)$
波片快轴 45°				
	$A_{(1)}/(°)$	$P_{(1)}/(°)$	$A_{(2)}/(°)$	$P_{(2)}/(°)$
	$A_3/(°)$	$P_3/(°)$	$A_4/(°)$	$P_4/(°)$
波片快轴 $-45°$				
	$A_{(3)}/(°)$	$P_{(3)}/(°)$	$A_{(4)}/(°)$	$P_{(4)}/(°)$
	$A=$		$P=$	

②按照下列各式将测得的4组实验数据A_n和P_n换算成$A_{(n)}$和$P_{(n)}$,并将结果填入表2-1-1。

第一组:$A_{(1)}=A_1-90°$,$P_{(1)}=P_1(P_1>90°)$。

第二组:$A_{(2)}=90°-A_2$,$P_{(2)}=P_2+90°$。

第三组:$A_{(3)}=A_3-90°$,$P_{(3)}=270°-P_3(P_3>90°)$。

第四组:$A_{(4)}=90°-A_4$,$P_{(4)}=180°-P_4$。

注意:A_n和P_n在0°~180°范围内,大于180°时应减去180°后再换算。

③按式(2-1-13)对换算出的四组数据$A_{(n)}$和$P_{(n)}$求平均值,并将结果填入表2-1-1。

$$A = \frac{A_{(1)}+A_{(2)}+A_{(3)}+A_{(4)}}{4}$$
$$P = \frac{P_{(1)}+P_{(2)}+P_{(3)}+P_{(4)}}{4}$$
(2-1-13)

④查$(A,P)\sim(n,d)$数值表得到薄膜折射率和厚度,分别为$n=$_____和$d=$_____nm。

⑤对比由$A_{(n)}$和$P_{(n)}$查表得到的折射率和厚度与④中结果的差异,并加以分析。

⑥将计算得到的A和P代入式(2-1-10),得到椭偏参数:$\Psi=$_____和$\Delta=$_____。

注意:表2-1-1中换算后得到的A值是与水平入射面的夹角,P值是与竖直方向的夹角。式(2-1-10)中定义的A和P分别是检偏器和起偏器的透光轴与入射面的夹角,故计算Δ时$P(>90°)$值应先减去90°再代入式(2-1-10)。

六、注意事项

①实验时,激光光源和检流计一定要预热15 min以上,以便获得稳定的光电信号。严禁眼睛正对激光,以免激光灼伤眼睛。

②调节光路过程中,光电转换探头转到样品反射光的位置即探测位置时,一定要将其固定,以免其偏离位置导致检测结果有误。样品位置调好后,切忌再动样品。

③测试样品时,要及时记录起偏器和检偏器的读数,A_n和P_n的对应关系不能弄错。

七、思考题

① 椭偏仪测量薄膜折射率和厚度的基本原理是什么？
② 简述椭偏参数的定义和测量方法。
③ 测量时为何要将 1/4 波片置于 45°和 −45°呢？

实验 2-2 光电效应法测量功函数和普朗克常数

当光照射在物体上时,光的能量只有一部分以热的形式被物体所吸收,而另一部分则转换为物体中某些电子的能量,使这些电子逸出物体表面,这种现象称为光电效应。光电效应揭示了光的粒子性,其发现和解释对于深刻认识光的本质有极其重要的意义。

1905 年,爱因斯坦提出光量子假说和光电效应方程,成功解释其所发现的光电效应规律,并因此获得 1921 年诺贝尔物理学奖。光电效应方程 $h\nu = \frac{1}{2}mv^2 + W$ 表明,金属中电子吸收一个光子的能量 $h\nu$ 之后,其中一部分能量用于电子逸出金属做功 W(功函数),另一部分能量转换为逸出电子(光电子)的动能 $\frac{1}{2}mv^2$。其中,h 是 1900 年普朗克为解释黑体辐射能量分布提出的能量子假说中的一个普适常数,称为普朗克常数,可以帮助粗略判断一个物理体系是否需要用量子力学来描述。1916 年,密立根首次用油滴实验验证了爱因斯坦的光电效应方程,并在当时条件下较为精确地测定普朗克常数($h = 6.626 \times 10^{-34}$ J·s),并因此获得 1923 年诺贝尔物理学奖。

目前,利用光电效应制成的光电管、光电池和光电倍增管等光电器件已成为生产和科研中不可缺少的重要器件。

一、实验目的

① 了解光电效应的基本知识、光电效应实验仪的基本结构及其使用方法。

② 掌握利用光电效应测量普朗克常数和功函数的原理和方法,并能够验证光电效应。

③ 学会利用光电效应实验仪测量普朗克常数、伏安特性曲线和功函数等参数,并了解其相关应用。

二、实验原理

1. 光电效应

光电效应实验示意图如图 2-2-1 所示。图中 GD 为光电管;K 为光电管阴极,接电源负极;A 为光电管阳极,接电源正极;G 为微电流计;V 为电压表;E 为电源;R 为滑线变阻器,调节 R 可以得到实验所需要的加速电位差 U_{AK}。光电管的 A 和 K 之间可施加从 $-U$ 到 0 再到 U 的连续变化电压。

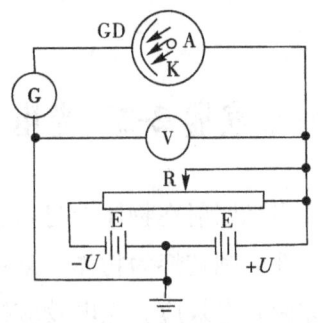

实验时用的单色光是从低压汞灯光谱中用干涉滤光片过滤得到的,其波长分别为 365 nm、405 nm、436 nm、546 nm 和 577 nm。不用光照

图 2-2-1 光电效应实验示意图

射阴极时,由于阳极和阴极是断路的,所以 G 中无电流通过。用光照射阴极时,阴极释放出电子,形成阴极光电流(简称阴极电流)。加速电位差 U_{AK} 越大,阴极电流越大。当 U_{AK} 增大到一定数值时,阴极电流达到某一饱和值 I_M,不再增大。饱和电流 I_M 的大小和照射光的强度成正比,可用伏安特性曲线展示,如图 2-2-2 所示。

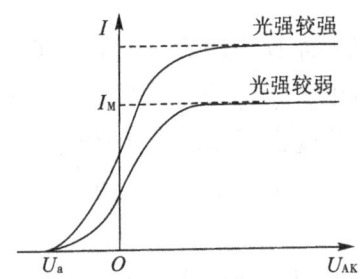

图 2-2-2 伏安特性曲线

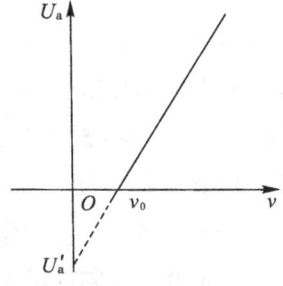

图 2-2-3 遏止电位差与频率的关系

从图 2-2-2 可以看出,饱和电流 I_M 与入射光的强度 P 正相关。实验表明,I_M 与 P 成正比,即 $I_M \propto P$。由图 2-2-2 可知,加速电位差 U_{AK} 变为负值时,阴极电流会迅速减小。当加速电位差 U_{AK} 减小到一定数值时,阴极电流变为零。与此对应的电位差称为遏止电位差,用 U_a 来表示,其大小与光的强度无关,但随着照射光频率的增大而增大,与频率 ν 呈线性关系,如图 2-2-3 所示。光电子从阴极逸出时具有初动能,其最大值等于它反抗电场力所做的功,即

$$\frac{1}{2}mv^2 = eU_a \tag{2-2-1}$$

因此,遏止电位差的出现意味着光电子从金属表面逸出时具有一定动能,该能量与入射光的强度无关,仅与入射光频率呈线性关系。爱因斯坦光电效应方程可以写成

$$\frac{1}{2}mv^2 = h\nu - W \tag{2-2-2}$$

联立式(2-2-1)和式(2-2-2),可知遏止电位差 U_a 与入射光频率 ν 呈线性关系:

$$U_a = \frac{h}{e}\nu - \frac{W}{e} \tag{2-2-3}$$

式(2-2-3)是测量普朗克常数 h 和阴极材料功函数 W 的依据。

根据爱因斯坦光子理论,当光子能量 $h\nu_0$ 等于材料的功函数 W 时,对应的频率 ν_0 是产生光电效应的最小入射光频率,称为阴极材料的红限频率或红限。如果光子的能量 $h\nu \leqslant W$,无论用多强的光照射,都不可能逸出光电子。

2. 功函数的测量方法

功函数是材料的重要物理参数,对材料组成、结构及表面物理、化学性质的变化非常敏感,可用于材料各种表面性质的分析,也可以通过反映材料接触界面的能级排列、势垒高低来表征器件性能。

功函数在固体物理中被定义成将电子从固体内部移到表面或自由空间所需的最小能量,其值等于真空能级与费米能级之差。功函数反映材料对电子的束缚能力,是表征不同材料间电子传递能力的一个重要物理量。当金属与高浓度掺杂的半导体接触,二者功函数相差很小即接触面势垒很窄时,形成欧姆接触;当半导体与金属功函数相差较多时,二者在其接触面形成肖特基势垒。此外,结构材料的氧化、腐蚀和催化等过程中都存在固体表面电子转移相关的现象。功函数的测定可为材料设计和研究提供重要依据。

功函数测量方法很多,可分为绝对测量法和相对测量法两大类。绝对测量法是直接测量功函数的方法,如紫外光电子能谱(ultraviolet photoelectron spectroscopy, UPS)法、场发射法和热电子发射法、X 射线光电子能谱(X-ray photoelectron spectroscopy, XPS)法和光电流法(photocurrent method, PCM)等。相对测量法是间接测量功函数的方法,如利用开尔文探针力显微镜进行表征。UPS 法与 XPS 法都是利用光电效应即光子与材料原子中的电子相互作用,将其中的电子激发出来,通过测量电子的动能和强度得到光电子能谱。二者激发光的能量不同,但同属于光电子能谱,是表面灵敏的分析方法。二者均根据光电子谱的电子发射强度的阈值条件确定功函数。XPS 法不仅可以用来测量材料的功函数,还可以用来分析材料表面的元素组成及化学态。对于材料功函数的测量,UPS 法相对常用。根据爱因斯坦光电效应方程,利用光电流的阈值条件得到功函数的方法称为光电流法(PCM)。需要说明的是,在 PCM 中,功函数常用符号 W 表示;在 UPS 法和 XPS 法中,材料的功函数习惯用符号 Φ 来表示。

本实验采用 PCM 测量金属材料的功函数和普朗克常数。读者可扫描右侧二维码,了解 UPS 法和 XPS 法测量功函数的依据和方法。

UPS法和XPS法
测量功函数

(1) 测量方法

实验时用不同频率的单色光($\nu_1,\nu_2,\nu_3,\cdots$)照射阴极,测出相对应的遏止电位差($U_{a1},U_{a2},U_{a3},\cdots$),然后画出 U_a-ν 图,拟合此图可以得到 U_a-ν 直线的斜率(k)。根据式(2-2-3),可知

$$h = ek \qquad (2\text{-}2\text{-}4)$$

由式(2-2-4)即可求普朗克常数 h。常用 h 的精确值取 $h_0 = 6.626 \times 10^{-34}$ J·s。

如图 2-2-3 所示,延长 U_a-ν 直线使之与纵轴相交,由交点纵坐标绝对值 $|U_a'|$ 可求得阴极材料的功函数

$$W = e|U_a'| \qquad (2\text{-}2\text{-}5)$$

U_a-ν 直线与横轴交点的横坐标为阴极红限 ν_0,满足

$$W = h\nu_0 \qquad (2\text{-}2\text{-}6)$$

因此,功函数 W 还可以利用红限 ν_0 求得。由此可见,实验的关键是确定遏止电位差,画出 U_a-ν 图。在实际测量中,遏止电位差的确定还取决于所使用的光电管。

(2) 遏止电位差的确定

如果使用的光电管对可见光都比较灵敏,而暗电流也很小,即使加速电位差为负值,阴极发射的光电子仍能大部分到达阳极。而阳极材料的功函数很大,可见光照射时不会发射光电子,其电流特性曲线如图 2-2-4 所示。图中电流为零时的电位就是遏止电位差 U_a。

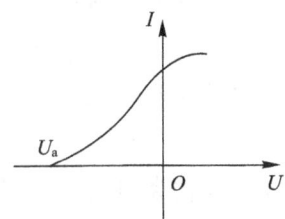

图 2-2-4 理想的电流特性曲线

光电管制造过程中,阳极可能会被阴极材料污染(阴极表面的低功函数材料溅射到阳极上),而且这种污染还会在光电管的使用过程中日趋加重。被污染的阳极功函数减小,当从阴极反射过来的散射光照到其表面时,便会发射出

光电子，形成阳极电流。实验中测得的电流特性曲线是阳极电流和阴极电流叠加的结果，如图 2-2-5 中实线所示。由图 2-2-5 可见，由于阳极被污染，实验时出现了反向电流。电流特性曲线与横轴交点的电流虽然为零，但阴极光电流并不为零，因此，交点的电位差 $|U'_a|$ 并不等于遏止电位差 U_a。两者之差由阴极电流上升的快慢和阳极电流的大小决定。阴极电流上升越快，阳极电流越小，$|U'_a|$ 与 U_a 之差越小。从实测电流曲线来看，正向电流上升越快，反向电流越小，U'_a 与 U_a 之差越小。

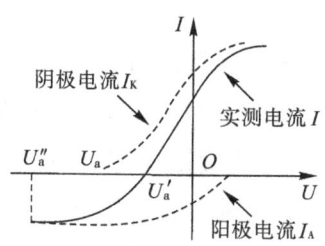

图 2-2-5　老化后的电流特性曲线

受电极结构等影响，实际上阳极电流往往饱和缓慢。在反向加速电位差达到 U_a 时，阳极电流可能仍未达到饱和，所以反向电流刚开始饱和的拐点电位差 U''_a 也不等于遏止电位差 U_a。两者之差取决于阳极电流的饱和速度。阳极电流饱和得越快，两者之差越小。若在反向电压增至 U_a 之前阳极电流已经饱和，则拐点电位差等于遏止电位差 U_a。

总而言之，对于不同的光电管，应该根据其电流特性曲线采用不同方法来确定其遏止电位差。假如光电流特性的正向电流上升得很快，反向电流很小，则可将光电流特性曲线与暗电流特性曲线交点的电位差 U'_a 当作遏止电位差 U_a（交点法）。若反向特性曲线的反向电流虽然较大，但其饱和速度很快，则可将反向电流开始饱和时的拐点电位差 U''_a 当作遏止电位差 U_a（拐点法）。

三、实验仪器

光电效应实验装置由汞灯光源、导轨、滤光片、汞灯电源和 BEX-8504A 型光电效应实验仪组成。滤光片中心波长 λ：365 nm、405 nm、436 nm、546 nm、577 nm。光阑孔径 φ：2 mm、4 mm、8 mm。实验仪由微电流放大器和扫描电压源发生器两部分组成。

四、实验步骤与要求

1. 测量前准备

打开电源开关,汞灯和电源预热 20 min,设置电压输出范围为 $-2\sim0$ V,设置电流幅度开关量程为 10^{-13} A,按下电流信号选择按钮(处于校准状态),调节电流调零旋钮使电流表显示为零,再按一下信号选择按钮使其处于测量状态。

2. 测量遏止电位差

采用 $\varphi=4$ mm 的光阑测量光电管的暗电流。然后把 365 nm 的滤光片转到通光口,把电压表显示的 U_{AK} 值调节为 -1.990 V,打开汞灯遮光盖,电流表显示对应的电流值应为负值。调节电压旋钮,逐步增大工作电压,当电压到达某一数值,光电管输出电流为零时,记录对应的工作电压 U_{AK},该电压为 365 nm 单色光的遏止电位差 U_a。然后按顺序依次换上 405 nm、436 nm、546 nm、577 nm 的滤光片,重复以上测量步骤,将 U_a 值填入表 2-2-1,并据此作出 U_a-ν 图。

3. 测量伏安特性曲线

按下电压输出选择按钮,调节电压范围为 $-2\sim30$ V,电流幅度选择开关应转换至 10^{-10} A 挡,并重新调零。其余操作同"2. 测量遏止电位差",记录每一个工作电压和对应的电流值,以便作出伏安特性曲线。

①分别测量 5 条不同波长的光谱线在同样孔径 φ 的光阑、同样光电管与入射光源距离 d 条件下的伏安特性曲线,将所测 U_{AK} 及 I 的数值填入表 2-2-2。

②测量某一谱线(如 $\lambda=365$ nm)在同一距离 d 和光阑孔径 φ 分别为 2 mm、4 mm、8 mm 时的伏安特性曲线,将相应的饱和电流值填入表 2-2-3,可以验证光电管的饱和电流与入射光强度成正比。(光阑孔径不同,入射光强度不同。)

③测量某一光谱线在同一光阑和光电管与入射光源距离 d 分别为 250 mm、300 mm、350 mm 时的伏安特性曲线。在 U_{AK} 为 30 V 时,将此光谱线对应电流值填入表 2-2-4,同样可以验证光电管的饱和电流与入射光强度成正比。(光电管与入射光源距离 d 不同,入射光强度不同。)

五、实验数据记录与处理

1. 测量遏止电位差

选择光阑孔径 $\varphi=4$ mm,测量遏止电位差 U_a,计算普朗克常数 h 和阴极材

料功函数 W，并将实验数据填入表 2-2-1。

表 2-2-1　不同波长光的遏止电位差

序号	1	2	3	4	5
波长 λ/nm	365	405	436	546	577
频率 ν/($\times 10^{14}$ Hz)	8.214	7.408	6.879	5.490	5.196
遏止电位差 U_a/V					

①作出 U_a-ν 的关系曲线，找到最佳线性拟合直线的斜率 k。

②根据式(2-2-4)计算 h，并计算误差：$\dfrac{\Delta h}{h} = \dfrac{|h-h_0|}{h_0} \times 100\% = $ _____。

③根据式(2-2-5)或式(2-2-6)计算材料的功函数 W，并对不同方法求得的功函数进行比较分析。

2. 测量伏安特性曲线

根据表 2-2-2 中记录的 U_{AK}-I 数据作出伏安特性曲线，分析影响伏安特性曲线的因素，证明光电管的饱和电流 I_M 正比于入射光的强度 P。注：$P \propto \dfrac{1}{\varphi^2}$，$P \propto d^2$。

表 2-2-2　伏安特性曲线数据

U_{AK}/V										
I/($\times 10^{-10}$ A)										

①通过改变光阑孔径 φ，证明 $I_M \propto \dfrac{1}{\varphi^2}$，进而证明 $I_M \propto P$，并将实验数据填入表 2-2-3。

表 2-2-3　不同光阑孔径条件下的饱和电流

$U_{AK} = $ _____ V，$\lambda = $ _____ nm，$d = $ _____ mm

φ/mm	2	4	8
I_M/($\times 10^{-10}$ A)			

②通过改变光电管与入射光源的距离 d，证明 $I_M \propto d^2$，进而证明 $I_M \propto P$，并将实验数据填入表 2-2-4。

表 2-2-4　不同距离条件下的饱和电流

$U_{AK} = $ _____ V，$\lambda = $ _____ nm，$\varphi = $ _____ mm

距离 d/mm	250	300	350
I_M/($\times 10^{-10}$ A)			

六、注意事项

①实验过程中尽量避免背景光的剧烈变化。

②实验过程中随时盖上光源的遮光盖,确保光源光线经过滤光片后进入光电管的窗口,禁止直射。

③实验完成时,要将光电管的暗盒遮光盖和汞灯遮光盖都盖上。

七、思考题

①利用光电效应测量普朗克常数和功函数的依据和方法是什么?

②简述遏止电位差的定义、确定方法及其注意事项。

③简述功函数的定义及其相关应用。

实验 2-3　色度学特性测量

色度学是研究颜色度量和评价方法的一门科学。它是以光学、光化学、视觉生理、视觉心理等为基础的综合性科学,也是一门以大量实验为基础的实验性科学。

物体的颜色与照射光源和人眼对颜色的感觉有关,是以人眼对可见光辐射刺激产生的感觉为基础的视觉感受,有三种基本属性:明度、色调和饱和度。由于人体存在生理上的差异,每个人对颜色的敏感度不同,因此,人对颜色的判断有很强的主观性。生活中有多种物体需要根据其颜色或发光颜色来评估品质(如翡翠、宝石和发光二极管光源)。然而,人们单靠肉眼是不能实现对这些颜色的准确度量的。

随着计算机图像处理技术的完善和色度学的广泛应用,颜色度量已从主观评估转变为定量评价。色度学对颜色的定量描述以国际照明委员会(Commission Internationale de l'Eclairage,CIE)于 1931 年开发、1964 年修订的色度系统为基础。CIE 色度系统可用数字表示颜色,用物理仪器代替人眼进行颜色测量,使颜色测量更准确、客观,具有更好的可传递性。仪器法测定颜色的方法已广泛应用于化工、印刷、纺织、造纸、建材、照明等行业,在各行业的产品检验和生产质量控制中发挥重要作用。

一、实验目的

①了解色度学的基本知识和物体颜色的表征方法。
②熟悉色度计的操作界面,掌握其使用方法。
③学会用透射或反射方法测量样品的明度、色坐标和色差等色度参数。

二、实验原理

1. 标准色度系统

为了科学地表征颜色特征,国际照明委员会(CIE)先后制定了一系列定量描述颜色的颜色空间,如 CIE RGB、CIE XYZ、CIE LAB、CIE LUV 等颜色空间,并确定了 CIE 1931 XYZ 颜色空间与其他颜色空间的转换关系。使用规定的符号,按一系列规定和定义表示颜色的系统又称为色度系统或表色系统。国际照明委员会(CIE)创立了 CIE 标准色度系统。在色度系统中,通常用明度和色坐标表示物体的颜色,用色差量化物体颜色在感知上的差异。

CIE 1931 标准色度观察者光谱三刺激值和 CIE 1931 XYZ 色度系统中的色度图是色度学在实际应用中的常用工具,色度学计算和理论发展都以这些工具为基础。下面对这些工具进行简要说明。

(1) 三刺激值

自然界中每种颜色都可以用选定的、能刺激人眼中三种视锥细胞的红、绿和蓝三原色光按适当比例混合而成。CIE RGB 系统的三刺激值是由 317 位正常视觉者用 CIE 规定的红(red)、绿(green)和蓝(blue)三原色(RGB)光对可见光范围的等能光谱色进行专门颜色混合匹配,达到色匹配时所需的三个参比色的刺激量。

所谓 CIE 1931 XYZ 色度系统,就是在 RGB 系统的基础上用数学方法选用三个理想的原色 XYZ 来代替实际的三原色 RGB,从而将 CIE RGB 系统中的光谱三刺激值和色坐标变为正值。CIE 1931 XYZ 色度系统是与设备无关的色度系统,常用于色度系统的转换。在 CIE XYZ 标准色度系统中,符号 X,Y 和 Z 用来表示三刺激值,与其对应的色匹配函数 $\bar{x}(\lambda),\bar{y}(\lambda)$ 和 $\bar{z}(\lambda)$ 如图 2-3-1 所示。图中纵坐标轴表示三刺激值,a. u. 为任意单位(arbitrary unit)的英文缩写。

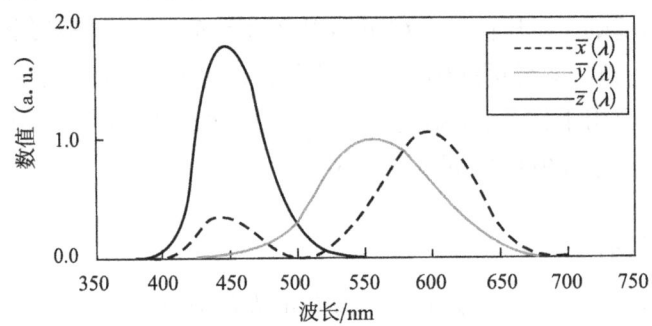

图 2-3-1　XYZ 色匹配函数

三刺激值 X,Y 和 Z 分别表示为

$$X = k\int_\lambda \varphi(\lambda)P(\lambda)\bar{x}(\lambda)\mathrm{d}\lambda \qquad (2\text{-}3\text{-}1)$$

$$Y = k\int_\lambda \varphi(\lambda)P(\lambda)\bar{y}(\lambda)\mathrm{d}\lambda \qquad (2\text{-}3\text{-}2)$$

$$Z = k\int_\lambda \varphi(\lambda)P(\lambda)\bar{z}(\lambda)\mathrm{d}\lambda \qquad (2\text{-}3\text{-}3)$$

式中:λ 表示光波长;$\varphi(\lambda)$ 表示某待测光源的相对光谱功率分布;$P(\lambda)$ 为物质色光谱反射比或透射比;k 为比例常数,$k=683$ lm/W。为定量地表征物体的颜色,需要计算出物体颜色的色坐标,并标注在色度图中。

(2) 色坐标

利用三刺激值定义色坐标 x,y 和 z：

$$x = \frac{X}{X+Y+Z} \quad (2\text{-}3\text{-}4)$$

$$y = \frac{Y}{X+Y+Z} \quad (2\text{-}3\text{-}5)$$

$$z = \frac{Z}{X+Y+Z} \quad (2\text{-}3\text{-}6)$$

色坐标 x,y 和 z 分别表示红原色、绿原色和蓝原色的比例。可以看出，$x+y+z=1$，只用 x 和 y 两个色坐标就能确定一个颜色。因此，用直角坐标系就可以表示一个颜色。

(3) 色差

在色彩相关领域，色差的准确评估与计算非常重要。色差计算有助于衡量两个物体的颜色差异，为色彩的匹配、调整与控制提供依据。

CIE XYZ 标准色度系统表示的色彩空间是色差计算的基础。可以通过计算两个物体在 X,Y,Z 三坐标轴上的数值差异，来衡量它们之间的色差。这种计算方法较直观，但不能直接反映人眼对颜色的感知差异，因此不用于计算色差。

2. 常用色度系统

(1) Yxy 色度系统

在 Yxy 色度系统中，Y 是刺激值，也是明度指数，反映颜色的明亮程度。色坐标 x 和 y 的值可由式(2-3-4)和式(2-3-5)确定，如图 2-3-2 所示为 Yxy 色度系统，物体的色度值可以在色度马蹄形中由唯一的点确定。颜色饱和度或色纯度从中心向边缘逐渐变化，色调变化则沿着马蹄形包线进行。

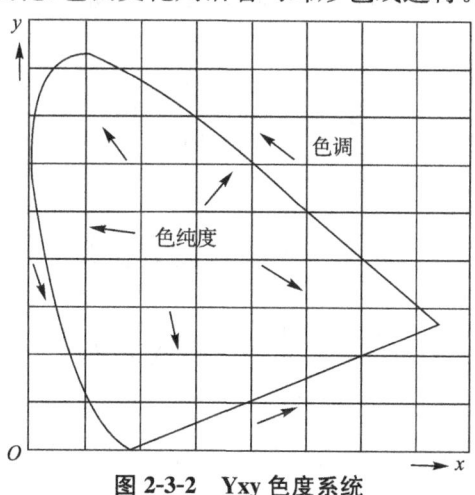

图 2-3-2　Yxy 色度系统

色差值 $\Delta Y, \Delta x$ 和 Δy 可按下式计算：

$$\Delta Y = Y - Y_t \tag{2-3-7}$$

$$\Delta x = x - x_t \tag{2-3-8}$$

$$\Delta y = y - y_t \tag{2-3-9}$$

式中：Y, x, y 是样品实测色值；Y_t, x_t, y_t 是目标色值。

Yxy 色度系统表示的色彩空间是非均匀的，一般不计算总色差值。

(2)CIE L* a* b* 色度系统

色度系统的色空间由直角坐标 L^*, a^*, b^* 构成，三维坐标系中的任一点都代表一种颜色，两点之间的几何距离代表两种颜色之间的色差，用 ΔE_{ab}^* 表示，相等的距离代表相同的色差，如图 2-3-3 所示。

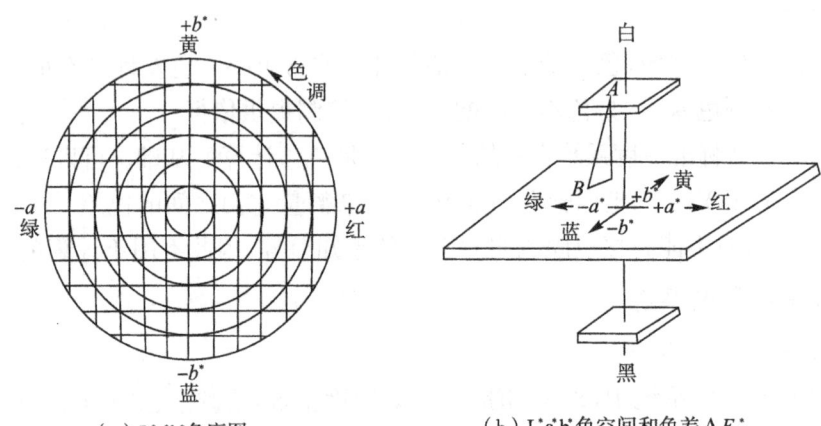

（a）L*a*b*色度图　　　　（b）L*a*b*色空间和色差 ΔE_{ab}^*

图 2-3-3　CIE L* a* b* 色度系统的色坐标和色差图

色坐标 L^*, a^*, b^* 与 X, Y, Z 三刺激值的关系如下：

明度指数

$$L^* = 116 \sqrt[3]{\frac{Y}{Y_n}} - 16 \tag{2-3-10}$$

色度指数

$$a^* = 500 \left(\sqrt[3]{\frac{X}{X_n}} - \sqrt[3]{\frac{Y}{Y_n}} \right) \tag{2-3-11}$$

$$b^* = 200 \left(\sqrt[3]{\frac{Y}{Y_n}} - \sqrt[3]{\frac{Z}{Z_n}} \right) \tag{2-3-12}$$

色差

$$\Delta E_{ab}^* = \sqrt{(\Delta L^*)^2 + (\Delta a^*)^2 + (\Delta b^*)^2} \tag{2-3-13}$$

明度指数差
$$\Delta L^* = L^* - L_t^* \quad (2\text{-}3\text{-}14)$$

色度指数差
$$\Delta a^* = a^* - a_t^* \quad (2\text{-}3\text{-}15)$$
$$\Delta b^* = b^* - b_t^* \quad (2\text{-}3\text{-}16)$$

式中：X_n, Y_n 和 Z_n 为完全漫反射体或理想透明体的三刺激值，其数值见表 2-3-1；L_t^*, a_t^*, b_t^* 为目标色坐标。

表 2-3-1 完全漫反射体或理想透明体的三刺激值

光源标志	X_n	Y_n	Z_n
C/2°	98.07	100.00	118.23
$D_{65}/10°$	94.81	100.00	107.32

式(2-3-10)、式(2-2-11)和式(2-3-12)仅适用于 $\frac{X}{X_n}, \frac{Y}{Y_n}$ 和 $\frac{Z}{Z_n}$ 大于 0.008856 的条件。当 $\frac{X}{X_n}, \frac{Y}{Y_n}$ 和 $\frac{Z}{Z_n}$ 小于 0.008856 时，分别用 $7.778\left(\frac{X}{X_n}\right) + \frac{16}{116}$，$7.778\left(\frac{Y}{Y_n}\right) + \frac{16}{116}$ 和 $7.778\left(\frac{Z}{Z_n}\right) + \frac{16}{116}$ 代替 $\sqrt[3]{\frac{X}{X_n}}, \sqrt[3]{\frac{Y}{Y_n}}$ 和 $\sqrt[3]{\frac{Z}{Z_n}}$。

(3) Hunter Lab 色度系统

Hunter Lab 色度系统以测量值表示色差程度，更符合人眼感受。色度系统中，L 是明度指数，a 和 b 是色坐标。在 10°视场、D_{65} 光源条件下，

$$L = 10.0\sqrt{Y} \quad (2\text{-}3\text{-}17)$$

$$a = \frac{17.5(1.0547X - Y)}{\sqrt{Y}} \quad (2\text{-}3\text{-}18)$$

$$b = \frac{7.0(Y - 0.9318Z)}{\sqrt{Y}} \quad (2\text{-}3\text{-}19)$$

色差值 $\Delta L, \Delta a$ 和 Δb 按下式计算：

$$\Delta L = L - L_t \quad (2\text{-}3\text{-}20)$$
$$\Delta a = a - a_t \quad (2\text{-}3\text{-}21)$$
$$\Delta b = b - b_t \quad (2\text{-}3\text{-}22)$$

式中：L, a 和 b 是样品实测色值；L_t, a_t 和 b_t 是目标色值。其总色差为

$$\Delta E = \sqrt{(\Delta L)^2 + (\Delta a)^2 + (\Delta b)^2} \quad (2\text{-}3\text{-}23)$$

3. 色度参数测量方法

色度参数测量方法可分为光谱光度测色法和刺激值直读法两大类。

光谱光度测色法:采用光谱光度计(带积分球的分光光度计)测量单色光透射率或反射率数据,然后计算得出三刺激值和色坐标。测量波长范围一般为 380~780 nm。

刺激值直读法:用光电类测色仪器测定色度参数。这类仪器配备具有特定光谱灵敏度的光电积分元件,可直接测量物体的三刺激值或色坐标,因此也被称为光电积分测色仪器,常见的有光电色度计和色差计。

本实验采用刺激值直读法。

三、实验仪器

实验用仪器是 SC-80C 全自动色差计,仪器结构如图 2-3-4 所示。SC-80C 全自动色差计是利用仪器内部的标准光源照明来测量透射色或反射色的光电积分测色仪器,一般由照明光源、探测器、光学系统、仪表数字显示系统和数据运算处理系统等部分组成。通常用三个探测器将光信号转变为电信号,最终输出待测物的三刺激值或色坐标,还可以通过模拟计算电路或联机的电子计算机给出两个物体的色差值。

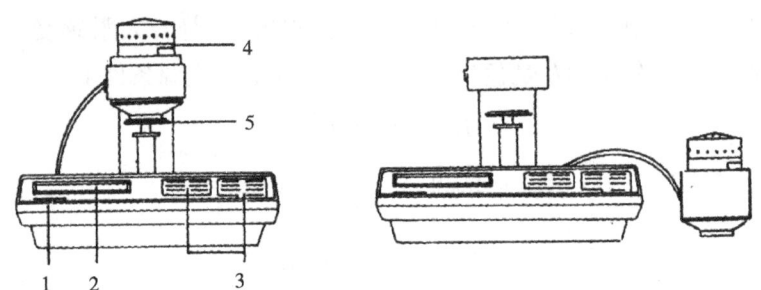

1—主机部分;2—液晶显示器;3—操作键盘;4—光学测试头;5—反射样品测试台。

图 2-3-4 SC-80C 全自动色差计示意图

四、实验步骤与要求

1. 测量前的准备工作

①开机预热 10 min。

②制备样品。

透射样品:样品放入透射液体槽即玻璃池中,然后夹在透射样品架上,再放入探头中。

反射样品：利用恒压压样器将粉末样品制成表面平整的标准反射样品，以便于测量。具体制备过程：将粉末样品填入清理干净的压容器内，一般以不超过容器的2/3为宜，然后再将压块放在粉末上，将压样手柄拧到压容器上，顺时针旋转压样手柄，给样品加压。当压力达到一定值时，压样手柄产生滑动并发出响声，此时便可以停止加压。逆时针旋转压样手柄和压样螺母，翻转压样盒，拧下压盖，完成标准反射样品的制作。

③设定标准值。设纯水的三刺激值为 $X=94.81, Y=100.00, Z=107.32$。

④输入内部目标样品色差值，设定输出格式和测量模式，设定比较色差模式。测量模式有两种：透射和反射，测量前根据需要选择一种即可。比较色差模式也有两种：两个被测样品比较色差的模式，被测样品和内部目标样品比较色差的模式。测量样品前根据需要选择一种即可。

⑤设定完毕，检查是否有误，按编辑键将设定的信息记入仪器。

2. 测量操作

以透射样品的测量为例，本实验采用透射测量模式和两个被测样品比较色差的模式，具体操作如下：

①调零。先将仪器探头上的透射样品架抽出，把透射调零挡光片放在架上的样品槽内，然后放回透射样品架。仪器液晶显示器调零指示灯亮，提示可进行调零操作，按执行键后仪器开始调零。当仪器发出蜂鸣声时，提示调零结束，进入调白操作。

②调白。调零结束后，仪器显示调白，同时标准灯亮，提示可进行校对标准（调白）操作。将透射样品架抽出，拿掉透射调零挡光片，换上盛满纯水的透射液体槽，放回透射样品架。按执行键，仪器开始调白。当仪器发出蜂鸣声时，提示仪器调白结束，进入允许测试状态。

③测量样品。调白结束后，仪器显示测量样品。放入样品后，按执行键，样品灯亮，提示可进行样品测量。倒出盛满透射液体槽的纯水，擦干待用。将作为标准的目标样品放入洗净擦干的透射液体槽内，然后将透射液体槽小心地夹在透射样品架上，再放入探头中。按下执行键后，仪器显示"第1次测量样品"并开始测量。当仪器发出蜂鸣声时，指示测试结束。将测量结果填入表2-3-2。

④比较色差。取出透射液体槽，加入待测样品，放入透射液体槽内，然后将透射液体槽小心地夹在透射样品架上，再放入探头中。按样品键，再按执行键，即可测定被测样品色度参数及被测样品与目标样品的色差值。按显示键显示测定结果，按打印键打印显示的测定结果。将测量结果填入表2-3-2。

⑤重测目标样品。按复位键,仪器回到样品测量状态。此时,按执行键,所测定的第一个样品为新的目标样品。

⑥改变输出格式可以得到不同色度系统的色度参数。将测量结果填入表2-3-2。

⑦仪器使用完毕,取出被测样品或透射样品槽,或清理测试压孔(反射),关闭仪器电源。

测定反射样品时,应选择反射测量模式,测量方法同上。测量后,将测量结果填入表2-3-3。

五、实验数据记录与处理

①记录透射样品在3种不同色度系统(Yxy色度系统、CIE L*a*b*色度系统和Hunter Lab色度系统)中的色度参数,包括三刺激值、色坐标、明度和色差值,填入表2-3-2。

表2-3-2 透射样品的色度参数

样品编号	三刺激值			色坐标			明度			色差值		
	X	Y	Z	Y,x,y	L^*,a^*,b^*	L,a,b	Y	L^*	L	$\Delta Y,\Delta x,\Delta y$	ΔE_{ab}^*	ΔE
1												
2												

②记录反射样品在3种不同色度系统中的色度参数,包括三刺激值、色坐标、明度和色差值,填入表2-3-3。

表2-3-3 反射样品的色度参数

样品编号	三刺激值			色坐标			明度			色差值		
	X	Y	Z	Y,x,y	L^*,a^*,b^*	L,a,b	Y	L^*	L	$\Delta Y,\Delta x,\Delta y$	ΔE_{ab}^*	ΔE
1												
2												

③计算样品的主波长和色纯度,并对比分析不同色度系统的样品色度参数差异。

六、注意事项

①在测量过程中,如果发现数据偏差大,应重新调零或调白。当仪器处于测量或显示状态时,如果按下调零键或标准键,仪器会回到调零或调白状态。

②为保证测量结果正确,测试前应参照实验步骤与要求中相关内容准备好

被测样品。样品面积一定要大于探测头的出光孔面积,样品表面一定要平整。

③若固体或液体进入仪器内部,应立刻断开仪器电源,请专业人员检查后才可再开电源。不可堵塞通风孔,严禁用布和纸等材料遮住通风孔。

七、思考题

①常见的色度系统有哪些?样品的色度参数有哪些?它们是如何表征颜色的三个基本属性的?

②测量反射样品和透射样品的方法有何不同?

③为保证测量结果正确,实验对测试样品有哪些要求?

实验 2-4　光度学特性测量

在可见光波段内,考虑人眼的主观因素后的相应计量学科称为光度学。光度学是由德国数学家、物理学家朗伯于 1760 年建立的。光度学定义了光通量、发光强度、光照度和亮度等主要光度量,阐明了这些量之间关系,以及光照度的相加性原理、距离平方反比定律和光照度的余弦定律等重要定律。在天文学中,光度是物体每单位时间内辐射出的总能量。恒星的光度与其温度、半径和质量有关联。只要知道光度,天文工作者就可以计算在任一给定距离上天体的视星等,即天体的明暗程度。摄影中的光度是指物体的表面受光源照射呈现出的亮度。光度与光源的种类、性质及发光强度,照射距离,被摄物表面的物理特性和对光线的反射能力密切相关。对各种光敏和热敏探测器,也需要运用光度测量技术来确定其灵敏度及响应特性。随着人类对美好生活的不断追求和能源短缺问题之间矛盾的日渐严重,发展和使用具有更高能源利用率的光源势在必行。具有高电光转换效率和高亮度的发光二极管(light emitting diode,LED)光源和显示技术应运而生。各种光源的光度学特性测量技术已经广泛应用于照明、遥感遥测等领域。

一、实验目的

① 了解光度量和辐射度量的异同,了解光照度和亮度等概念。
② 了解光度测量的主要仪器和测量原理。
③ 掌握照度计和亮度计等光度测量仪器的使用方法以及电光转换效率和亮度的计算方法。

二、实验原理

1. 辐射度量和光度量

光度学是度量光的强弱和方向的一门科学,根据人的视觉器官的生理特性确定光谱光视效率,约定度量规则,评价辐射度量产生光视效应的属性,涵盖一系列理论和方法。辐射度量是纯粹的物理量,而光度量则是一种涉及生理学和心理学因素的物理量。光度量和辐射度量的定义和符号是相对应的,为区分二者,给辐射度量加下标"e"。鉴于辐射度量和光度量的对应关系,下面分别介绍辐射度量和光度量的基本概念。

(1)辐射度量

①辐射通量 Φ_e：单位时间内光源发射、接收和传输的辐射能量，即辐射功率，单位为 W。

②辐射强度 I_e：单位时间内光源在给定传输方向上和单位立体角内发出的辐射通量，单位为 W/sr。

③辐射亮度 L_e：单位时间内光源在垂直于其传输方向的单位表面积和单位立体角内发出的辐射通量，单位为 W/(m² · sr)。

④辐射出射度 M_e：又称辐射通量密度，指光源表面单位面元发射的辐射通量，单位为 W/m²。

⑤辐照度 E_e，单位面元被照射的辐射通量，单位为 W/m²。

(2)光度量

①光通量 Φ：单位时间内某一波段（波长为 λ）内的辐射能量与该波段的光视效率的乘积，单位为 lm。光通量是人眼能够感知的辐射通量，其与辐射通量 Φ_e 的关系为

$$\Phi(\lambda) = K_m V(\lambda) \Phi_e(\lambda)$$

$$\Phi = K_m \int_0^\infty V(\lambda) \Phi_e(\lambda) d\lambda \tag{2-4-1}$$

式中：$K_m = 683$ lm/W，为最大光谱光视效能；V 是国际照明委员会推荐的平均人眼光谱光视效率，是波长的函数（称为视见函数），如图 2-4-1 所示。

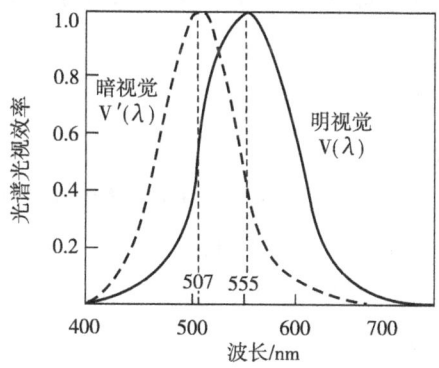

图 2-4-1 明视觉和暗视觉的视见函数

明亮环境中的视觉称为明视觉，此时人眼对波长为 555 nm 的黄绿光线最敏感，视见函数 $V(\lambda)$ 为 555 nm 波长的辐射通量 Φ_e(555 nm) 与某一波长（λ）的辐射通量对人眼产生相同视觉刺激时的辐射通量 $\Phi_e(\lambda)$ 的比值。由于不同波段

光的光视效率不同,故即使不同波段的辐射通量$\Phi_e(\lambda)$相等,光通量$\Phi(\lambda)$也可能不相等。

②发光强度I:光源在指定方向上的单位立体角内发出的光通量,即光源向空间某一方向辐射的光通量密度,单位为cd。发光强度反映光源在不同方向上的辐射能力。通俗地说,发光强度就是光源所发出的光的强弱程度。

③亮度L:对发光面发出光的明亮程度的定量表征,定义为某一面元dS所产生的发光强度dI与该面元在垂直于观测方向的投影面积之比,单位为cd/m^2。亮度与发光体表面积有关系。同样发光强度情况下,发光面积越大,亮度越大。亮度与发光面的方向也有关系,同一发光面在不同方向上的亮度不同,通常按垂直于视线的方向进行计量。亮度的测量具有特殊意义。在各种光度量中,只有亮度直接与人的主观感受有关。亮度是评估照明设备、照明条件的重要指标。

④光照度E:被照主体表面单位面积上接收的光通量,等于照到某一面元上的光通量与这个面元面积之比。光照度是衡量拍摄环境的一个重要指标,单位为lx。

⑤光出射度M:光源上单位面积发出的光通量,单位为lm/m^2。

⑥电光转换效率:评价光源性能的重要指标,也是节能减排的重要指标。电光源由电源驱动,输出光通量与输入电功率之比通常称为电光转换效率,也称为流明效率或发光效率,用η_L表示,单位为lm/W。根据定义,电光转换效率为

$$\eta_L = \frac{\Phi_w}{UI} \tag{2-4-2}$$

式中:Φ_w为待测LED的光通量;U和I分别为电光源的输入电压和电流,二者的乘积为输入电功率。

2. 光度学基本原理

(1)相加性基本原理

若干光源同时照射在某一面元上产生的光照度E等于各个光源单独照射时产生的光照度$E_i(i=1,2,\cdots,n)$之和,即

$$E = E_1 + E_2 + \cdots + E_n \tag{2-4-3}$$

该原理对其他光度量也适用。

(2)距离平方反比定律

点光源在垂直于某方向的面元上产生的光照度与点光源在该方向的发光强度成正比,与光源到面元距离的平方成反比,即

$$E = \frac{I}{l^2} \tag{2-4-4}$$

式中：I 表示面元法线方向的发光强度；l 表示光源到面元的距离。

(3) 光照度余弦定律

点光源在某一面元上产生的光照度与面元法线和光源到面元方向夹角的余弦成正比，即

$$E_\theta = \frac{I\cos\theta}{l^2} \qquad (2\text{-}4\text{-}5)$$

式中：I 表示面元法线方向的发光强度；l 表示光源到面元的距离。

(4) 朗伯(余弦)定律

当一个面元在其上半球空间所有方向的亮度均相等时，则有

$$I_\theta = I_n \cos\theta \qquad (2\text{-}4\text{-}6)$$

式中：I_θ 表示与面元法线成 θ 角方向的发光强度；I_n 表示面元法线方向的发光强度。

3. 光源电光转换效率测量原理

(1) 光照度的测量

如图 2-4-2 所示，在光源 S 和点 M 之间加挡板，挡住来自光源 S 的直射光，积分球上任意一点 M 的光照度为

$$E_M = \frac{\rho}{1-\rho} \cdot \frac{\Phi}{4\pi r^2} \qquad (2\text{-}4\text{-}7)$$

式中：r 为积分球半径；ρ 为积分球内壁反射率。球壁上任一位置 M 的光照度 E_M 与光源 S 的总光通量 Φ 成正比。

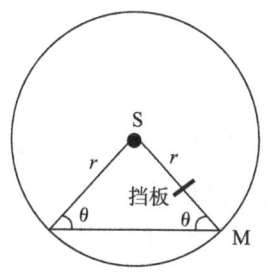

图 2-4-2 积分球内部光照原理图

用积分球测量光通量前，必须采用已知光通量的标准灯对系统进行校准。先将已知光通量 Φ_0 的标准灯放入积分球中，点亮后在积分球壁上的小窗口测量光照度 E_0。光照度 E_0 为

$$E_0 = \frac{\rho}{1-\rho} \cdot \frac{\Phi_0}{4\pi r^2} \qquad (2\text{-}4\text{-}8)$$

将待测光通量 Φ_w 的 LED 放入积分球内点亮,再次测量光照度。光照度 E_w 为

$$E_w = \frac{\rho}{1-\rho} \cdot \frac{\Phi_w}{4\pi r^2} \quad (2\text{-}4\text{-}9)$$

(2) 光通量的计算

由式(2-4-8)和式(2-4-9)可得被测 LED 的光通量为

$$\Phi_w = \frac{E_w}{E_0} \Phi_0 \quad (2\text{-}4\text{-}10)$$

式中:Φ_0 为标准灯的光通量;Φ_w 为被测 LED 的光通量。

将 Φ_w 代入式(2-4-2),可计算出光源的电光转换效率 η_L。

4. 光源亮度测量原理

光阑照度法适用于测量发光面积较大的发光面某一部分的亮度。如图 2-4-3 所示,S 为光源,沿导轨在其前面添加已知开口直径为 D 的限制光阑,在观测方向上距离限制光阑 l 处放置照度计光度头,其接收面垂直于观测方向。

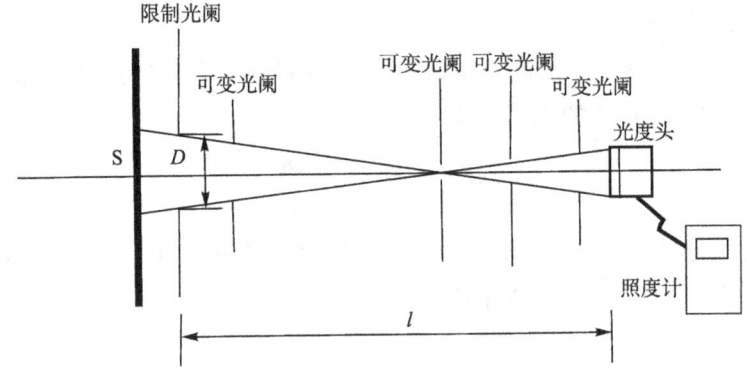

图 2-4-3 光阑照度法测量原理图

光阑开口的大小和位置应保证从接收面仅能看到需要测量的那部分发光源,距离 l 应远大于限制光阑开口直径 $D(l \gg D)$,使开口的发光能遵从距离平方反比定律。在光度头和限制光阑之间可添加若干可变光阑,以屏蔽杂散光,提高测量精准度,调节光斑大小,使其与光度头探测面大小匹配或更小。光阑位置的调整以目视法观察结果为准:从光度头位置往光源方向望去,只能看见重叠的光阑和光源被测部分;从光源往光度头方向望去,只能看到光度头,而其他任何方向都看不到光度头。

假设照度计测得的光照度为 E,则限制光阑开口处的发光强度为 El^2,根据亮度的定义可得被测发光面的亮度为

$$L = \frac{4I}{\pi D^2} = \frac{4E l^2}{\pi D^2} \tag{2-4-11}$$

式中：I 表示限制光阑开口处的发光强度；E 表示照度计测得的光照度。

三、实验仪器

如图 2-4-4 所示为测量光通量的实验装置，由标准白色 LED（光源）、照度计、积分球、固定座、导轨、米尺和电源以及支架等附属部件构成，其中 LED 光源、照度计和积分球（用于测量光通量）是关键部件。

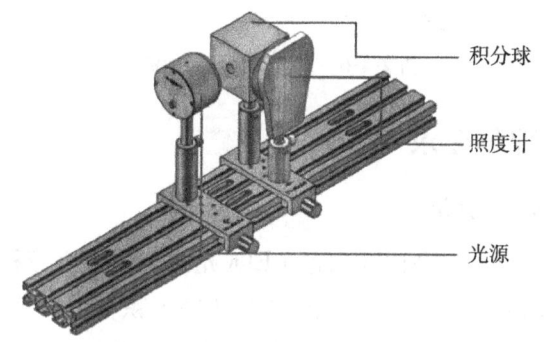

图 2-4-4　光通量测量实验装置

如图 2-4-5 所示为测量光照度的实验装置，由三色 LED 光源和照度计等构成。目前常用的照度计由光度头（测量头）、电流-电压转换及放大电路和示数仪表三部分构成。光度头由光电探测器（硅光电器件）、$V(\lambda)$ 修正滤光器和余弦修正器组成。光电探测器负责将光信号转变成电信号；$V(\lambda)$ 修正滤光器用于矫正光电探测器的光谱响应，使之符合光谱光视效率曲线；余弦修正器可以消除探测器表面对不同入射角光线反射的影响和探头边框阴影的影响，确保到达照度计的光遵循余弦定律。

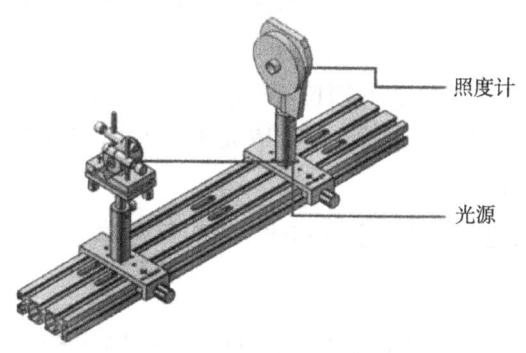

图 2-4-5　光照度测量实验装置

如图 2-4-6 所示为测量亮度的实验装置。除光源（标准白色 LED）和照度计外，该实验装置还包含可变光阑与限制光阑等，用于减少杂散光的影响。

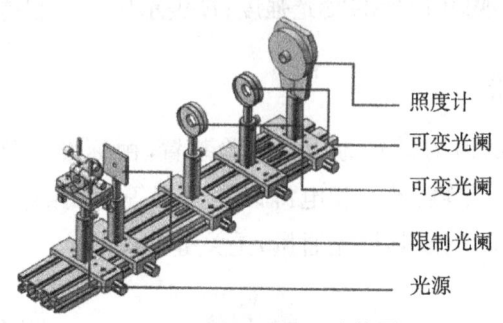

图 2-4-6　亮度测量实验装置

四、实验步骤与要求

1. 电光转换效率测量

①如图 2-4-4 所示，点亮标准白色 LED（光源），调节直流稳压电源至 3.5 V，调节光源和积分球入口，保证 LED 的光全部进入积分球。调节照度计，使之靠近积分球出光孔处，测量过程中应保持积分球与照度计光度头的相对位置不变。读取照度计显示数值 E_0，填入表 2-4-1。

②将标准白色 LED 更换为待测白色 LED 并点亮，调节电压至 3 V（注意：要保证 LED 的光全部进入积分球），读取稳定后的电流示数 I，读取照度计显示数值 E_w，填入表 2-4-1。

2. 距离平方反比定律验证

①如图 2-4-5 所示，将 LED 放置在导轨一端，调节照度计光度头的支架，使光度头中心与 LED 光源共轴。

②打开并调节电源，使 LED 在额定功率以下工作，同时保证发光强度足够大。

③打开照度计，选择合适的挡位，使光度头正对光源，在距离光源 10 cm 处测量光照度。待示数稳定，记录数据，填入表 2-4-2。改变照度计的位置，测量表 2-4-2 中给定距离处的光照度。

④换上不同颜色的 LED，重复实验。

3. 亮度测量

①如图 2-4-6 所示，将标准白色 LED（光源）固定在导轨一端，将孔径为 4 mm 的限制光阑贴近光源放置。

②将照度计光度头放置在导轨上,调节其位置,使光斑刚好完全覆盖光度头接收面。

③在光度头与限制光阑中间添加两个可变光阑,以减少杂散光的影响。注意:可变光阑不能遮住 LED 发出的光。

④打开照度计,待读数稳定,记录数据,填入表 2-4-3。

⑤测量照度计光度头到限制光阑的距离 l。

⑥实验结束,关闭仪器电源。

五、实验数据记录与处理

1. 电光转换效率测量

将实验数据包括光照度、电流和电压值填入表 2-4-1。标准白色 LED 的光通量 $\Phi_0=$ _____,根据式(2-4-2)和式(2-4-10),待测白色 LED 的电光转换效率 $\eta_L=$ _____。

表 2-4-1 电光转换效率测量实验数据

待测白色 LED			标准白色 LED
电流 I/A	电压 U/V	光照度 E_w/lx	光照度 E_0/lx

2. 距离平方反比定律验证

将照度计测量的光照度 E 和光源与照度计的距离 l 填入表 2-4-2,然后以 $(1/l^2)$ 为横坐标、以光照度 E 为纵坐标绘制曲线,检验二者的线性关系。

表 2-4-2 距离平方反比定律验证实验数据

距离 l/cm	10	12	14	16	18	20	25	30	40	60	80
光照度 E/lx											

3. 亮度测量

将照度计测量的光照度 E、照度计与光阑的距离 l 和光阑孔径 D 填入表 2-4-3,然后根据式(2-4-11)计算亮度 L。

表 2-4-3 亮度测量实验数据

光照度 E/lx	距离 l/cm	光阑孔径 D/mm	亮度 L/(cd/cm^2)

六、注意事项

①实验须在暗室中进行。为了提高测试的稳定性,光源应至少预热 10 min。

②使用可调电源点亮 LED 时,须严格按照电源指示灯操作。当电压增大至 2 V 时,须更换细调旋钮进行电压电流调整,LED 实验电压应保持在 3 V 左右。

③使用照度计需要做好保护工作,开启电源后须调节至较大量程,依实际情况动态选择量程。

七、思考题

①光度学的基本原理有哪些?

②光照度和亮度是如何定义的?它们与发光强度有什么关系?

③简述光源的光照度和电光转换效率的测量方法。

实验 2-5　LED 光源光电色度参数测量

发光二极管(LED)是一种电致发光的半导体器件,属于固体电光源、冷光源,被称为第四代电光源。自 1962 年美国工程师何伦亚克发明 LED 以来,LED 经历了 60 多年的发展。早期 LED 所用材料为发红光的 GaAsP,光通量和发光效率都很低,主要用作指示信号灯。此后,通过对材料的掺杂调制,LED 得以产生绿光、黄光和橙光,光效率也得到明显提高,应用扩展至显示领域。随着 GaAlAs 材料的发展和封装技术的提高,红色和黄色 LED 的发光效率提高了 10 倍,可达 10 lm/W。20 世纪 90 年代初,研究人员成功开发了发红光与黄光的 GaAlInP 和发绿光与蓝光的 GaInN 两种新材料,大幅度提高了 LED 的发光效率。1994 年,美籍日本裔科学家中村修二率先研发出基于 GaN 材料的高亮度蓝色 LED。1996 年,日亚化学工业株式会社制造出高效节能的新型白色光源——白色 LED,促进了 LED 在照明领域的应用和快速发展。作为半导体器件,LED 的电学性能参数是衡量其能否正常工作的基本标准。LED 作为光源时,需要测量光辐射在空间分布的能量参数、光谱分布参数和色度参数。准确测量 LED 的光电色度参数对于开展相关研究和实际应用有重要价值。

一、实验目的

①了解 LED 的光电特性,理解 LED 的发光原理。

②了解 LED 的色温概念、光谱特性及其测试方法,了解测量 LED 光源平均发光强度的方法。

③理解三刺激值和色度图,学会测量 LED 光源的色度参数和平均发光强度,掌握 LED 的光学分类标准参数。

二、实验原理

1. LED 的结构和工作原理

LED 是一种固态的半导体器件,可以直接把电能转化为光能。LED 的核心部件是一个半导体芯片。芯片的负极一端附着在一个支架上,另一端连接电源的正极,如图 2-5-1 所示。

LED 芯片由 N 型半导体(N 区)和 P 型半导体(P 区)组成,二者之间有一过渡层,称为 PN 结,如图 2-5-2 所示。

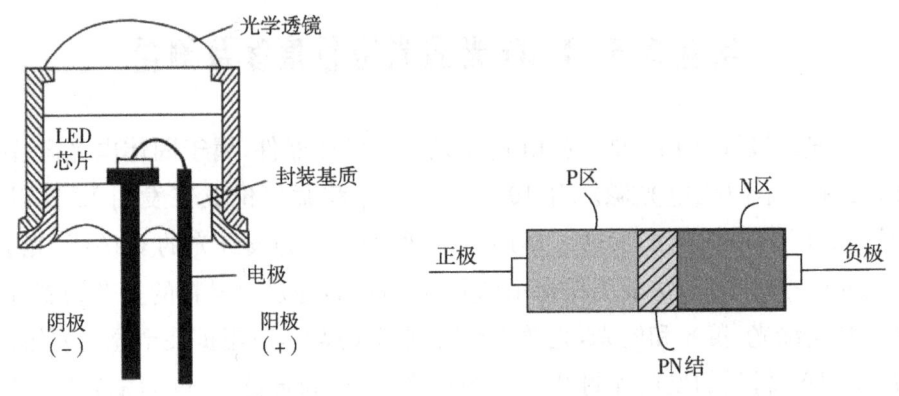

图 2-5-1 LED 的基本构造　　　　图 2-5-2 LED 芯片结构

在某些材料的 PN 结中,注入的少数载流子与多数载流子复合时会以光的形式释放多余能量,从而将电能直接转换为光能。这种利用注入式电致发光原理制作的二极管被称为发光二极管(LED)。如图 2-5-2 所示,当在 LED 两端加上正向电压,即 P 区连接电源正极,N 区连接电源负极时,LED 处于正向工作状态。此时,电流从 LED 的阳极流向阴极,半导体芯片中的电子与空穴就会复合发出光线。当在 LED 两端加上反向电压时,P 区的空穴载流子和 N 区的电子载流子不能反向流动,无法形成电流,电子与空穴也不会相遇而复合发光。由此可见,LED 具有单向导电性。

2. LED 的电学特性

LED 是一个由半导体材料构成的极性 PN 结二极管,其电压-电流曲线称为伏安特性曲线,如图 2-5-3 所示。LED 的电学特性参数包括正向电流、正向电压、反向电流和反向电压。在电学分类中,正向电压是一个关键的标准参数。LED 必须在合适的电流电压驱动下才能正常工作。通过对 LED 电学特性的测试,可以获得 LED 的最大允许正向电压 U_B、正向电流 I_B、反向电压 U_C 和反向电流 I_C。

在低工作电流条件下,发光二极管的发光效率随电流的增大明显提高。但电流增大到最大工作电流 I_B 后,发光效率不再提高。LED 在反向电压 U_C 下工作会被击穿,不能再正常工作。

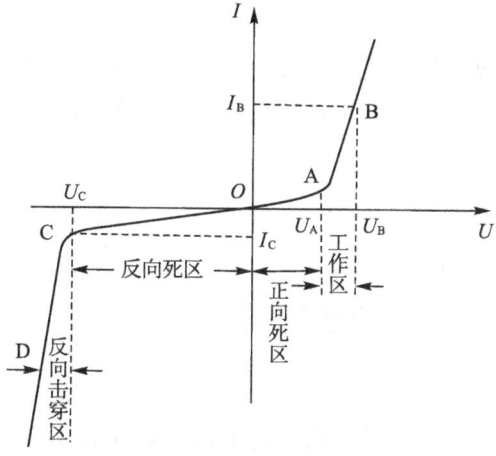

图 2-5-3　LED 的伏安特性曲线

3. LED 的光学特性

(1) 发光强度分布

LED 在空间各个方向上的发光强度都不一样,具有一定空间分布。空间发光强度一般用 $I(\theta,\varphi)$ 表示,θ 和 φ 的定义如图 2-5-4 所示。

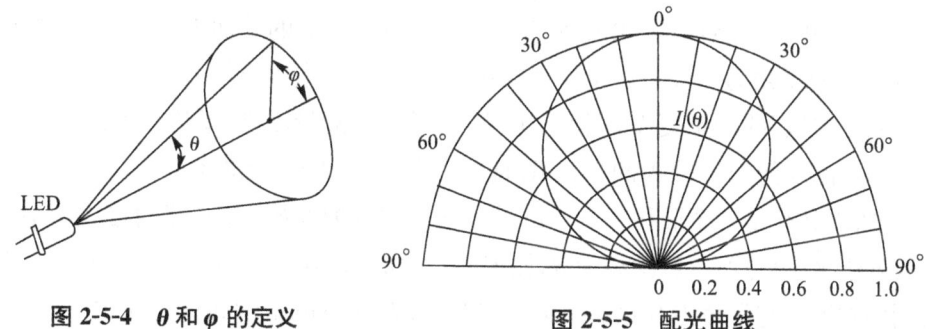

图 2-5-4　θ 和 φ 的定义　　　　图 2-5-5　配光曲线

LED 的发光强度分布一般用图 2-5-5 的极坐标系来表示。在该坐标系中,极坐标 θ 是从极点 O 发出的放射状线段与竖直线(称为极轴,$\theta=0°$)的夹角,表示 LED 光源发出的光线与其机械轴的夹角;极坐标 $I(\theta)$ 是一系列等间隔的曲线截极轴(或放射状线段)的交点与极点之间的距离,表示发光强度。以图 2-5-5 中的极点为起点,用矢量表示各方向的发光强度,连接矢量端点,形成发光强度分布曲线,称为配光曲线,如图 2-5-5 中过极点的圆形曲线。由配光曲线可知,发光强度随角度 θ 的变化而变化。对于图 2-5-5 所示的理想 LED 而言,$\theta=0°$ 时,发光强度 $I(\theta)$ 达到最大值,且随着 θ 的增大而减小。

(2) 发散角

LED 器件制备过程中可能存在生产误差，导致 LED 的光轴和机械轴不重合，如图 2-5-6 所示。这时，LED 的发光强度不再均匀分布，图 2-5-5 中的配光曲线会发生变形。

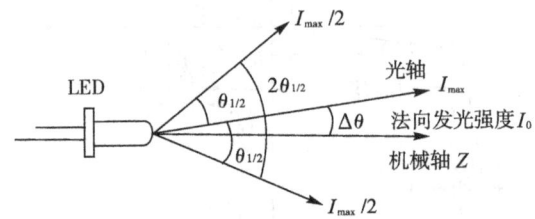

图 2-5-6　半强度角 $\theta_{1/2}$ 和发散角 $2\theta_{1/2}$ 的定义

设光轴方向的发光强度为 I_{max}，则发光强度为 $I=I_{max}/2$ 的方向与光轴的夹角 $\theta_{1/2}$ 称为半强度角，半强度角的二倍称为发散角，即 $2\theta_{1/2}$，如图 2-5-6 所示。

(3) 平均发光强度

设点光源在给定方向的立体角元 $d\Omega$ 内发射的光通量为 $d\Phi$，则点光源在该方向的发光强度 I 定义为光通量 $d\Phi$ 与立体角元 $d\Omega$ 之比，即 $I=\dfrac{d\Phi}{d\Omega}$。其中，Ω 为立体角，其单位是球面度，符号为 sr。规定在半径为 r 的球面上，面积为 r^2 的面元对球心的张角为 1 sr。发光强度的单位是坎德拉，符号为 cd。

发光强度 I 的测量复杂，因此 CIE 推出了一种测量 LED 平均发光强度的方法。测量的几何条件分为两种：CIE 标准条件 A 和 CIE 标准条件 B。它们都规定，接收端必须是一个面积为 100 mm² 的圆，LED 的顶端和探测器的接收面中心连线处于水平位置，二者距离为 d，如图 2-5-7 所示。对于条件 A，d=316 mm，发射到探测器的空间角为 0.001 sr；对于条件 B，d=100 mm，空间角为 0.01 sr。

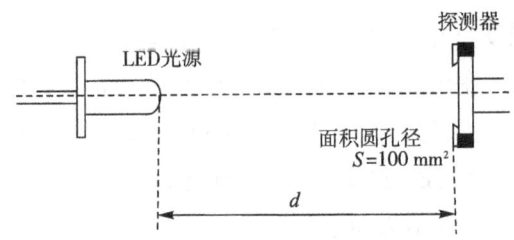

图 2-5-7　测量 LED 平均发光强度的几何条件

用光谱计算软件计算 LED 的光通量 Φ，然后代入下式可求得光照度。

$$E=\dfrac{\Phi}{S} \tag{2-5-1}$$

式中 S 为积分球进光口的面积,根据 CIE 标准,$S=100~\text{mm}^2$。LED 的平均发光强度可以用下式求得：

$$I = Ed^2 \qquad (2\text{-}5\text{-}2)$$

实际应用中用得较多的是条件 B,它适用于大多数低亮度的 LED 光源。对于亮度高且发射角很小的 LED 光源,可以使用条件 A。

(4)光学分类标准参数

对于单色光 LED,光学分类标准参数为主波长和平均发光强度;对于白色 LED,光学分类标准参数为色坐标和平均发光强度。

4. LED 的色度学特性

研究光源或经光源照射后物体透射、反射颜色的科学称为色度学。引起颜色知觉的光称为色刺激。CIE 推荐使用三刺激值、色坐标、主波长和色纯度等色度参数描述物体或光源的颜色特性。此外,色温和显色指数还可用于描述光源的色彩特性。

(1)色温

如果一个光源发射光的颜色与某一温度下的黑体发射光的颜色相同,那么此时黑体的绝对温度为该光源的色温。当光源发射光的颜色与黑体不相同时,常用相关色温描述光源颜色。在某一确定的均匀色度图中,如果一个光源与某一温度下的黑体的光色最接近,此时黑体的绝对温度为该光源的相关色温。色温可用于描述光源的颜色特性和光谱特性,与光源的内在特性密切相关。

当黑体温度从较低值逐渐升温至无穷大时,在色度图中代表黑体颜色的坐标点将会形成一段连续的曲线,称为黑体轨迹。如图 2-5-8 所示,马蹄形曲线内部的实线为黑体轨迹,与其相交的虚线表示等温线。

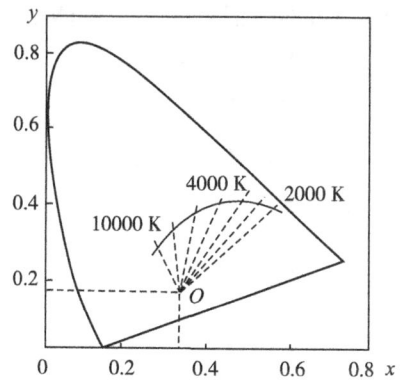

图 2-5-8 CIE XYZ 色度系统的黑体轨迹

色温的计算方法有多种，以下给出一种简便而准确的计算方法。4000～10000 K 范围内的等温线汇聚于一点，如图2-5-8所示。汇聚点 O 的色坐标为 $x_0=0.329, y_0=0.187$。若光源颜色在色度图中用 C 点表示，其色坐标为 (x,y)，则 O 点和 C 点连线的斜率的倒数为 $A_0 = \dfrac{x-x_0}{y-y_0}$，色温 T 可以表示为

$$T = 699A_0^4 - 799A_0^3 + 3660A_0^2 - 7047A_0 + 5652 \tag{2-5-3}$$

(2) 显色指数

通常将光源固有显色特性称为显色性。CIE 对光源显色性的评价方法是，对物体在待测光源和参照照明体下的色貌进行对比，对其一致程度进行量化。CIE 推出了 14 种试验色，这 14 种试验色在参照照明体和待测光源的照明下对应的色差为 ΔE_i（i 为试验色的序号，$i=1,2,3,\cdots,14$），由此可计算出光源的各种试验色的特殊显色指数：

$$R_i = 100 - 4.6\Delta E_i \tag{2-5-4}$$

光源的特殊显色指数 R_i 越高，其显色性就越好。

由 1～8 号试验色求得的 8 个特殊显色指数的平均值称为一般显色指数，记作 R_a。通常按显色指数将光源的显色性分成优（75～100）、一般（50～<75）和劣（<50）三个质量等级，用于对光源显色性的定性评价。白炽灯、卤钨灯等光源的显色指数较高，接近 100，常用于彩色电影和彩色印刷等对色彩重现性要求高的场合。荧光灯的显色指数为 60～80，可用于一般照明。

5. 颜色混合定律

格拉斯曼于 1854 年总结出颜色混合定律，为颜色的测量奠定了理论基础。

三种已知亮度和色坐标的颜色混合后，可以根据格拉斯曼颜色混合定律求得混合色的亮度和色坐标。假设三种参与混合的颜色的三刺激值分别为 $X_1, Y_1, Z_1, X_2, Y_2, Z_2$ 和 X_3, Y_3, Z_3，那么混合色的三刺激值 X, Y 和 Z 分别为

$$\begin{aligned} X &= X_1 + X_2 + X_3 \\ Y &= Y_1 + Y_2 + Y_3 \\ Z &= Z_1 + Z_2 + Z_3 \end{aligned} \tag{2-5-5}$$

混合色的色坐标 x, y 和 z 分别为

$$\begin{aligned} x &= \frac{X}{X+Y+Z} \\ y &= \frac{Y}{X+Y+Z} \\ z &= \frac{Z}{X+Y+Z} \end{aligned} \tag{2-5-6}$$

三、实验仪器

图 2-5-9 展示了用于测量 LED 反向伏安特性曲线的直流电源接法,即三个电源先串联起来再连接 LED。图 2-5-10 是用于测量 LED 发散角和发光强度分布的实验装置图,由旋转台、照度计和采集电路等组成。图 2-5-11 是用于测量 LED 平均发光强度和色度参数的实验装置图,由 LED 支架、旋转台、积分球、光纤光谱仪和搭载 RLE-SPEC 测试软件的计算机等组成。图 2-5-12 是 LED 配色实验装置,由积分球和三色 LED 光源(红色、绿色和蓝色 LED 光源)组成。

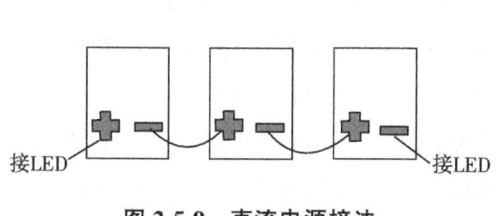

图 2-5-9　直流电源接法

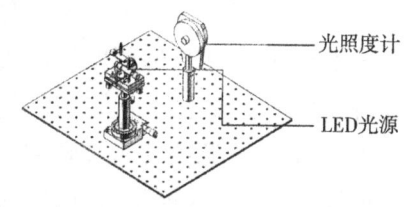

图 2-5-10　发散角和发光强度分布测量装置

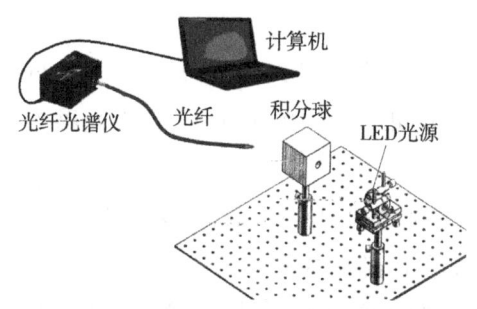

图 2-5-11　平均发光强度和色度参数测量装置

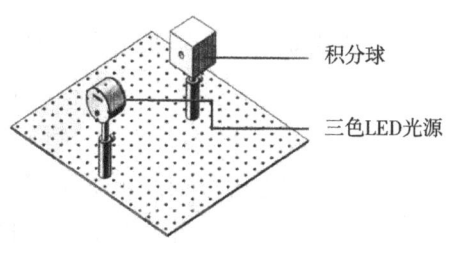

图 2-5-12　配色实验装置

四、实验步骤与要求

1. 电学特性测量

①用直流电源(规格为 60 V,2 A)正向接通 LED(长引脚为正极),缓慢增大电压,记录电压和电流的示数,填入表 2-5-1。当电压增大至 LED 发光强度不再增大即停止增大电压,否则 LED 将烧坏。注意:测试过程中,电流不得超过 200 mA。

②如图 2-5-9 所示,串联三个直流电源(规格为 30 V,2 A),反接 LED,缓慢

增大电压。观察 LED,当 LED 出现瞬间的闪光时,停止增大电压,此时 LED 刚好发生反向击穿,记录反向击穿电压。再次正接 LED(此时不需要串联电源),观察 LED 能否正常工作。根据表 2-5-1 中记录的数据绘制 LED 的伏安特性曲线。

2. 发散角和发光强度分布测量

①搭建如图 2-5-10 所示的光路,将 LED 装好后安装在旋转台上,使 LED 处于转轴中心,并与照度计探头等高,将照度计放在距离 LED 约 100 mm 处。

②旋转 LED 使照度计读数最大,此时 LED 的光轴与探测器轴线重合,把这个最大值设定为 100%(相对发光强度)。顺时针旋转 LED,照度计读数每降低 10%,在表 2-5-2 中记录一次角度,顺时针旋转的角度计为正值。

③重新旋转 LED 使照度计读数最大,逆时针旋转 LED,照度计读数每降低 10%,在表 2-5-2 中记录一次角度,逆时针旋转的角度计为负值。

④将 LED 光源的灯头旋转 90°并重复测量一次,可以获得两个不同方向的发散角数值。对比这两组数据,评估 LED 在不同方向的发散角是否一致。

⑤换上不同颜色的 LED,重复以上实验。

3. 平均发光强度测量

①搭建如图 2-5-11 所示的光路,确保 LED 与积分球进光口同轴等高,同时保证 LED 的顶端与积分球进光口前表面的距离为 100 mm。(所用光路参照 CIE 标准条件 B。)

②点击颜色绝对辐照度测量按钮进行测量,点击输出数据,保存当前光谱。

③用光谱计算软件计算 LED 的光通量 Φ,然后代入式(2-5-1)和式(2-5-2),求得 LED 的平均发光强度,并将实验测得的光通量 Φ、光照度 E 和平均发光强度 I 填入表 2-5-3。

4. 色度参数测量

①搭建如图 2-5-11 所示的光路,打开 RLE-SPEC 测试软件,点击新建测量,点击颜色绝对辐照度测量按钮(此时光源处于关闭状态),保存参考光谱。点击浏览按钮,录入补偿文件,点击下一步,在观察者选项中选择 2°,在光源选项中选择 D_{65},点击完成,可以得到白色 LED 的光谱图、三刺激值和色坐标,将由此计算得到的色温和显色指数一并填入表 2-5-4。

②换上不同颜色的 LED(红、绿和蓝),重复步骤①,测得单色光的光谱、主波长、色纯度、三刺激值和色坐标,填入表 2-5-4。

5. 配色实验

①搭建如图 2-5-12 所示的光路。用三个直流电源分别控制三种颜色的 LED，用白屏接收 LED 发出的光，通过调节三种颜色 LED 的发光强度，观察混合色的变化，最终配出中心为白光的混合光。

②将配出的白光照进积分球里，打开 RLE-SPEC 软件，新建颜色测量（过程与色度参数测量一致），对比其色坐标(x,y)与白光的色坐标$(0.33,0.33)$。若色坐标不同，调整 LED 的发光强度，使混合光的色坐标与白光相同。任意改变 LED 的发光强度，观察色度图上坐标的变化和色度参数的变化规律。熄灭一种颜色的 LED，任意改变其他两种颜色 LED 的发光强度，观察色度图上坐标的变化规律。

③配出任意一种混合光，记录其三刺激值，然后熄灭其中两个 LED，单独记录每种颜色 LED 的三刺激值，填入表 2-5-5。

④取下 LED，关闭仪器，关闭计算机。

五、实验数据记录与处理

1. 电学特性测量

记录反映 LED 的电流和电压变化关系的实验数据，填入表 2-5-1。根据表 2-5-1 中数据绘制 LED 的伏安特性曲线，求出 LED 的电学参数：$U_B=$ _____ V，$I_B=$ _____ A，$U_C=$ _____ V，$I_C=$ _____ A。

表 2-5-1　LED 的电流和电压数据

电压/V									
电流/A									

2. 发散角和发光强度分布测量

记录发散角和与其对应的相对发光强度，填入表 2-5-2。根据实验数据算出 LED 的半强度角和发散角：$\theta_{1/2}=$ _____，$2\theta_{1/2}=$ _____。绘制配光曲线。

表 2-5-2　相对发光强度和角度数据

相对发光强度/%	100	90	80	70	60	50	40	30	20	10	0
角度（正）											
相对发光强度/%	100	90	80	70	60	50	40	30	20	10	0
角度（负）											

3. 平均发光强度测量

记录红色、绿色、蓝色或白色 LED 的光通量 Φ 和光照度 E，填入表 2-5-3。根据式(2-5-1)和式(2-5-2)，计算平均发光强度 I，填入表 2-5-3。

表 2-5-3　平均发光强度数据

项目	Φ/lm	E/(lm/m^2)	I/cd
红色 LED			
绿色 LED			
蓝色 LED			
白色 LED			

4. 色度参数测量

记录色度参数，包括三种单色 LED 的三刺激值、色坐标、主波长、色纯度和白色 LED 的三刺激值、色坐标、色温和显色指数，填入表 2-5-4。

表 2-5-4　色度参数

项目	X	Y	Z	x	y	主波长/nm	色纯度	色温/K	显色指数
白色 LED						—	—		
红色 LED								—	—
绿色 LED								—	—
蓝色 LED								—	—

5. 配色实验

用红色、绿色和蓝色 LED 配出白光，测量三种单色 LED 的三刺激值和色坐标，以及混合光的三刺激值、色坐标和色温，填入表 2-5-5。对实验得到的数据与根据颜色混合定律计算得到的混合光的色度参数进行对比和分析。

表 2-5-5　配色实验数据

项目		X	Y	Z	x	y	色温/K
红色 LED							—
绿色 LED							—
蓝色 LED							—
混合光（白光）	实验值						
	计算值						

六、注意事项

①在读取实验数据之前,要确保 LED 已预热充分(30 min 以上),以获得准确的测试结果。

②为了提高实验结果的准确性,采集数据时可多次测量取平均值。

七、思考题

①简述 LED 的发光原理,讨论发光颜色与所用材料的关系。

②LED 的色度参数有哪些?其中哪些是 LED 的分类标准参数?

③色温和显色指数的定义是什么?平均发光强度与光照度及光通量有什么关系?

实验 2-6 拉曼光谱分析

光谱学是研究分子、原子等微观物质对光的吸收与发射,以及光与物质相互作用的一门独立学科。根据研究光谱的方法,习惯上把光谱学分为发射光谱学、吸收光谱学与散射光谱学。

拉曼光谱是一种散射光谱,由印度科学家拉曼于 1928 年发现。光与分子相互作用时,一部分光的波长会发生改变,即颜色发生变化,这种现象称为拉曼效应。研究这些波长发生变化的散射光,可以得到分子结构信息。拉曼因该发现获得 1930 年诺贝尔物理学奖。拉曼光谱与红外吸收光谱类似,也可以提供有关分子振动或转动的信息。极性分子或非极性分子在光照射下发生分子极化率变化时,拉曼光谱上会出现散射峰,显示出拉曼活性;极性分子的非对称伸缩振动会导致偶极矩变化,从而吸收红外辐射,使光谱上出现吸收峰,显示出红外活性。

1953 年,共振拉曼效应的发现使特定拉曼谱线的强度极大提高。1960 年,激光器诞生(可提供优质和高强度单色光),有力推动了拉曼效应的研究和应用。1974 年,弗莱斯曼等人发现表面增强拉曼散射(surface-enhanced Raman scattering, SERS)。随着纳米科技的飞速发展,基于纳米结构的 SERS 和针尖增强拉曼光谱术(tip enhanced Raman spectroscopy, TERS)在超高灵敏度检测方面取得巨大进步,推动拉曼光谱的应用达到单分子检测水平。

目前,拉曼光谱在材料、化学、物理、生物和医学等多个领域都有广泛应用,在物质的定性分析、定量分析以及分子结构的测定方面有重要价值。

一、实验目的

① 了解拉曼光谱测量相关理论及其应用。
② 掌握用 LR-3 型拉曼光谱仪分析测量拉曼光谱的方法。
③ 理解拉曼峰与物质振动模式的关联,掌握根据拉曼峰对物质进行定性分析的方法。

二、实验原理

光与透明物质之间的作用分为透射、反射、吸收和散射。光束通过不均匀媒介时,部分光束偏离原来的方向而分散传播的现象称为光的散射。当一束入射光的光子与作为散射中心的分子发生相互作用时,大部分光子仅改变方向,发生散射,频率仍与入射光源一致,这种散射称为瑞利散射(Rayleigh scattering)。当然,也存在很微量的光子不仅改变传播方向,还改变频率,这种散射称为拉曼散射(Raman scattering)。拉曼散射又分为斯托克斯散射(Stokes scattering)和反斯托克斯散射(anti-Stokes scattering)。前者的散射光频率小于入射光频率,后者的散射光频率大于入射光频率。反斯托克斯散射光的强度比斯托克斯散射光弱得多。拉曼散射光的强度较瑞利散射光弱得多,前者是后者的 $10^{-6} \sim 10^{-10}$ 倍,是入射光强度的 $10^{-9} \sim 10^{-13}$ 倍,所以拉曼散射现象在激光器问世前很难被观测到。

1. 拉曼散射机制

(1) 经典解释

光是一种电磁波,物质或介质在光照下发生极化可视为原子与分子在电磁场作用下产生诱导偶极矩,而极化的原子与分子可看作电磁波激发源(发射散射光)。入射光在介质中诱导的偶极矩在单位体积内的矢量和称为极化强度,用 P 表示。$P = \alpha E$,其中,α 为分子极化率,E 为作用于分子上的电场强度。在一级近似下,α 被视为常数,记为 α_0。然而,由于受分子振动的影响,α 实际为时间的函数:

$$\alpha = \alpha_0 + \sum_n \alpha_n \cos(2\pi \nu_n t) \tag{2-6-1}$$

式中:ν_n 为第 n 个简正振动频率($n=0,1,2,\cdots$),可以是分子的振动频率或转动频率,也可以是晶体中晶格的振动频率或固体中声子散射频率;t 为时间;α_n 为与分子极化率变化相关的参数。设单色入射光的频率为 ν_0,其电场强度可以表示为 $E = E_0 \cos(2\pi \nu_0 t)$,因此介质中的极化强度可以写成

$$P = E_0 \alpha_0 \cos(2\pi \nu_0 t) + \frac{1}{2} E_0 \sum_n \alpha_n \{\cos[2\pi(\nu_0 - \nu_n)t] + \cos[2\pi(\nu_0 + \nu_n)t]\} \tag{2-6-2}$$

式中 E_0 为入射光的电矢量振幅。式(2-6-2)中第一项表示与入射光频率 ν_0 相同的散射,即瑞利散射;第二项表示斯托克斯散射(频率为 $\nu_0 - \nu_n$)和反斯托克斯散射(频率为 $\nu_0 + \nu_n$)。

(2) 量子解释

按照量子理论,入射光子与物质分子作用的过程可视为一个碰撞过程。拉曼散射就是入射光子与物质分子非弹性碰撞的结果。二者碰撞后,光子不仅改

变了运动方向,还与物质分子交换了能量。分子能量包括基态能量和激发态能量,这些能量是不连续的,形成一系列能级。可以通过分析光的吸收和发射过程,解释光子与分子间能量交换机制及其与物质能级结构的关系。如图 2-6-1 所示,电子基态能级包含一系列振动能级,即振动基态能级 E_0 和振动激发态能级 E_1 和 E_2 等;图中虚态能级线仅代表高于电子基态能级,与入射光子能量对应的一个理论上的能级,而非分子的实际能级。

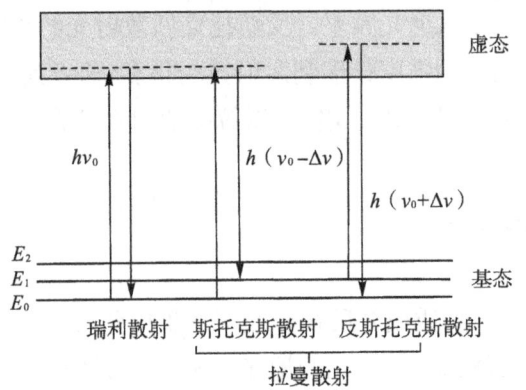

图 2-6-1 瑞利散射和拉曼散射的能级图

物质中的电子虚吸收一个入射光子,由振动基态能级 E_0 跃迁至虚态,然后又跃迁回振动基态能级 E_0,释放一个散射光子。散射光子能量和入射光子能量相等,都等于 $h\nu_0$,也等于电子虚态能级和分子振动基态能级的能量差,此过程对应瑞利散射。

如果被激发的电子从虚态跃迁回分子振动激发态能级 E_1,而不是振动基态能级 E_0,散射光子能量较入射光子减少,分子获得能量,从振动基态 E_0 跃迁到振动激发态 E_1,二者交换的能量 ΔE 为 E_1-E_0,此过程对应斯托克斯散射。

如果处于振动激发态能级 E_1 的电子虚吸收一个入射光子,跃迁至虚态,然后回到振动基态能级 E_0,释放一个散射光子,则散射光子能量大于入射光子能量,分子从振动激发态能级 E_1 跃迁回振动基态能级 E_0,分子失去的能量 ΔE 为 E_1-E_0,此过程对应反斯托克斯散射。

若图 2-6-1 中的虚态能级若恰好与分子的某一实际能级重合,则产生共振拉曼效应。

根据爱因斯坦光子理论,光子能量与其频率成正比,即 $E=h\nu$,其中 h 为普朗克常数。光子在拉曼散射后损失或获得的能量可表示为 $\Delta E=h\Delta\nu$。与入射光频率相比,斯托克斯散射光的频率减小,$\Delta\nu=\Delta E/h$,其频率为 $\nu_S=\nu_0-\Delta\nu$;

与入射光频率相比,反斯托克斯散射光的频率增大,$\Delta\nu=\Delta E/h$,其频率为 $\nu_{aS}=\nu_0+\Delta\nu$。显然,散射光与入射光频率的差值 $\Delta\nu$ 取决于分子振动基态能级 E_0 和振动激发态能级 E_1 的差值 ΔE,即分子振动能 $h\nu_n$。$\Delta\nu$ 称为拉曼位移,常用波数差 $\Delta\tilde{\lambda}$ 表示,$\Delta\tilde{\lambda}=\tilde{\lambda}_0-\tilde{\lambda}$,其中 $\tilde{\lambda}_0$ 和 $\tilde{\lambda}$ 分别为入射光和散射光的波数(波长的倒数)。因为 $\Delta E=h\Delta\nu=hc|\Delta\tilde{\lambda}|$,所以 $\Delta\nu$ 与 $|\Delta\tilde{\lambda}|$ 成正比,其中 c 为真空中的光速。可见,拉曼效应对入射光的波长无特别要求。

2. 拉曼光谱

以拉曼位移 $\Delta\tilde{\lambda}$ 为横坐标、以散射光强度为纵坐标,作出的散射光强度与拉曼位移之间的关系曲线称为拉曼光谱,如图 2-6-2 所示。图中纵坐标光强度单位为任意单位(a. u.),因为记录的光强度与测量时设置的参数相关。斯托克斯线对应分子由振动基态 E_0 跃迁到振动激发态 E_1。由于处于振动基态的分子占绝大多数,光照下这种跃迁发生的概率大,故斯托克斯线的强度大。相反,反斯托克斯线对应分子由振动激发态 E_1 回到振动基态 E_0。由于处于振动激发态的分子数较少,这种情况发生的概率小,故反斯托克斯线的强度小。因此,在拉曼光谱分析中,通常测定斯托克斯线。拉曼位移取决于分子振动能级的变化,不同的化学键或基团有不同的振动模式,这些振动模式决定了其能级差的差异。因此,拉曼位移可视为分子特征的体现。这是拉曼光谱用于分子结构定性分析的理论依据。拉曼光谱和红外光谱一样,属于分子振动光谱。对某一给定的化合物,拉曼位移与某些峰的红外吸收频率完全相同,均位于红外光区,两者都能提供分子结构的信息。

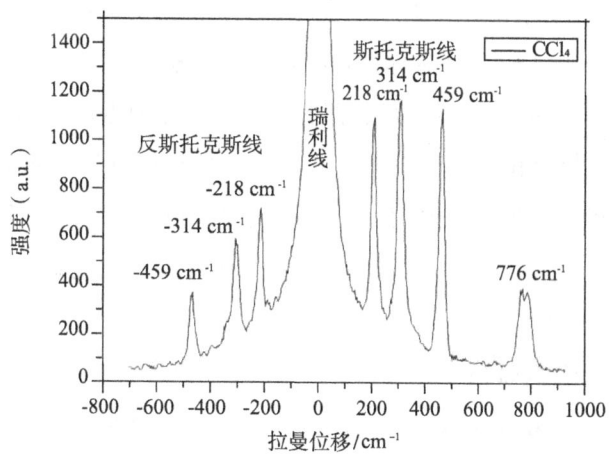

图 2-6-2 CCl_4 分子的拉曼光谱

拉曼光谱的参量如图 2-6-3 所示,包括峰位、峰强度、半高宽和峰位移动等。峰位反映了电子能级基态的振动态性质,不同材料的分子或化学键的振动模式和振动能级不同,因此,拉曼光谱上的峰位和峰数目也不同。拉曼峰位的移动与入射光的频率无关,与材料中应力大小和载流子浓度变化有关。拉曼峰强度与溶液中溶质的浓度成正比。半高宽与纳米材料的晶粒尺寸有关。因此,拉曼光谱可应用于物质的定性和定量分析。

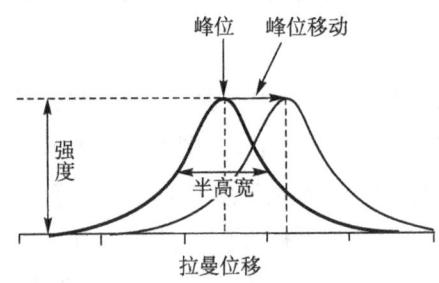

图 2-6-3 拉曼光谱的参量

3. 分子振动模式

由 N 个原子组成的分子具有 $3N$ 个自由度,减去 3 个平动自由度和非线性分子的 3 个转动自由度后,描述分子中原子振动的自由度只有 $3N-6$ 个。根据运动的分解与叠加原理,可以将原子振动分解为 $3N-6$ 个独立的简谐振动,固体物理学中称为简正振动。一种简正振动对应一种简正频率。

对于四氯化碳(CCl_4)分子而言,一个分子包含 5 个原子,共有 9 种简正振动。CCl_4 分子为四面体结构,碳原子在中心,4 个氯原子位于四面体的 4 个顶点。由于 CCl_4 分子结构具有对称性,这 9 种简正振动可以归为 4 种振动模式:A_1、E、T_1 和 T_2。不考虑耦合引起的微扰,CCl_4 的每种振动模式在拉曼光谱上对应一个斯托克斯峰和一个反斯托克斯峰。CCl_4 的 4 种振动模式对应的拉曼峰位的理论值(波数差绝对值)分别为 218 cm^{-1}(E)、314 cm^{-1}(T_2)、459 cm^{-1}(A_1)和 776 cm^{-1}(T_1)。如图 2-6-2 所示,由于反斯托克斯散射光较弱,位于 -776 cm^{-1} 的反斯托克斯峰常常无法观测到。

4. 拉曼散射的退偏度

一般情况下,如果入射光为线偏振光,散射光的偏振方向相对入射光可能会发生变化,还可能变成非线偏振光,这一现象称为散射光的退偏。散射光退偏常与分子结构和振动对称性有关。

为了定量描述散射光相对入射光的偏振态改变,引入退偏度的概念。入射到样品上的光(线偏振光)与样品相互作用后,散射光的光矢量相对入射光发生偏转,可以分解为与入射光平行的光矢量(平行光矢量)和与入射光垂直的光矢量(垂直光矢量)。退偏度 r 定义为垂直光矢量的散射光强度与平行光矢量的散射光强度的比值,即退偏度 $r=I_\perp/I_{/\!/}$。就 CCl_4 而言,对于对称的振动模式, $r=0$;对于非对称的振动模式,$r=0.75$。图 2-6-2 中除了位于 459 cm^{-1} 的拉曼峰对应的振动模式 A_1 是对称的,其他 3 种振动模式都是非对称的。因此,可以通过测定退偏度确定振动模式的对称性,进一步识别谱峰。

三、实验仪器

LR-3 型激光拉曼光谱仪(图 2-6-4)由激光器、外光路和探测系统等组成。其中,探测系统由光栅单色仪和光电接收探测器等组成。

如图 2-6-5 所示,激光器发射激光经过外光路,与样品作用后的散射光被收集进入光谱仪的探测系统,通过单色仪、光电倍增

图 2-6-4 LR-3 型拉曼光谱仪

管和探测器等转换成电信号。计算机负责控制拉曼光谱仪的运行,处理光电信号,记录散射光的强度和波长并绘制成拉曼光谱。外光路由一系列聚光镜和样品管组成,调节外光路可使样品散射光很好地汇聚于探测系统的入缝处,是成功采集实验数据获得样品拉曼光谱的关键。LR-3 型拉曼光谱仪的光路图如图 2-6-6 所示。

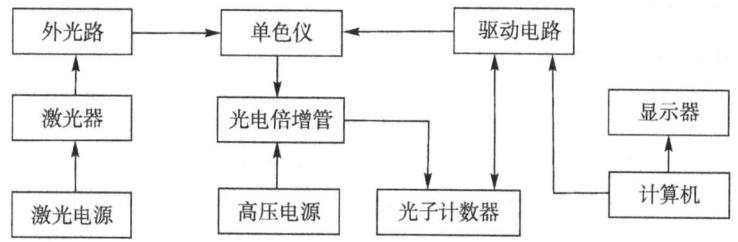

图 2-6-5 拉曼光谱仪的结构示意图

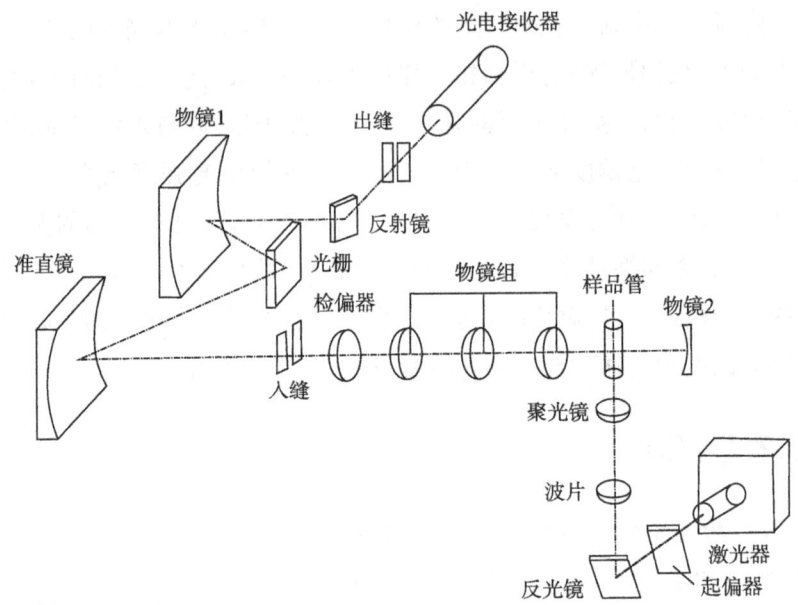

图 2-6-6　LR-3 型拉曼光谱仪的光路图

四、实验步骤与要求

1. 激光器和光谱仪预热

打开激光器电源和光谱仪电源,仪器稳定后(约 30 min)再测试。

2. 样品准备

将样品放入清洁的管状样品池中,拧紧盖子,竖直固定于仪器的样品台上。

3. 外光路调节

(1)样品调节

调节样品管位置,使激光束从样品中间穿过,使样品池底部光斑亮度最小。

(2)聚光调节

关灯,拿一张白纸放在探测系统狭缝前面,观察有无激光束的像(条状绿色亮光)与狭缝平行。若像清晰,且进入狭缝,则无须调整;否则进行如下调节:

①调节物镜组中各物镜(样品管左侧),使探测系统入缝处激光束的像清晰,然后固定物镜组中各物镜在光路上的位置。

②调节物镜2(样品管右侧凹面镜),使激光束经物镜2反射,再经左侧物镜组汇聚于入缝处(判断依据是入缝处激光束的像清晰),然后固定物镜2。

③调节控制物镜2前后移动的螺钉,使激光束经物镜2和左侧物镜组在入缝处所成的像与其直接经左侧物镜组所成的像重合。

④调节控制物镜组前后移动的螺钉,使激光束的像进入探测系统的入缝。

4. 操作软件参数设置

开灯,打开计算机,连接信号线,启动应用程序。启动程序时,点击操作软件窗口中浮窗的"取消"二字,使仪器的计数器回到初始状态。在操作软件窗口设置阈值,具体方法如下:点击软件窗口上方的"阈值"菜单,打开"阈值"窗口,点击"▶",开始扫描。扫描得到完整的峰后,点击"■",停止扫描;再点击"▦",然后点击键盘上的"→",使图中红色"×"右移至峰右侧拐点位置(峰右侧快速变化曲线与缓慢变化曲线的交点),对应的横坐标为阈值,记下该值,点击窗口中"↺",关闭该阈值窗口。

在参数设置区输入阈值,设置扫描模式为波数模式,设置扫描范围为505～560 nm,设置积分时间为50～200 s。需要注意的是,较长的积分时间意味着较高的峰高,但背景曲线也会同时升高。

5. 样品测量

在操作软件主界面点击"单程",开始扫描。

6. 零点矫正、数据处理及存储打印

先选择波长模式,利用532 nm的瑞利散射峰对上述扫描后的拉曼光谱进行零点矫正,然后改为波数模式并保存。保存数据时切记勾选提示框中 TXT 文件,以便进一步处理和分析。最后打印处理好的数据或图谱。

若测量样品的退偏度,应在入射光路和反射光路中分别加入两个偏振片,先使它们的偏振方向垂直,点击"单程"进行扫描,保存测量数据;然后使它们的偏振方向平行,再点击"单程"进行扫描,保存测量数据。

实验完毕,依次关闭应用程序、仪器电源和激光器电源。

五、实验数据记录与处理

1. 拉曼光谱测量

①在测量的 CCl_4 分子的拉曼光谱图上标出各峰峰位,判断拉曼散射峰的类型(分为斯托克斯峰、反斯托克斯峰、瑞利散射峰),将结果填入表2-6-1。

②将测试样品的峰位与前文中 CCl_4 的理论谱线位置和振动模式比对,确

定各拉曼峰对应的样品分子的振动模式,将结果填入表 2-6-1。

表 2-6-1 拉曼光谱测量数据

序号	峰位/cm^{-1}	峰类型	振动模式
1			
2			
3			
…			
9			

2. 退偏度测量

分别记录两个偏振片的偏振方向垂直和平行时的 CCl_4 分子拉曼光谱,将光谱上各个斯托克斯峰的强度 $I_\perp$ 和 $I_\parallel$ 填入表 2-6-2,计算各峰的退偏度 r。

表 2-6-2 退偏度测量数据

振动模式	$I_\perp$	$I_\parallel$	r
E			
T_2			
A_1			
T_1			

3. 对比分析

分析表 2-6-1 和表 2-6-2 中 CCl_4 分子的峰位和退偏度的实验数据,讨论实验数据与理论值存在差异的原因。

六、注意事项

①实验前,激光光源务必预热 30 min 以上,以保证激光功率稳定。
②准备样品环节一定要戴手套,避免皮肤直接接触化学药品而受伤。
③调节光路时注意用纸板挡住来自仪器的反射激光,避免激光直射入眼中灼伤眼睛。

七、思考题

①简述斯托克斯散射和反斯托克斯散射的区别和联系。
②根据拉曼光谱鉴定物质的原理是什么?
③影响实验结果的主要因素有哪些?

实验 2-7 荧光光谱分析

自然界存在这样一类物质,吸收电、热、化学和光等形式的外界能量后,能发出不同波长和强度的光,一旦外界能量消失,光也随之消失,这种光称为荧光。光照激发产生的荧光称为光致荧光。

荧光现象最早由西班牙内科医生和植物学家莫纳德斯于 1565 年发现并记录。1845 年,赫歇尔观察到奎宁受日光激发产生荧光的现象。1852 年,斯托克斯提出 fluorescene(荧光)这一术语,并指出荧光是光发射现象,并非由光的漫反射引起。此后,荧光分析法也逐渐发展成为一种重要的分析测试手段。量子力学为荧光现象提供了合理、深刻的解释,进一步推动了荧光分析技术的发展。

近几十年来,各种功能新颖的荧光分析仪器层出不穷,如由计算机控制的荧光分光光度计和配备可校正光谱功能的荧光分析仪。这些仪器的出现促进了荧光相关研究的发展。2008 年,美籍华人科学家钱永健和另外两位科学家下村修和沙尔菲因发现和研究绿色荧光蛋白获得诺贝尔化学奖。

荧光物质的发现、研究和应用离不开荧光光谱的表征。荧光分析法具有灵敏度高(通常比分光光度法高 2~3 个数量级)、样品用量少和操作简便等优点。

目前,荧光技术在稀土掺杂、金属-有机配合物等发光材料的发光机理研究、发光器件与荧光探针性能研究,以及分子传感器设计和物质检测等领域有着广泛应用。

一、实验目的

①掌握荧光分光光度计测量物质荧光发射光谱和荧光激发光谱的方法。
②了解测量荧光发射光谱和荧光激发光谱的相关理论、分析方法和应用。

二、实验原理

1. 分子发光与其能级结构

光致发光按照延迟时间可以分为荧光和磷光。光致发光包括两个过程:吸收外界光辐射,发出光辐射。撤去光辐射刺激后,发光持续的时间称为发光寿命,荧光寿命比磷光寿命短得多。不同物质会发出不同波长或颜色的光,分析物质的发光颜色和发光强度对理解物质的电子能级结构、成分含量和开发新材料有很高的价值。

物质分子的能级包括一系列电子能级、振动能级和转动能级,如图2-7-1所示。电子基态S_0和激发态S_1或S_2能级中分别包含一系列分子振动能级,分子吸收能量(比如被光照)后,从电子基态S_0的最低振动能级跃迁到第一电子激发态S_1或更高电子激发态S_2的不同振动能级,电子处于激发态时不稳定,容易返回基态,在这个过程中通过无辐射跃迁(包括振动弛豫、内转换、外转换和系间窜越)和辐射跃迁(发光)等方式失去能量。

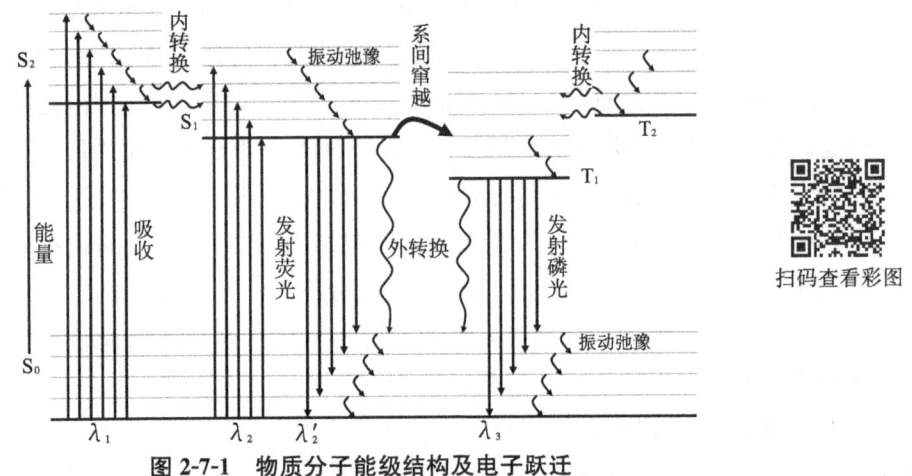

图2-7-1 物质分子能级结构及电子跃迁

电子由激发单重态S_1的较高振动能级经振动弛豫降至S_1的最低振动能级,停留较短时间后,以光辐射形式放出能量,回到电子基态S_0的各振动能级,这时发射的波长为λ_2'的光称为荧光。由于电子基态中包含较多的振动能级,并且振动能级间距较小,分子会发射出一系列波长相近的荧光。

2. 半导体发光与其能带结构

半导体由多个原子紧密排列而成,原子能级分裂成多个能量相近的能级,构成能带。半导体的能带分为导带、价带和禁带,导带中的电子和价带中的空穴都可以参与导电,禁带中没有电子或空穴等载流子。导带和价带之间是禁带,导带底和价带顶的间距等于禁带宽度,即带隙。带隙能量E_g是半导体的重要电学参数。掺杂或者样品制备过程中形成的原子空位或间隙等晶格缺陷,会在半导体的禁带中引入杂质能级或缺陷能级,如施主能级和受主能级,如图2-7-2所示。施主能级靠近导带底,受主能级接近价带顶。施主能级与导带底距离较大时称为深施主能级,受主能级与价带顶距离较大时称为深受主能级。半导体中的电子和空穴相互作用较强时会形成激子,二者的相互作用能称为激子束缚能。激子能级位于禁带中,接近导带底。例如,ZnO激子束缚能约为0.06 eV,室温下容易形成激子。激子束缚能等于激子能级与导带底之间的能量差。

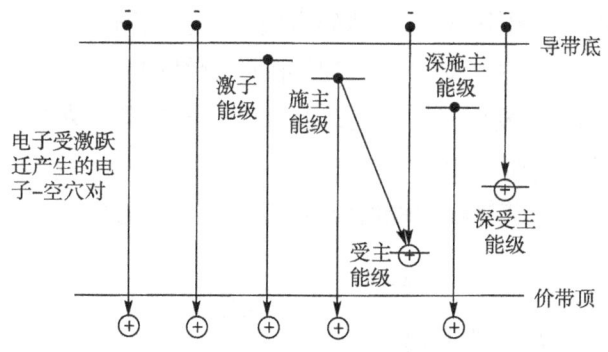

图 2-7-2　半导体的能带结构及电子跃迁

半导体的光激发和光发射过程:半导体受光照射时,若入射光子能量大于带隙能量,价带电子吸收光子能量就会跃迁至导带,在价带中留下一个空穴。导带上的电子处于激发态,不稳定,一般会发生热弛豫(以热的形式释放部分能量),回到导带底或施主能级,然后与价带空穴或受主能级空穴复合,同时将多余的能量以光的形式释放出来,即光致发光。激子复合、施主能级电子与价带空穴或受主能级空穴复合、导带电子与受主能级空穴复合都会以光的形式释放能量。

3. 荧光发射光谱和荧光激发光谱

光致荧光光谱有瞬态荧光光谱和稳态荧光光谱两类。这里介绍常用的稳态荧光光谱。

任何光致荧光物质,其发光过程都可分为光激发和光发射两个过程,分别对应光致发光激发光谱(photoluminescence excitation spectrum,PLE 谱)和光致发光发射光谱(photoluminescence emission spectrum,PL 谱),前者可简称为荧光激发光谱,后者可简称为荧光发射光谱。

(1) 荧光发射光谱

荧光发射光谱是以荧光波长 λ 为横坐标、以荧光强度 I 为纵坐标作图得到的图谱。光谱上荧光强度极大值对应的波长为峰位或峰值波长;峰高度一半处的峰宽度称为半峰宽。峰位可直观反映荧光颜色;半峰宽则用于表征荧光的单色性或纯度。

对半导体而言,当入射光子的能量大于带隙能量时,荧光辐射是电子从导带底(或者施主能级)返回价带顶或禁带中受主能级,与空穴复合时释放的光辐射。因此,半导体荧光发射光谱的形状与其带隙能量和禁带中杂质或本征缺陷能级的分布有关。半导体物质吸收激发光被激发至较高激发态后,先经无辐射跃迁即热弛豫损失一部分能量,到达导带底,再跃迁至价带顶,实现电子与价带中空穴的复合,发出荧光。如图 2-7-3 所示为用激发波长为 330 nm 的激发光激发的 ZnO 粉末的荧光发射光谱。光谱上峰值波长对应的荧光光子能量等于电子辐射复合跃迁前后所在能级之差 ΔE。

ΔE(单位:eV)与荧光峰的峰值波长 λ(单位:nm)的关系如下:

$$\Delta E = \frac{hc}{\lambda} \approx \frac{1243}{\lambda} \qquad (2\text{-}7\text{-}1)$$

式中:h 为普朗克常数;c 为光速。

PL 谱上的近带边峰对应电子从导带底到价带顶的复合或激子复合,因此,用 PL 谱上近带边峰的峰值波长可以估算带隙能量。图 2-7-3 中除 383 nm 的近带边荧光峰外,还出现了 398 nm 和 422 nm 的荧光峰,这两个峰值波长对应的光子能量都小于 ZnO 的带隙能量 E_g,故这两个荧光峰都源于 ZnO 的晶格缺陷(比如锌空位、锌间隙等)相关的电子辐射复合。

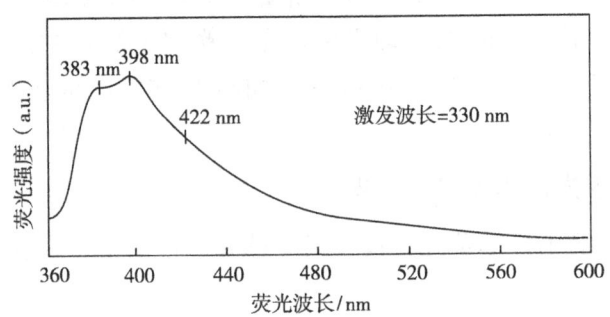

图 2-7-3　ZnO 粉末的荧光发射光谱

(2)荧光激发光谱

荧光激发光谱是以激发波长 λ 为横坐标、以荧光强度 I 为纵坐标作图得到的谱图。激发光谱上荧光强度最大值对应的波长称为最佳激发波长,即激发某一波长荧光最灵敏的入射光波长。

图 2-7-3 中发射波长为 383 nm 的 ZnO 荧光激发光谱如图 2-7-4 所示。图 2-7-4 激发光谱上峰值波长为 348 nm,表明激发 383 mm 荧光的最佳激发波长为 348 nm。

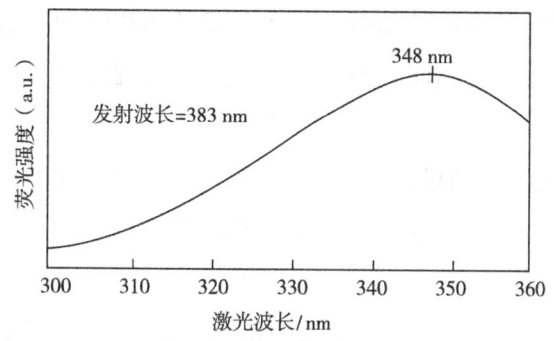

图 2-7-4　ZnO 的荧光激发光谱

激发光谱与电子激发跃迁过程密切相关。如处于某一施主能级 E_D 上的电子跃迁至价带,与空穴复合,发射光的波长为 λ_{em},电子可能的激发跃迁过程有以下几种:①价带电子吸收激发光,被激发至导带某一较高能级,然后弛豫至施主能级 E_D,复合发光。②价带电子吸收较低能量的光子,被激发至导带底,然后弛豫至施主能级 E_D,复合发光。③价带电子吸收比①和②能量低的光子,被激发至禁带中比 E_D 能量略高的施主能级,然后弛豫至 E_D,或者电子直接被激发至 E_D 能级,复合发光。激发光谱可以展示与波长为 λ_{em} 的荧光对应的各种电子激发过程,帮助了解光的激发过程以及半导体导带和禁带中的能级结构。激发光谱上的峰值波长对应的激发光子能量等于电子激发跃迁前后的能级之差 ΔE_{ex}。物质的激发光谱与其吸收光谱相似。

4. 荧光分析的定性和定量依据

对于半导体发光,可以根据其发光峰的峰位计算其光子能量 E_0。根据带边发光的光子能量估算,$E_g \approx E_0$。若其他发光峰的能量 $E < E_0$,可以确定为缺陷相关的发光。根据缺陷相关发光的光子能量,结合其他理论和实验结果,还可以分析缺陷能级在带隙中的位置以及它们的类型。不同物质的组成与能带结构不同,其带边发光和缺陷相关发光的特征波长均不同,利用这个特性可以定性鉴别物质。

半导体材料中,电子与空穴辐射复合的概率越大,荧光峰强度就越大。对于缺陷相关的荧光而言,半导体荧光峰强度大意味着相应种类的缺陷浓度较大。而异质结材料中,光生电子与空穴通过其界面进行有效分离后复合的概率大大降低,相应的荧光峰强度也会显著降低。

具有不同分子结构的物质吸收与发射的荧光波长不同,因此荧光发射谱各不相同,此为物质定性分析的基础。对于分子结构相同的物质,用同一波长的光照射时,其荧光峰位置相同,荧光峰的强度与分子浓度相关,此为物质定量分析的基础。

对于某一荧光物质的稀溶液,在一定波长和一定强度的入射光照射下,当液层的厚度相同时,所产生的荧光强度和该溶液的浓度 c 成正比,即

$$I = Kc \tag{2-7-2}$$

式中:I 为荧光强度;K 为常数。可以通过配制一系列标准浓度的样品,测定其荧光强度,绘制标准曲线,求出常数 K,再在同样条件下测定试样的荧光强度 I。

三、实验仪器

实验用仪器为 F97XP 型荧光分光光度计,由主机(图 2-7-5)和计算机构成。主机由氙灯光源、样品池、激发单色器、发射单色器和探测器等组成。激发单色器和发射单色器用于多色光的单色化,即按照波长对光进行分离。探测器负责将接收的荧光信号转换成电信号,进一步通过微处理器转换成计算机可以接收的数字信号。计算机负责控制荧光分光光度计的测量过程,绘制荧光发射光谱和荧光激发光谱图,生成测试报告。

如图 2-7-6 所示为荧光分光光度计光路图。光源发出的紫外可见光经激发单色器分光后照射到样品上,激发样品产生荧光。样品发出的荧光为宽带光谱,经发射单色器分光后进入检测器。检测器负责检测不同发射波长下的荧光强度 I。

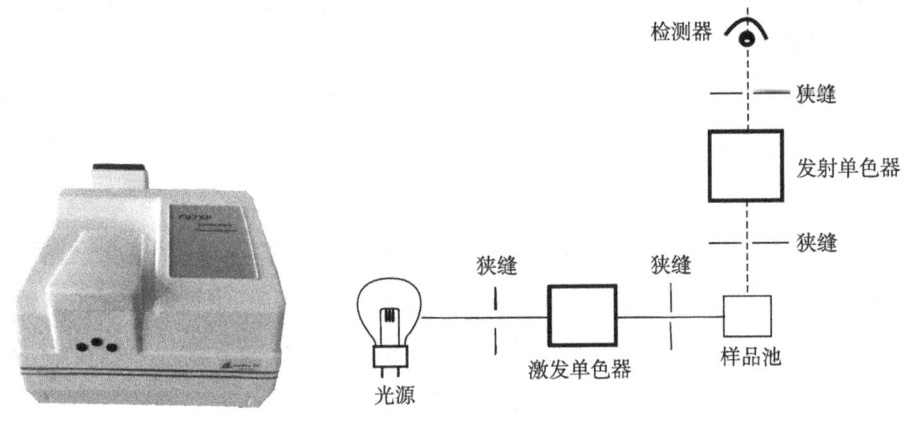

图 2-7-5　荧光分光光度计主机　　图 2-7-6　荧光分光光度计光路图

四、实验步骤与要求

①预热:荧光分光光度计须预热 30 min,性能稳定后测试。

②样品准备:将 ZnO 粉末放入样品架的凹槽中,压实压平,用玻璃片和带孔磁性盖板盖住,放置在样品台上。调节样品位置,使入射光可以照在样品上。

③操作软件参数设置:打开应用软件进行联机初始化,仪器初始化过程中不得操作计算机。初始化完成后,点击应用软件的菜单,新建一个测量方法(比如波长扫描)并确认。在"新建测量方法"窗口里点击"仪器设置","扫描模式"选择"发射模式",然后选择"固定激发光波长",设置"扫描范围",设置"增益"为"中"。

④荧光发射光谱的测量:在操作软件主界面点击扫描按钮,输入光谱文件名,并确认扫描。样品扫描结束后得到荧光发射光谱,光谱数据会自动保存。

⑤荧光激发光谱的测量:打开"仪器设置"窗口,"扫描模式"选择"激发模式",然后选择"固定发射光波长",设置"扫描范围",扫描得到激发光谱及其数据。

⑥关闭电源:依次关闭应用程序、仪器电源和氙灯电源。

五、实验数据记录与处理

1. 荧光发射光谱的记录与分析

①用分析软件打开保存的荧光发射光谱,寻峰,将峰位和根据峰位计算得到的光子能量填入表 2-7-1。

②指明上述荧光峰哪个是带边发光峰,哪些是缺陷相关的发光峰,并填入表 2-7-1 中的"发光类型"一栏。

③根据带边发光峰位置估算测试样品的带隙能量 E_g,将其填入表 2-7-1。

表 2-7-1　ZnO 粉末的荧光发射光谱数据

荧光峰序号	峰位/nm	光子能量/eV	发光类型	带隙能量 E_g/eV
1				
2				
3				
4				
5				

2. 荧光激发光谱的记录与分析

①用分析软件打开保存的荧光激发光谱,寻峰,将峰位和根据峰位计算的光子能量填入表 2-7-2。

②将荧光峰的最佳激发波长填入表 2-7-2。

③分析谱图中各荧光峰的发光机理。

表 2-7-2　ZnO 粉末的荧光激发光谱数据

荧光峰序号	峰位/nm	光子能量/eV	最佳激发波长/nm
1			
2			
3			
4			
5			

六、注意事项

①氙灯光源打开后要预热 30 min,以获得稳定的激发光。

②设置光谱扫描范围时,不要超出仪器说明书给出的波长范围(一般为 200～900 nm)。

③"增益"设置一般选择"中",过高的增益会损坏材料和光电倍增管。注意控制发光峰的强度(不得超过 9000)。

七、思考题

①荧光激发光谱和荧光发射光谱的区别有哪些?

②如何根据荧光光谱计算半导体的带隙能量?

③影响实验结果的因素有哪些?

实验 2-8　紫外-可见光谱分析

光谱分析法是指通过测量物质在光或其他形式能量的作用下产生的吸收光、发射光或散射光的波长和强度来进行分析的方法。在光谱分析法中，依据物质对光的选择性吸收建立的分析方法称为吸光光度法，主要包括紫外-可见光谱法和红外光谱法。紫外-可见光谱是电子跃迁吸收光谱，其测试范围覆盖近紫外区和可见光区（波长范围为 200～780 nm）。固体中的光吸收与其电子能带结构、杂质缺陷态、分子或原子的振动等信息都有关系，通过研究吸收光谱可以获得以上信息。紫外-可见光谱主要用于物质的定性分析、定量分析和半导体带隙能量的测定，也可用于鉴定宝石的真伪，评估其品质。基于紫外-可见光谱的仪器分析方法称为紫外-可见分光光度法，具有精度高、设备简单、检测快速可靠、测试范围较广等优点，在材料、环境及生物化学研究领域，尤其是在半导体材料的研究和开发领域有着广泛的应用。

一、实验目的

①掌握使用紫外-可见分光光度计测量物质的紫外-可见光谱的方法。
②掌握紫外-可见分光光度计软件的使用方法。
③了解紫外-可见光谱的相关理论和应用。

二、实验原理

1. 吸收光谱

如果用一束波长连续可调的光照射物质，入射光中某些波长的光辐射就会被该物质所吸收。物质对光的吸收是有选择性的，不同物质吸收光的波长是不同的。通过分析被光照射物质吸收光的波长，可以了解物质的特性，这就是光谱法的基本原理。以入射光的波长 λ 为横坐标，以吸收强度（吸光度 A）为纵坐标画图，可以得到被测物质在测量范围内的吸收光谱。吸光度 A 表示单色光通过某一样品时被吸收的程度，定义为 $A=\lg(I_0/I)$，其中 I_0 为入射光的强度，I 为透射光的强度。用波长为 200～780 nm 的紫外-可见入射光照射物质得到的吸收光谱称为紫外-可见光谱。假如入射光波长在红外波段，被照射物质分子会发生转动和振动，产生分子的红外吸收光谱（属于分子振动光谱）。

透明固体物质的紫外-可见光谱除吸收光谱外,还包括透射光谱和反射光谱。当一束光强度为 I_0 的入射光照射到部分透明的固体表面时,一部分被反射,一部分被吸收,还有一部分透过样品,可用 $I_{吸收}$、$I_{反}$ 和 I 分别表示吸收光、反射光和透射光的强度。定义透光率为 $T=I/I_0$,以入射光波长 λ 为横坐标,以透光率 T 为纵坐标画图得到的谱图为透射光谱。定义反射率为 $R=I_{反}/I_0$,R 与入射光波长 λ 的关系谱图称为反射光谱。定义吸收率为 $a=I_{吸收}/I_0$,则 $a+T+R=1$。对于透明物质,反射可以忽略,则 $a+T\approx 1$。常利用物质的吸收光谱研究其能级结构和特性。

分子总能量 $E=E_e+E_v+E_r$,即包括电子能量 E_e、分子振动能 E_v 和转动能 E_r。分子能级由电子能级、分子振动能级和转动能级组成,电子能级间包含一系列振动和转动能级。外界光辐照物质时,分子从低能态向高能态跃迁,吸收光子能量,物质吸收的光子能量等于电子跃迁前后所处能级位置的能量差。电子跃迁前后能级间隔 ΔE_e(1~20 eV)大于分子振动能级间隔 ΔE_v(0.05~1 eV),后者又大于分子转动能级间隔 ΔE_r(0.005~0.050 eV)。电子跃迁时,可能伴随振动能的变化,因此紫外-可见光谱是一种带状光谱。

2. 无机半导体的吸收光谱和带隙能量计算

无机半导体可分为直接带隙半导体和间接带隙半导体。如图 2-8-1 所示,它们的紫外-可见光谱上一般存在一个带边吸收峰,或者仅存在一个特征吸收边即吸收带的边界。受量子限域效应影响,纳米半导体材料在光激发下产生较多激子,因此其吸收光谱上常会出现激子吸收峰。

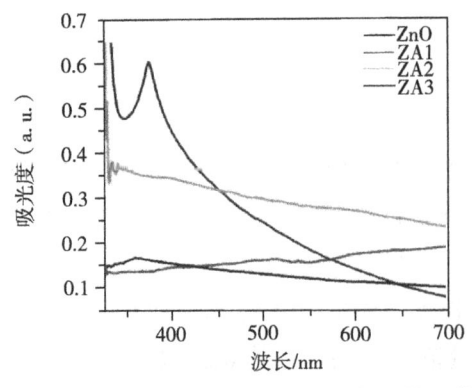

扫码查看彩图

图 2-8-1 ZnO 和 Au 掺杂的 ZnO 纳米粒子的吸收光谱

半导体的紫外-可见光谱有一个重要的应用即计算半导体带隙能量 E_g。如果在吸收光谱的吸收边位置出现了一个吸收峰,峰位波长为 λ,可用 $E=hc/\lambda$ 计算 E_g,其中 h 为普朗克常数,c 为光速。纳米半导体材料中激发电子和空穴易形成激子,产生激子吸收。激子能级位于禁带中的导带附近,用激子吸收峰值波长计算的光子能量比E_g略小,可用于估算半导体的带隙能量。如果吸收光谱上仅出现吸收边,可以用式(2-8-1)计算。

$$(\alpha h\nu)^n = B(h\nu - E_g) \tag{2-8-1}$$

式中:B为比例常数;$h\nu$为光子能量;h为普朗克常数;α为半导体的吸收系数。对于直接带隙半导体,$n=2$;对于间接带隙半导体,$n=1/2$。

根据式(2-8-1),在以$h\nu$为横坐标、以$(\alpha h\nu)^n$为纵坐标的坐标系中画出$(\alpha h\nu)^n$与$h\nu$的关系曲线,其直线部分延长后与横轴的交点对应的$h\nu$值为其带隙能量E_g。

对于不透明的粉体试样,无法得到透射谱,可用带有积分球的分光光度计测量其漫反射系数R,然后用Kubelka-Munk方程

$$F(R) = (1-R)^2/2R \tag{2-8-2}$$

将反射系数R换算成函数$F(R)$。由于$F(R) \propto \alpha$,用类似方法作$(Fh\nu)^n$-$h\nu$关系曲线,可根据其直线部分与横轴的交点求得E_g。n的取值同式(2-8-1)。

半导体的吸收系数α的获得方法:光通过厚度为d、吸收系数为α的透明样品后,样品的吸光度A可以表示为

$$A = \lg \frac{I_0}{I} = -\lg T = \alpha d \tag{2-8-3}$$

由吸收光谱读取吸光度,除以被照射物质的厚度即可得到其吸收系数α。也可将物质的透射光谱上的透射系数T代入式(2-8-3)求得α。

3. 有机化合物的能级结构和紫外-可见光谱

有机化合物的分子能级与其价电子有关。价电子有3种类型:形成单键的σ电子、形成双键的π电子和未参与成键的n电子,如图2-8-2所示。含有π键的不饱和基团称为生色团;一些含n电子的基团虽然本身没有生色能力,但与生色团相连时会增强生色团的生色能力,这类基团称为助色团。

有机化合物的分子能级由成键轨道和反键轨道构成,能级跃迁有4种类型:$\sigma \rightarrow \sigma^*$、$n \rightarrow \sigma^*$、$\pi \rightarrow \pi^*$和$n \rightarrow \pi^*$,如图2-8-3所示。

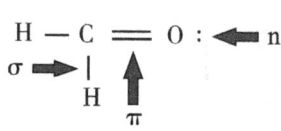

图 2-8-2 价电子类型

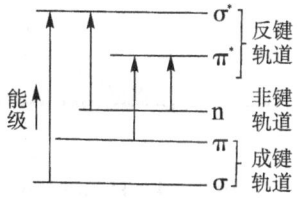

图 2-8-3 电子能级和跃迁类型

4 种主要跃迁所需能量 ΔE 大小顺序为 n→π* < π→π* < n→σ* < σ→σ*。其中 σ→σ* 和 π→π* 为允许跃迁，n→σ* 和 n→π* 为禁阻跃迁。某些条件下，根据选择定律被视为禁阻的跃迁也可能会发生。

峰值波长在 200～780 nm 范围内的吸收峰通常由不饱和有机化合物的 π→π* 跃迁和 n→π* 跃迁引起。这两类电子跃迁将在紫外-可见吸收光谱上产生 4 种吸收带：R 带、K 带、B 带、E 带。R 带是由 n-π 共轭基团 n→π* 跃迁产生的较弱峰，其最大吸收波长较长（λ_{max} > 270 nm）。其他吸收带都是 π→π* 跃迁产生的吸收峰。K 带是共轭分子的强特征吸收峰，其最大吸收波长比 R 带短（217～280 nm）。B 带是芳香族化合物的特征峰，谱带上叠加有分子振动产生的精细结构，故常用于辨别芳香族化合物。

有机染料（如亚甲基蓝、甲基橙、罗丹明等）溶液的光稳定性很好，其吸收光谱不会因为光照发生变化，常用于检测半导体光催化剂的光催化性能。溶液中加入光催化剂（如 ZnO 和 TiO_2 等纳米材料）后，在光照条件下，有机染料会在光催化剂作用下发生分解，其吸收光谱的峰值（吸光度最大值）会减小。吸收峰的峰值减小程度常用于表征光催化剂的光催化性能。同样条件下，峰值减小的程度越大，表明半导体材料催化分解有机染料的能力越强，光催化性能越好。

如图 2-8-4 所示为加入 $ZnO/TiO_2/ZnTiO_3$ 纳米复合半导体材料的亚甲基蓝（methylene blue）溶液（TiZnO MB 溶液）的吸收光谱。从图 2-8-4 可以看出，随光照时间的增加，TiZnO MB 溶液的吸收峰强度降低。这表明，纳米复合半导体材料有很好的分解亚甲基蓝的能力，即具有优异的光催化性能。

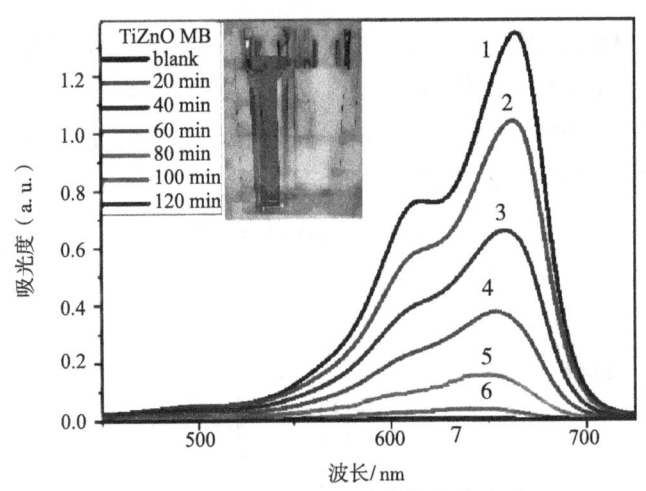

扫码查看彩图

图 2-8-4　TiZnO MB 溶液的吸收光谱

注：曲线 1 为光照前，曲线 2～7 为光照后，光照时间顺次增加。

物质的吸收光谱与测试条件如温度、溶剂极性、pH等密切相关。在室温条件下,应尽量选用低极性溶剂,且要求溶剂有良好的光化学稳定性,同时要求溶剂在吸收光谱区无明显吸收。此外,溶剂与吸收峰的形状、位置以及吸收强度等也有一定关系。

4. 朗伯-比尔定律

朗伯-比尔定律是利用紫外-可见分光光度法进行定量分析的理论基础。如图 2-8-5 所示,当一束平行单色光通过含有吸光物质的稀溶液时,溶液的吸光度 A 与吸光物质浓度 c 和液层厚度 l 的乘积成正比,即

$$A = \varepsilon c l \tag{2-8-4}$$

式中 ε 为摩尔吸光系数,表示浓度 c 为 1 mol/L、液层厚度 l 为 1 cm 时溶液的吸光度。ε 越大,表明该溶液吸收光的能力越强,分光光度法的灵敏度就越高。$\varepsilon > 10^5$,灵敏度超高;$5 \times 10^4 < \varepsilon < 10^5$,灵敏度高;$10^4 < \varepsilon < 5 \times 10^4$,灵敏度中等;$\varepsilon < 10^4$,灵敏度低。

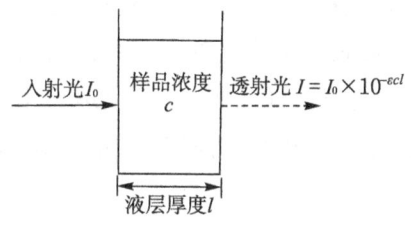

图 2-8-5 朗伯-比尔定律示意图

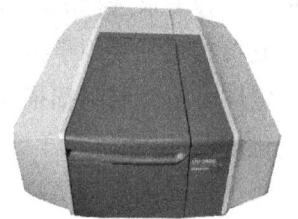

图 2-8-6 紫外-可见分光光度计

三、实验仪器

紫外-可见分光光度计有两种类型:单波长分光光度计和双波长分光光度计。本实验选用的 UV-2600 型紫外-可见分光光度计(图 2-8-6)为双波长分光光度计。双波长分光光度计常用于科学研究和产品检测,其优点是可以在有背景干扰或有共存组分吸收干扰的情况下,对某组分进行定量分析。

如图 2-8-7 所示,分光光度计的基本结构包括光源、单色器、样品室(吸收池、样品池和参比池)、检测器、放大器和显示器等。常用的光源有两类:热辐射光源和气体放电光源。常用的热辐射光源有钨灯和卤素灯,用于可见光区。常用的气体放电光源有氢灯和氘灯,用于紫外光区。单色器主要由入射狭缝、出射狭缝、色散元件和准直镜等组成。其中,对实验影响大的是色散元件的质量,主要取决于棱镜和光栅的质量。吸收池又称为比色皿,按材质可分为玻璃池和石英池,只有石英池才能用于紫外光区。吸收池的种类很多,其光径为 0.1～

10 cm,以 1 cm 最为常用。检测器用于检测光信号并将其转换成电信号,多采用光电管或光电倍增管。放大器用于放大检测器的输出信号,并将其输出到显示器。显示器由直读检流计、电位调零器和数字显示器等组成。

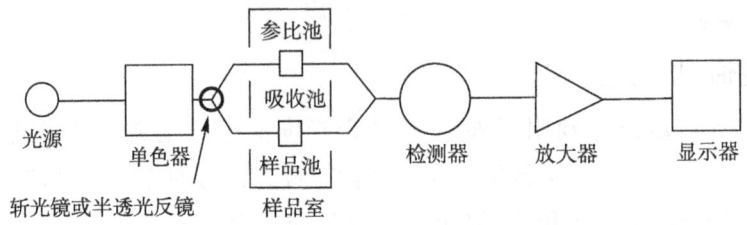

图 2-8-7　双波长分光光度计结构示意图

四、实验步骤与要求

1. 定性分析

①打开仪器电源和计算机,打开紫外分析软件。

②根据实验需求选择测试模式(包括波长扫描和时间扫描),对样品进行定性测量。波长扫描主要用于检测样品对一定波长范围内光的吸收情况,以便对样品进行定性分析。时间扫描用于检测特定波长下样品吸光度(或透光率)随时间的变化情况,以便研究样品的稳定性或进行化学动力学研究。本实验选择波长扫描测试模式进行测试。

③设置检测参数(波长扫描范围和扫描速度),输入文件名称,打开仪器参数窗口,在测定方式中设置吸收值和狭缝宽度。

④在参比光路及检测光路中同时放入空白比色皿,点击基线测量以扣除空白的背景吸收。对于水溶液,应使用去离子水校正仪器基线。注意:基线校正的波长范围应与设定的波长范围一致。

⑤将检测光路中的空白溶液换成待测样品。

⑥点击扫描,完成样品波长扫描检测。

⑦点击保存并选择保存路径,保存谱图。

2. 定量分析

通过检测标样或输入特定的系数建立标准曲线,然后测量样品的浓度。具体步骤如下:

①点击左侧主功能栏中的定量测量,进入定量测量界面。

②根据实验要求,点击设置,设定测量波长和测定次数。在仪器参数窗口的测定方式中设置吸收值和狭缝宽度,输入标样的浓度。

③在参比光路及检测光路中同时放置装有空白溶液的比色皿。
④点击自动校零,扣除空白溶液的背景吸收。
⑤将检测光路中的空白溶液换成标样,点击标样测量,读取标样的吸光度。
⑥待所有标样测量完毕,将光路中的标样换成待测样品,点击样品测量。
⑦待所有样品测量完毕,点击保存并选择保存路径,保存测量结果。

3. 实验结束工作

①关闭仪器电源,关闭软件和计算机。
②将比色皿中的溶液倒尽,然后用蒸馏水或有机溶剂冲洗比色皿,晾干。将干燥剂放入样品室内,给仪器盖上防尘罩。

五、实验数据记录与处理

1. ZnO 薄膜带隙能量的测量

①将实验测量的 ZnO 薄膜的吸收光谱的实验数据填入表 2-8-1。
②根据式(2-8-3)和表 2-8-1 中的数据计算出 ZnO 薄膜的吸收系数 α。根据 $h\nu = hc/\lambda$ 计算出入射光子能量 $h\nu$,画出 $(\alpha h\nu)^2$-$h\nu$ 曲线,确定 ZnO 薄膜的带隙能量 E_g,并填入表 2-8-1。

表 2-8-1 ZnO 薄膜带隙能量的测量数据

序号	d/mm	λ/nm	$h\nu$/eV	A	α/nm^{-1}	$(\alpha h\nu)^2$/(eV^2/nm^2)	E_g/eV
1							
2							
3							
4							
...							

2. 摩尔吸光系数的测量

①分别记录浓度为 1×10^{-4} mol/L、2×10^{-5} mol/L、5×10^{-5} mol/L 和 8×10^{-5} mol/L 的亚甲基蓝水溶液的吸收光谱,读取不同浓度下峰值吸光度 A_M,和液层厚度 l 一起填入表 2-8-2。
②根据表 2-8-2 中的数据,以浓度 c 为横坐标,以吸光度 A 为纵坐标作图。用直线拟和实验数据点,根据直线斜率得到摩尔吸光系数 ε,填入表 2-8-2。

表 2-8-2　摩尔吸光系数的测量数据

序号	l/cm	c/(mol/L)	A_M	ε/[L/(mol·cm)]
1		1×10^{-4}		
2		2×10^{-5}		
3		5×10^{-5}		
5		8×10^{-5}		

3. 亚甲基蓝未知浓度溶液的测量

①根据实验得到的亚甲基蓝未知浓度溶液的吸收光谱,读出吸收光谱上吸收峰的峰值吸光度 A_M,填入表 2-8-3。

②根据式(2-8-4)和表 2-8-2 中的摩尔吸光系数 ε 和液层厚度 l,计算得到亚甲基蓝溶液的浓度 c,填入表 2-8-3。

③对比亚甲基蓝溶液浓度的测量值和实际值,分析二者存在差异的原因。

表 2-8-3　亚甲基蓝未知浓度溶液的测量数据

l/cm	ε/[L/(mol·cm)]	A_M	c/(mol/L)

六、注意事项

①如测定过程中改变波长,必须重新进行基线校正。

②用擦镜纸擦拭比色皿光亮面时,要避免划伤。

③保存光谱图像时,一定要点击"保存",否定软件关闭后文件会丢失。

七、思考题

①有机和无机化合物中电子吸收跃迁产生的吸收带各有哪些类型?

②根据吸收光谱计算半导体带隙能量的依据是什么?

③朗伯-比尔定律数学表达式及其中各项的物理意义是什么?

第3章 材料电学性能实验

实验 3-1 材料压电性能测量

晶体受电场作用时,在晶体内部产生应力(压电应力),通过应力作用产生压电应变,这就是压电效应。压电效应分为两种:正压电效应和逆压电效应。正压电效应是指压电晶体在外力作用下发生形变时,正、负电荷中心发生相对位移,在某些相对应的面上形成符号相反的束缚电荷,出现极化强度的现象。逆压电效应是指给压电晶体施加一电场时,其不仅产生极化,同时还产生形变的现象,又被称为电致伸缩效应。这两种效应可分别实现机械能向电能的转换、电能向机械能的转换。

具有压电效应的材料称为压电材料,典型的压电材料有压电单晶、压电陶瓷、压电薄膜和压电高分子材料等。其中,压电陶瓷制造工艺简单,成本低,而且具有优越的力学性能和稳定的压电性能,是当前市场上最主要的压电材料,可实现能量转换、传感、驱动、频率控制等功能。由压电陶瓷制成的各种压电振子、压电电声器件、压电超声换能器、压电点火器、压电马达、压电变压器、压电传感器等在信息、激光、导航和生物医学等领域得到了非常广泛的应用。

一、实验目的

①了解激光干涉原理,熟悉迈克耳孙干涉仪各主要部件的名称和作用。
②学会熟练调控迈克耳孙干涉仪的光路。
③了解压电陶瓷的压电特性和微小位移量的测量手段及方法。

二、实验原理

1. 压电材料

压电材料的主要特性参数有以下 4 个:

①压电常数:压电常数是衡量材料压电效应强弱的参数,直接关系到压电输出的灵敏度。

②弹性常数：压电材料的弹性常数、刚度决定压电器件的固有频率和动态特性。

③介电常数：对于一定形状、尺寸的压电元件，其固有电容与介电常数有关；而固有电容又影响压电传感器的频率下限。

④机械耦合系数：其数值等于转换输出能量与输入能量之比的平方根，是衡量压电材料机电能量转换效率的一个重要参数。

压电陶瓷是一种多晶体，它的压电性可用晶体的压电性来解释。在机械力作用下，晶体总的电偶极矩（极化）发生变化，从而呈现压电现象，因此，压电陶瓷的压电性与极化、形变等密切相关：$\Delta S = d\Delta E$。其中：d 为压电应变常数，对于正、逆压电效应，d 在数值上是相等的；ΔS 为电位移变化；ΔE 为电场强度变化。压电晶体的压电形变有厚度变形、长度变形、厚度切变等基本形式。

压电陶瓷是一种具有电致伸缩特性的功能陶瓷，在电场的作用下，其几何尺寸会发生微小变化（1 V·cm 的变化量通常在埃米级），非常适用于微小位移量的控制、操作和微细加工，因此，广泛用于生物医学、超精密机械等微小尺寸操控领域。

极化是指事物在一定条件下发生两极分化，使其性质相对于原来状态有所偏离的现象。一般极化电场为 3~5 kV/mm，温度为 100~150 ℃，时间为 5~20 min，这三者是影响极化效果的主要因素。压电陶瓷十分敏感，可以将极其微弱的机械振动转换成电信号。在直流电场下对压电陶瓷进行极化处理，可使压电陶瓷具有压电效应。本实验中采用的管状压电陶瓷（图 3-1-1）长度 L 为 40 mm，壁厚 d 为 1 mm，其内外壁上均镀有金属电极以便施加电压。陶瓷管的一端装有激光反射镜，在迈克耳孙干涉仪中充当反射镜。当在它的内表面加上正电压（外表面接地）时，圆管伸长；加负电压时，圆管缩短。

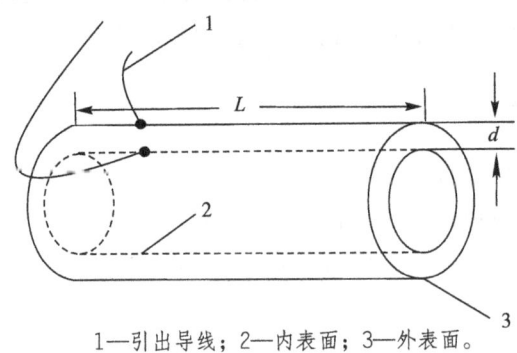

1—引出导线；2—内表面；3—外表面。

图 3-1-1　管状压电陶瓷结构示意图

2. 干涉测长原理

为了实现微小位移量的测量，本实验主要采用激光干涉原理，通过观测光干涉条纹的变化研究压电陶瓷的压电特性。

测量位移是迈克耳孙干涉仪的典型应用。如图 3-1-2 所示为迈克耳孙干涉仪结构示意图。其中：白屏用于承接干涉条纹；扩束镜用于将激光束扩散开，使干涉条纹便于观察；激光器用于发射光源；分束镜用于将入射激光分成两束，达到分振幅的目的；反射镜用于产生等厚或者等倾干涉所需要的光程差。

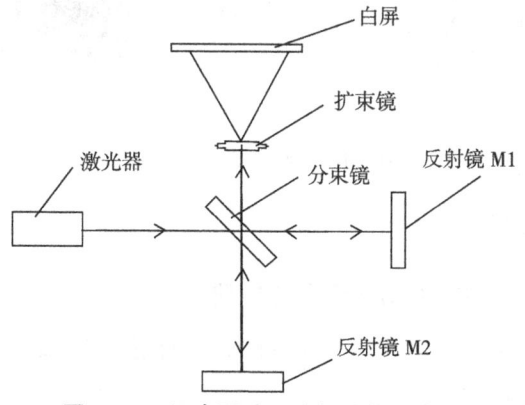

图 3-1-2　迈克耳孙干涉仪结构示意图

如图 3-1-2 所示，从激光器发出的一束相干光经分束镜一分为二。一束透射光落在反射镜 M1 上，另一束反射光落在反射镜 M2 上。M1、M2 分别将这两束光沿原路反射回来，在分束镜上重合后射入扩束镜，最后投影在白屏上。对光路进行调整，将在白屏上看到一系列明暗相间的干涉条纹。这些干涉条纹会随着 M1 或 M2 的移动而移动，通过测条纹移动数就可计算出位移量，这就是干涉测长的基本原理。

三、实验仪器

本实验所用装置由半导体激光器（波长为 650 nm）、分束镜、反射镜、压电陶瓷附件、扩束镜、白屏、驱动电源（10～250 V）和示波器等组成，按图 3-1-2 搭制，但将图中反射镜换成压电陶瓷附件（压电陶瓷材料在电场作用下会产生伸缩效应）。压电陶瓷由压电陶瓷驱动电源（图 3-1-3 和图 3-1-4）控制。本实验使用光学隔振平台稳定光学系统和光电探头。光电探头可以将光信号转换为电信号，可通过示波器读取电信号。

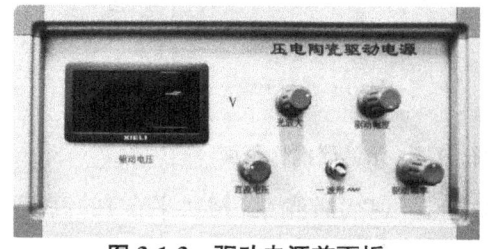

图 3-1-3　驱动电源前面板

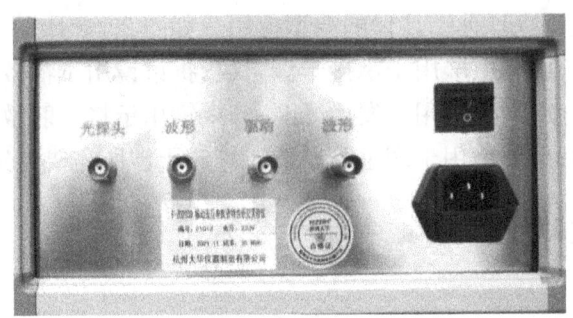

图 3-1-4　驱动电源后面板

四、实验步骤与要求

1. 压电陶瓷压电常数的测量及特性研究

①将光学隔振平台放置在一个坚固、平稳的桌面上,除 4 个隔振垫外,四周不要和任何物体相接触。

②参照图 3-1-2,在平台上搭制一套迈克耳孙干涉仪,其中的一个反射镜采用压电陶瓷附件。

③将驱动电源分别与光探头、压电陶瓷附件和示波器相连。其中:压电陶瓷附件接驱动电源"驱动"插口,示波器 CH1 通道(图 3-1-5 中浅蓝色圆圈处)接驱动电源"驱动"右侧的"波形"插口。光探头接"光探头"插口,示波器 CH2 通道(图 3-1-5 中橘色圆圈处)接"光探头"右侧的"波形"插口。

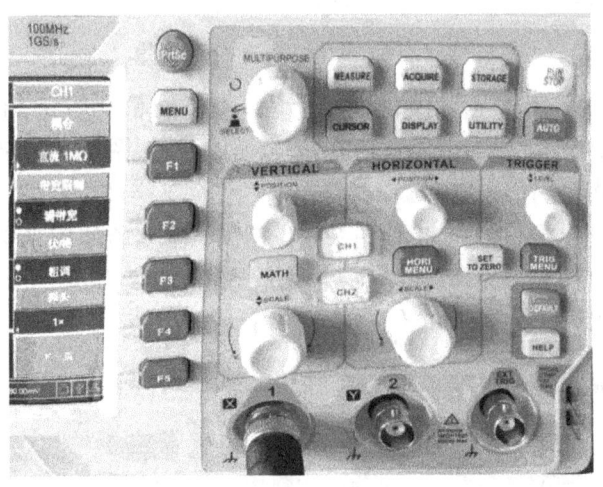

扫码查看彩图

图 3-1-5　示波器操作页面

④调整半导体激光器,观察激光束(相对平台)的高度,使各点的高度尽量相等,光束尽量平行于平台表面。

⑤调整光路中各光学元件,使两束反射光回到分束镜后尽量重合,且不再回到激光器出光孔中(进入激光谐振腔的激光会使激光器工作不稳定)。

⑥观察白屏上的干涉条纹,调整光学元件,尽量使干涉条纹变宽(两光束基本重合后,夹角越小,条纹越宽),最好能达到扩束光斑中有 2～3 条干涉条纹。

⑦用笔在白屏上标记一个参考点,作为记录干涉条纹移动数的基准。

⑧将驱动电源前面板上的"波形"开关置于左侧(直流状态),打开驱动电源的电源开关(在后面板)。

⑨慢慢旋转驱动电源前面板上的"直流电压"旋钮,观察白屏上条纹的变化情况。此时,可观察到条纹移动,表头显示的驱动电压值变化。

⑩将直流电压降到最低。待干涉条纹稳定,缓慢转动"直流电压"旋钮,观察条纹的移动情况。条纹每移动过参考点一条,就记录一次电压值。每移动一条干涉条纹,代表压电陶瓷长度变化了 1/2 个波长,即 650 nm/2＝325 nm。

⑪待驱动电压调至最大,再降压并记录电压值和条纹移动之间的关系。

2. 压电陶瓷振动特性的研究(激光干涉法)

①取下白屏,换上光探头,打开示波器。

②将示波器置于双踪显示(CH1 通道处于触发状态),CH1 通道与驱动电源后面板的"波形相连"(此接口的信号已衰减约 10 倍)。

③将驱动电源前面板"波形"开关置于右侧。这时,示波器 CH1 通道可出现三角波形。调节驱动频率,使示波器屏上出现 1～2 个三角波。

④将驱动幅度调到最大,"光放大"旋钮旋到最大位置,CH2 通道与驱动电源后面板"光探头"右侧的"波形"相连。这时,CH2 通道应有一系列类似正弦波的波形,此为干涉条纹扫过光电二极管探头的信号。

⑤改变驱动频率和驱动幅度,观察示波器 CH2 通道波形的变化情况,体会干涉条纹与压电陶瓷振动的关系,如频率、速度和振幅与波形的关系。

五、实验数据记录与处理

①记录电压与条纹移动数,填入表 3-1-1。

表 3-1-1　电压与条纹移动数

条纹移动数	1	2	3	4	5	6
U_{up}						
U_{down}						
U_{aver}						

②作出电压-位移特性曲线。

③选取某一特定周期下的图像,读取一个三角波周期内含有的正弦波周期个数 n,计算振动振幅、周期和速度,填入表 3-1-2。(振幅 $A=n\times 325$ nm,周期 $T=T_{CH1}$,速度$=325$ nm$/T_{CH2}$)

表 3-1-2　振动周期数据

序号	CH1 周期 T_{CH1}	CH2 周期 T_{CH2}	n
1			
2			
3			

④改变驱动电压频率,观察波形变化情况,将相应参数填入表 3-1-3。

表 3-1-3　波形变化数据

序号	驱动电压频率	CH1 周期 T_{CH1}	CH2 周期 T_{CH2}	n
1				
2				
3				

六、注意事项

①调整光路时不能用眼睛正对激光束,以免伤害眼睛。要用白屏接收光。

②勿用手直接触碰光学元件的镜面。若有灰尘,应用擦镜纸进行清洁。

七、思考题

①压电陶瓷伸缩量大小与条纹移动数有什么关系?

②在压电陶瓷振动特性研究实验当中,如何根据示波器上 CH2 通道的波形变化计算出振动的幅度、周期和某一点的速度?

③如何根据电压-位移特性曲线求得压电陶瓷的压电常数?

④压电陶瓷在不同频率驱动电压下的振幅是否相同?

⑤如何理解 CH2 通道上信号的频率反映振动速度,而一个周期内的周期数量则反映振幅?

实验 3-2　材料介电常数测量

介质在外加电场时会产生感应电荷而削弱电场,原外加电场(真空中)与介质中电场比值称为介电常数,也可称为介质常数、介电系数或电容率,是表示物质绝缘能力特性的一个系数,以字母 ε 表示,单位为 F/m。

介电常数是用于表征介质在外电场作用下极化程度的物理量,可用于判断高分子材料的极性,可分为真空介电常数和相对介电常数。通常,相对介电常数大于 3.6 的物质为极性物质;相对介电常数在 2.8~3.6 范围内的物质为弱极性物质;相对介电常数小于 2.8 的物质为非极性物质。理想导体的相对介电常数为无穷大。

介电常数是物质与真空相比,增强电容器电容能力的度量。另外,介电常数也是溶剂的一个重要性质,可用于表征溶剂对溶质分子溶剂化以及隔开离子的能力。物质的介电常数大小可反映物质的导电性能,介电常数越大,导电性能越好。电介质通常是绝缘体,主要包括瓷器(陶器)、云母、塑料(如聚四氟乙烯)、玻璃、橡胶以及各种难以导电的金属氧化物。除了固体以外,有些液体和气体也可以作为电介质材料。如纯水、干燥空气等都是良好的电介质。由于电介质很难导电,所以容易带电。

一、实验目的

①掌握测量真空介电常数 ε_0 和相对介电常数 ε_r 的方法。
②了解 LC 谐振法测量小电容的方法。
③熟悉信号发生器的使用方法。

二、实验原理

1. 真空介电常数 ε_0 测量

真空介电常数又称为真空电容率,其符号为 ε_0,是一个常见的电磁学物理常数。真空介电常数近似为 $\varepsilon_0 = 8.854188 \times 10^{-12}$ F/m。

由于实际平板电容的极板面积有限,考虑到引线等因素,其电容 C 可看成理想平板电容 C_x 和附加电容 C_g 的并联,其中,C_g 包含分布电容和极板边缘效应

引起的附加电容。在忽略空气影响的条件下,总电容为

$$C = C_x + C_g = \varepsilon_0 \frac{S}{D_x} + C_g \quad (3\text{-}2\text{-}1)$$

式中:S 为极板面积;D_x 为极板间距。当 D_x 远小于面积 S 且仅作微小改变时,C_g 的变化可以忽略。由此,可测量出一系列 C 值,作出 C 与 $1/D_x$ 的曲线,根据其斜率可求出 ε_0。

2. RLC 谐振法测量电容

由 RLC 串联电路实验可知,当电路谐振时,角频率 ω 为

$$\omega = 2\pi f = \frac{1}{\sqrt{LC}} \quad (3\text{-}2\text{-}2)$$

式中:f 为谐振频率;L 为电感;C 为电容。对于并联谐振电路,若电感的品质因数 Q 值较高,即电感中的电阻远小于感抗($R_L \ll \omega L$),则谐振频率的计算公式与串联电路的相同。如图 3-2-1 和图 3-2-2 所示,不论串联还是并联,当电路发生谐振时,其电抗部分均为零。此时,CH2 与 CH1 的信号同相位,李萨如图形(Lissajous figure)变为一条直线。只要信号源频率、电感 L 已知,就可以计算出电容 C。因为相位检测对参数的变化非常敏感,用示波器很方便观察相位变化,所以在实验室中常常用到这一方法。

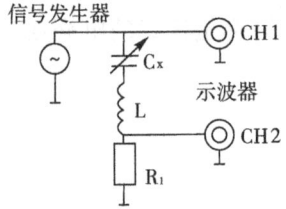

图 3-2-1　RLC 串联电路

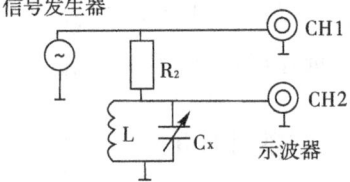

图 3-2-2　RLC 并联电路

3. 相对介电常数测量

电介质放入静电场后,受电场作用,电介质上会出现极化电荷,极化电荷产生的电场和原电场矢量叠加,导致电容量变大。对于各向同性的均匀电介质,原外加电场(真空中)与介质中电场的比值称为相对介电常数,反映外电场作用下介质中束缚电荷的极化程度。ε_r 是物质的重要电学参数,主要通过测量得到。理想导体的相对介电常数为无穷大。一个电容板中充入介电常数为 ε 的物质后,电容变大 ε 倍,而两极板之间的引力会减小。空气的相对介电常数近似等于 1,一般电介质均大于 1。对于平行板电容而言,极板面积 S、间距 D 以及介电常数 ε 中任何一个量发生变化,都会引起电容 C 的变化。

在真空平板电容器中嵌入一块电介质,加入电场时,正极板附近的介质表面感应出负电荷,负极板附近的介质表面感应出正电荷,感应电荷产生的感应电场与原电场方向相反,有削弱原电场的作用。介质分子可以分为两类:极性分子和非极性分子。极性分子的正电荷几何中心与负电荷几何中心不重合,导致分子整体产生电偶极矩。而非极性分子的特点是正电荷几何中心与负电荷几何中心重合,因此整体上不具备电偶极矩,如CH_4。

无电场作用下,非极性分子材料表面为电中性;在电场作用下,正负电荷向相反方向偏移,从而产生电偶极矩。而无电场作用下,极性分子随机分布,宏观上表现为电中性;在电场作用下,极性分子的排列发生改变,趋向于一致,最终在材料表面产生电荷,我们称之为取向极化。

相对介电常数是一个比值。如果在测量过程中,保持放介质前后的介电常数测量仪电容不变,这样仅存在极板间距变化。如果忽略边缘效应变化和分布电容变化,则相对介电常数的计算只与几何参数有关:

$$\frac{1}{\varepsilon_r} = 1 - \frac{1}{t} \frac{(D_2 - D_1)D_2 S_1}{D_1 S_2 + (D_2 - D_1) S_1} \tag{3-2-3}$$

式中:ε_r 为相对介电常数;D_1 和 D_2 分别为放介质片前和放介质片后的介电常数测量仪极板间距;S_1 和 S_2 分别为介电常数测量仪极板面积和介质片面积($S_1 > S_2$);t 为介质片厚度。

可以看出,这种测量方法不需要测量电容值,测量仪器只起检流计的作用。

三、实验仪器

1. 介电常数测量仪

介电常数测量仪如图 3-2-3 所示,上下电极构成一个平行板电容器,电极通过插孔与外界电气连接。调节千分尺(最小刻度为 0.01 mm)即可改变平行板电容器的间距,从千分尺上可读出平行板电容器极板的间距,千分尺使用前须进行零位校准。实验所用的介电常数测量仪上下两极板的直径均为 (50.0 ± 0.1) mm,面积约 1.96×10^{-3} m²。

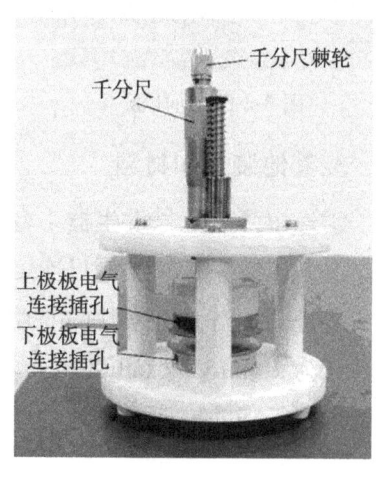

图 3-2-3 介电常数测量仪

2. 测量盒

测量盒(图 3-2-4)外壳为金属壳,测量盒内部设计有电阻和电感,$R_1 = 1 \text{ k}\Omega$,$R_2 = 30 \text{ k}\Omega$,电感 $L \approx 10.5 \text{ mH}$(以实测为准)。测量盒侧面有一个机壳屏蔽插孔,实验过程中,可根据需要将测量盒插入九孔板(图 3-2-5),连接到电路的公共端(图 3-2-6)。

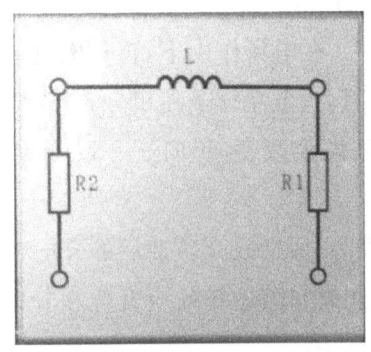

图 3-2-4 测量盒

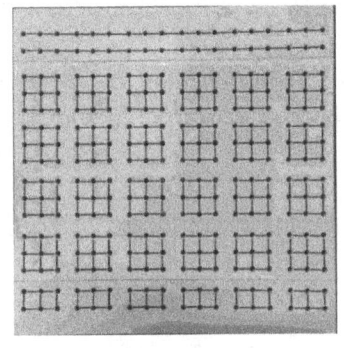

图 3-2-5 九孔板

图 3-2-6 九孔板和测量盒

3. 其他装置和材料

①通用函数信号发生器 1 台,双通道数字示波器 1 台。

②九孔板 1 块,刺刀螺母连接器-香蕉插头连接线 3 根,香蕉插头连接线 2 根。

③待测相对介电常数的介质片两种:材质分别为有机玻璃和聚四氟乙烯,尺寸约为 40 mm×2 mm(以实测为准)。

④用于帮助推放介质片的牙签 1 盒。

四、实验步骤与要求

1. 零间距的确定

受平面加工精度和装配关系影响,当上下极板刚好电接触时,不能做到整个平面贴合。为了补偿这个微小间隙,极板间距为零的示数为刚好电接触时的示数加上零位校准值 d_0($d_0 = -0.010$ mm)。

检查介电常数测量仪上下极板平面,确保其光洁平滑。按图 3-2-7 连线,缓慢调节千分尺,同时调整频率,使示波器显示幅度增大,确保信号变化明显。在极板快要接触时慢慢旋进,直到信号突然变化,以此时的千分尺刻度示数为零间距,测量 6 次取平均值,记为 Y_0。

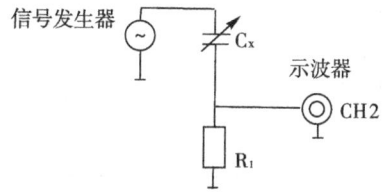

图 3-2-7　介电常数测量仪极板电接触测量参考图

2. RLC 串联谐振法测量真空介电常数

按图 3-2-1 接线(为避免人体部位对实验的影响,介电常数测量仪的上极板接信号发生器的正极),函数信号发生器输出设定为正弦波输出,幅度设置为 1~3 V,示波器设置为 X-Y 显示模式(选择 $R_1 = 1$ kΩ)。

为克服边缘效应,减小极板间距测量误差,取千分尺的读数与 Y_0 的差值,即极板最小间距 D_{min} 定为 1.00~1.15 mm。极板最小间距以一个小数点后第二位开始都为 0 的示数为起点,以 0.200 mm 为间隔,取 6 个测量点 $Y_1 \sim Y_6$,调节信号频率,记录谐振时的频率值 $f_1 \sim f_6$。

3. RLC 串联谐振法测量相对介电常数

按图 3-2-1 接线,设定极板间距 D_1 为 2.10 mm,对应千分尺示数为 Y_{x1},确保极板间距大于介质片厚度。改变正弦波信号频率,使电路处于谐振状态,记录此时的谐振频率 f_0。手持介质片侧边,将其轻轻推入两极板之间,用牙签将其轻轻拨至极板中心附近。此时,电路将处于不谐振状态。保持信号频率 f_0 不变,增大极板间距,使电路重新处于谐振状态,记录此时的千分尺示数 Y_{x2}(对应极板间距 D_2)。

五、实验数据记录与处理

① 列表确定零间距,得出 Y_0 的平均值,填入表 3-2-1。

表 3-2-1 零间距测定数据

序号	1	2	3	4	5	6	平均值
Y_0							

② 将初始计算参数和测量数据填入表 3-2-2,并依此绘制曲线,用最小二乘法作线性拟合,根据相关系数、斜率和斜率的标准差计算真空介电常数。

表 3-2-2 真空介电常数测定数据

$d_0 = -0.010 \text{ mm}, Y_0 = \underline{\qquad} \text{ mm}$

序号	1	2	3	4	5	6
千分尺示值 Y_i/mm						
极板间距 D_i/mm						
极板间距倒数 $\frac{1}{D_i}$/mm^{-1}						
谐振频率 f_i/Hz						
电容 C/F						

注:设定极板最小间距 D_{min} 为 1.00~1.15 mm,$Y_1 = Y_0 + D_{min}$。后面每次以 0.200 mm 为间隔,调大极板间距,$Y_i = Y_{i-1} + 0.2 (i=2,3,\cdots,6)$。极板间距 $D_i = Y_i - (Y_0 + d_0)$,电容 $C = \frac{1}{L(2\pi f_i)^2}$,电感 $L = 10.5 \text{ mH}$,极板面积 $S = 1.96 \times 10^{-3} \text{ m}^2$。

③ 测量样品几何参数,取平均值,将初始计算参数和测量数据填入表 3-2-3,根据式(3-2-3)计算相对介电常数。

表 3-2-3 相对介电常数测定数据

$f_0 = \underline{\qquad} \text{ kHz}$

序号	1	2	3	4	5	6	平均值
零间距 Y_0/mm							
样品厚度 t/mm							
样品直径 ϕ/mm							
千分尺示数 Y_{x1}/mm							
千分尺示数 Y_{x2}/mm							

注:本实验中 $d_0 = -0.010 \text{ mm}$,极板面积 $S_1 = 1.96 \times 10^{-3} \text{ m}^2$,样品面积 $S_2 = \pi \left(\frac{\phi}{2}\right)^2$,极板间距 $D_1 = Y_{x1} - (Y_0 + d_0)$,极板间距 $D_2 = Y_{x2} - (Y_0 + d_0)$。

六、注意事项

①介质片两面应保持清洁,测量时不要划伤表面。

②介电常数测量仪属于精密仪器,操作过程中不可用力过猛。应注意介电常数测量仪的安放位置,极板引出线要始终保持松弛状态,以免电极受外力影响。

③如果发现旋转千分尺端部的旋钮不能使螺杆旋动,可以手持套筒的滚花部分轻轻旋转,在接近上下极板电接触点时要缓慢旋进,达到电接触时即刻停止,切不可再旋进。

④由于测量系统对微小参数变化很敏感,测量时要避免引线位置的相对变化以及人体位置的相对变化带来的影响。

⑤实验结束后,应先在介电常数测量仪上下极板间放一张折叠后的拭镜纸,然后调节上极板位置,使其压紧,避免潮湿空气对铜电极的影响。

七、思考题

①人体中的大部分物质都是水,介电常数很高。实验过程中,人体对介电常数测量结果会有影响吗?

②推导相对介电常数的计算公式。

③简述极板最小间距与边缘效应的关系。

实验 3-3　材料电阻率/方阻测量

近年来,随着电子芯片领域的快速发展,半导体材料成为研究热点。而电阻率的测量是半导体材料参数测量项目之一。

测量电阻率的方法有很多,如四探针法、三探针法、电容-电压法、扩展电阻法等。其中四探针法是一种广泛采用的标准方法,在半导体工艺中最为常用,其主要优点是设备简单、操作方便、精确度高,且对样品的尺寸无严格要求。

四探针法除用于测量半导体材料的电阻率外,在半导体器件生产中广泛用于测量扩散层的电阻,以判断扩散层质量是否符合设计要求。为了描述扩散层的导电性能,引入方阻的概念。方阻仅与导电膜的厚度等因素有关,可用于表征膜层致密性。方阻不仅可用于间接反映半导体薄膜膜层的质量,而且可用于衡量蒸发铝膜、导电漆膜、印制电路板铜箔膜等薄膜状导电材料的厚度。

一、实验目的

① 了解四探针法测量微电阻的特点,掌握测量微电阻的方法。
② 掌握测定 MXene* 薄膜电阻率数量级的方法。
③ 了解试样的尺寸对测量结果的影响。

二、实验原理

1. 电阻与电阻率

电阻与电阻率之间有一定区别,电阻率描述的是材料、特定尺寸的电阻。电阻是物体的一个属性,由温度、物体的材料及尺寸决定。电阻等于电势差和电流的比值,可以写为 $R=U/I$ 或 $R=\rho L/A$。其中:U 是材料两端电压;I 是通过材料的电流;ρ 是材料的电阻率;L 是材料的长度;A 是材料的横截面积。电阻率是材料的属性,与尺寸无关,仅与温度和导体的材料有关。电阻率的公式为 $\rho=RA/L$,单位为欧姆·米($\Omega \cdot m$)。

---

* MXene 是一类具有类石墨烯结构的新型二维材料,由过渡金属碳化物、氮化物或碳氮化物构成。

2. KDY-1 型四探针电阻率/方阻测试仪的基本原理

KDY-1 型四探针电阻率/方阻测试仪的基本原理是恒流源给探针头(探针1、4)提供稳定的测量电流 I(由 DVM1 监测),探针头(探针 2、3)测取电势差 V(由 DVM2 测量)。其中:DVM1 是显示给探针 1、4 提供的电流大小的电流表,DVM2 是显示探针 2、3 间电压的电压表。

对于半无穷大的均匀样品,相关公式推导如下:

$$J = \frac{I}{2\pi r^2} \qquad (3\text{-}3\text{-}1)$$

$$J = \frac{\varepsilon}{\rho} \qquad (3\text{-}3\text{-}2)$$

$$\varepsilon = \frac{I\rho}{2\pi r^2} \qquad (3\text{-}3\text{-}3)$$

$$\varepsilon = -\frac{dV}{dr} \qquad (3\text{-}3\text{-}4)$$

式中:J 是电流密度;I 是通过探针的电流;ε 是电场强度;φ 是电势;r 是测量点与探头的距离。

$$\int_0^{V(r)} dV = \int_\infty^r -\varepsilon dr \Longrightarrow V(r) = \frac{I\rho}{2\pi r} \qquad (3\text{-}3\text{-}5)$$

式中:$V(r)$ 是距离探头 r 处的电势。恒流源给探针头(探针 1、4)提供稳定的测量电流,电流由探针 1 流入,从探针 4 流出,两处电流在探针 2 位置产生的电势为 V_2,在探针 3 位置产生的电势为 V_3。两者之间的电势差 $V_{23}=V_2-V_3$。r_{12} 是探针 1、2 之间的距离,r_{42} 是探针 4、2 之间的距离,r_{13} 是探针 1、3 之间的距离,r_{43} 是探针 4、3 之间的距离。

$$V_2 = \frac{I\rho}{2\pi}\left(\frac{1}{r_{12}} - \frac{1}{r_{42}}\right) \qquad (3\text{-}3\text{-}6)$$

$$V_3 = \frac{I\rho}{2\pi}\left(\frac{1}{r_{13}} - \frac{1}{r_{43}}\right) \qquad (3\text{-}3\text{-}7)$$

$$V_{23} = \frac{I\rho}{2\pi}\left(\frac{1}{r_{12}} - \frac{1}{r_{42}} - \frac{1}{r_{13}} + \frac{1}{r_{43}}\right) \qquad (3\text{-}3\text{-}8)$$

$$\rho = \frac{2\pi V_{23}}{I\left(\frac{1}{r_{12}} - \frac{1}{r_{42}} - \frac{1}{r_{13}} + \frac{1}{r_{43}}\right)} \qquad (3\text{-}3\text{-}9)$$

如图 3-3-1 所示，为简化问题，用 S_1 表示探针 1、2 之间的距离，用 S_2 表示探针 2、3 之间的距离，用 S_3 表示探针 3、4 之间的距离。用 S_1，S_2，S_3 表示式(3-3-9)中的 r_{12}，r_{42}，r_{13}，r_{43}，可得

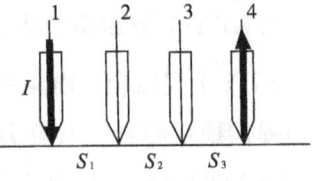

图 3-3-1 四探针示意图

$$\rho = \frac{V}{I} \times \frac{2\pi}{\frac{1}{S_1}+\frac{1}{S_3}-\frac{1}{S_1+S_2}-\frac{1}{S_2+S_3}} = \frac{VC}{I} \quad (3\text{-}3\text{-}10)$$

式中 C 为探针系数，

$$C = \frac{2\pi}{\frac{1}{S_1}+\frac{1}{S_3}-\frac{1}{S_1+S_2}-\frac{1}{S_2+S_3}} \quad (3\text{-}3\text{-}11)$$

在 KDY-1 型四探针电阻率/方阻测试仪中，S_1，S_2，S_3 统一用 S 表示。当 $S=1$ mm 时，$C=6.28$ mm。

3. 电阻率的计算

(1) 厚度小于 4 倍探针间距的样片

$$\rho_{23} = \frac{V}{I} \times W \times F\!\left(\frac{S}{D}\right) \times F\!\left(\frac{W}{S}\right) \times F_{sp} \times F_T \quad (3\text{-}3\text{-}12)$$

式中：ρ_{23} 为电阻率(23 ℃)；V 为电压表 DVM2 的读数；I 为电流表 DVM1 的读数；W 为被测样片的厚度；S 为探针间距；D 为样片直径；$F(W/S)$ 为厚度修正因子，为圆片厚度 W 与探针间距 S 之比的函数，具体数值可查附录 1；$F(S/D)$ 为直径修正因子，为探针间距 S 与圆片直径 D 之比的函数，具体数值可查附录 2；F_{sp} 为探针间距修正因子；F_T 为与温度 T(单位为℃)有关的修正因子，可将电阻率修正为 23 ℃的值。

$$F_T = 1 - C_T(T-23) \quad (3\text{-}3\text{-}13)$$

式中 C_T 为电阻率温度系数，具体数值可查附录 3。一般电阻率默认是 23 ℃的电阻率，所以用 ρ_{23} 表示。

(2) 厚度大于等于 4 倍探针间距的样片或晶锭

$$\rho_{23} = \frac{V}{I} \times F_{sp} \times 2\pi S \times F_T \quad (3\text{-}3\text{-}14)$$

在此条件下，样品厚度和任一探针到样品边缘的距离均大于 4 倍探针间距（近似半无穷大的边界条件），无须进行厚度、直径修正。可以依据上述计算公式算出准确的样品电阻率。

4. 方阻的计算

薄层材料(箔膜和涂层)厚度很小,为了便于比较它们的导电性能,引入薄层电阻(又称面电阻率)的概念。正方形面积的电阻 $R_\square$ 为

$$R_\square = \frac{\rho_{23}}{W} \tag{3-3-15}$$

上式可以理解为单位厚度(在相同厚度条件下)薄层材料的电阻率。$R_\square$ 与厚度 W 成反比,与电阻率成正比。要客观准确地评价各种薄层材料的电阻,必须规定在相同厚度下作比较。

我们如果在长为 L、宽为 T、厚度为 W 的薄层上测电阻,则

$$R = \frac{\rho_{23} L}{TW} = \frac{\rho_{23}}{W} \times \frac{L}{T} = R_\square \times \frac{L}{T} \tag{3-3-16}$$

若使 $L=T$,即在一个薄层的正方形区域测电阻,则

$$R = R_\square \times \frac{L}{T} = R_\square \tag{3-3-17}$$

从上式可以看出,当 $L=T$ 时,$R=R_\square$。$R_\square$ 表示一个正方形薄层的电阻,与正方形的边长无关,这也是其得名方阻的缘由。

用 KDY-1 型四探针电阻率/方阻测试仪测量方阻时,其计算公式为

$$R_\square = \frac{\rho_{23}}{W} = \frac{V}{I} \times F\left(\frac{L}{D}\right) \times F\left(\frac{W}{S}\right) \times F_{sp} \times F_T \tag{3-3-18}$$

当材料厚度 W 趋近于 0 时,$F(W/S)$ 趋近于 1,具体数值可查附录 1。

$$R_\square = \frac{\rho_{23}}{W} = \frac{V}{I} \times F\left(\frac{L}{D}\right) \times F_{sp} \times F_T \tag{3-3-19}$$

当直径 D 趋近于无穷大时,$F(L/D)$ 趋近于 4.532,具体数值可查附录 2。

$$R_\square = \frac{\rho_{23}}{W} = \frac{V}{I} \times 4.532 \times F_{sp} \times F_T \tag{3-3-20}$$

三、实验仪器

KDY-1 型四探针电阻率/方阻测试仪(以下简称"电阻率测试仪")由电气测量部分(简称主机)、测试架及四探针头组成,其工作流程如图 3-3-2 所示,可用于测量半导体材料(如硅单晶、锗单晶等)的电阻率以及扩散层、外延层、氧化铟锡导电薄膜、导电橡胶的方阻。

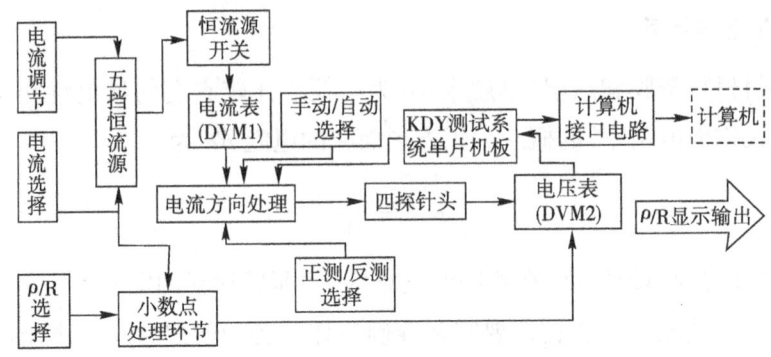

图 3-3-2 电阻率测试仪工作流程图

测试仪主机前面板(图 3-3-3)的左侧为与测量电流有关的显示和控制部分,电流表(DMV1)显示各挡电流值,电流选择按钮供电流选挡用。220 V电源接通后,仪器自动选择常用的 1.0 mA 挡,此时"1.0"上方的红色指示灯亮。随着选择开关的按动,不同挡位的指示灯亮起,直至选到合适挡位。测试仪主机后面板(图 3-3-4)上主要安装的是电源插座,安装时须注意插头与插座的对位标志。后面板上插座容易漏插,若有松动不易被发现,所以安装时必须插全、插牢。

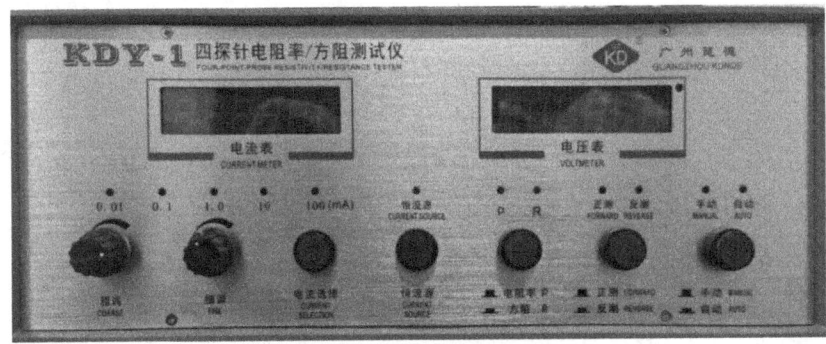

图 3-3-3 测试仪主机前面板

图 3-3-4 测试仪主机后面板

如图 3-3-5 所示,探针头主要由锥头、筒体、接线插座三部分组成,其中锥头与接线插座之间由导线连接,锥头与筒体由螺纹连接,接线插座与筒体由锁紧螺钉固定。锥头引线柱与接线插座由导线焊接,焊接好的接线插座从筒体的头部(大端)伸入,穿过筒体。锥头顺着筒体头部螺纹旋紧,并由螺钉固定锁紧。由于接线插头在锥头旋转过程中是活动的,故也会跟随转动。突出的接线插座从筒体尾部(小端)插入筒体,并由三颗螺钉固定于筒体,锁紧接线插头。

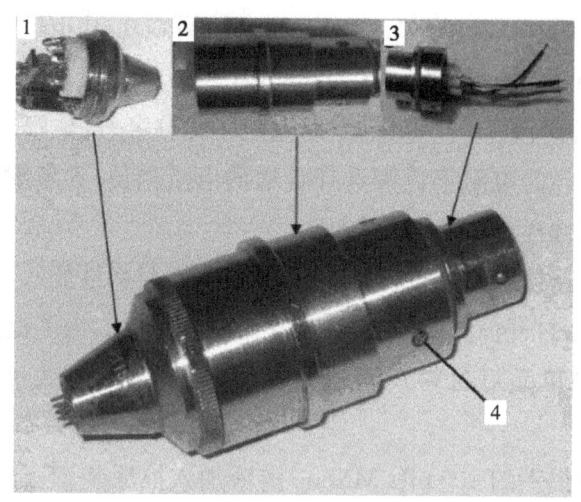

1—锥头;2—筒体;3—接线插座;4—锁紧螺钉。

图 3-3-5 探针头

四、实验步骤与要求

①使用仪器前将电源线、测试架连接线、主机与微控制器的连接线(如使用 KDY 测量系统)连接好,确保测试架上已接好探针头。

②电源线插头插入 220 V 插座后,开启背板上的电源开关。

③将探针头压在被测单晶上,打开恒流源开关,电流表显示从探针 1、4 流入单晶的测量电流,电压表显示电阻率(测单晶锭时)或探针 2、3 间的电位差。使探头与样品紧密接触。通过旋转前面板左下方的两个电位器旋钮调节电流大小:先调节"粗调"旋钮使前三位数达到目标值,再调"细调"旋钮使后两位数达到目标值。此时,我们可以把注意力集中到面板右侧。面板右侧集中了所有与电压测量有关的控制部件,包括三种挡位选择按钮:ρ/R 挡、手动/自动挡、正向/反向挡。手动/自动挡必须选对,否则仪器无法正常工作。正向/反向挡在

手动挡状态下才能选择,因此此按钮不起作用时,应先检查手动/自动挡是否处于手动挡状态。如果改变电流,电压会随之变化,两者成正比。读取电流值和电压值,代入式(3-3-12)、式(3-3-14)、式(3-3-18),计算实验室提供的厚度小于4倍探针间距的样片以及扩散薄层的方阻。

测试仪的电流表分五挡,分别为 0.01 mA、0.1 mA、1 mA、10 mA、100 mA,电流表显示 10000 时为本挡的满挡电流。读数方法如下:在 0.01 mA 挡显示 10000,表示电流为 0.01 mA×1.0000＝0.01 mA;在 0.01 mA 挡显示 06282,表示电流为 0.01 mA ×0.6282＝0.006282 mA。

可参考 GB/T 1551—2021《硅单晶电阻率的测定 直排四探针法和直流两探针法》,根据试样的电阻率范围选择合适的电流挡位;参考附录 4,根据探针间距和硅片厚度选择合适的测量电流。

若探针带电压接触被测材料影响测量数据(或材料性能),可先使探针头接触被测材料,然后打开恒流源开关,避免接触瞬间打火。为了提高工作效率,如探针带电压接触单晶对材料及测量并无影响,恒流源开关可一直处于开启状态。

④将实验室提供的 100 mL MXene 溶液加入抽滤装置,制成薄膜,测试该薄膜的电阻率。

五、实验数据记录与处理

①用四探针法测量实验室提供的圆形硅片(半径为 r)的电阻,测量距离边缘 $r,r/2,r/4,r/8$ 处的电阻率,填入表 3-3-1。

表 3-3-1　硅片不同位置的电阻率数据

位点	距边缘 r 处	距边缘 $r/2$ 处	距边缘 $r/4$ 处	距边缘 $r/8$ 处
V				
I				
W				
S				
D				
电阻率/(Ω·m)				

②测量扩散薄层的方阻,填入表 3-3-2。

表 3-3-2 扩散薄层方阻数据

位点	1	2	3	4	5	6	平均值
V							
I							
方阻							

③将 MXene 溶液加入抽滤装置,使用抽滤法制备 MXene 薄膜,测量 MXene 薄膜样片的电阻率,填入表 3-3-3。

表 3-3-3 MXene 薄膜样片的电阻率数据

位点	1	2	3	4	5	6	平均值
V							
I							
W							
S							
D							
电阻率/($\Omega \cdot m$)							

六、注意事项

①仪器接通电源,预热 30 min 后,方可进行测量。若环境条件变化过大或仪器长期不使用,使用前应通电预热 2~3 h。

②测量过程中,电源电压不要超过仪器的过载允许值。

七、思考题

①对于样片,距离边缘 r,$r/2$,$r/4$,$r/8$ 处的电阻率有差异吗?

②四探针法为什么可以消除接触电阻和导线电阻的影响?

实验 3-4 超导材料电阻-温度特性测量

1911 年,荷兰物理学家昂尼斯发现,水银的电阻率并不是随温度降低逐渐减小的,而是当温度降到 4.15 K 附近时,电阻突然降到零。后来人们把某些金属、合金或者化合物在温度降到绝对零度附近某一特定温度时,电阻率突然减小到无法测量的现象叫作超导现象,能够发生超导现象的物质叫作超导体。

1957 年,美国物理学家巴丁、库珀以及施里弗提出 BCS 理论(Bardeen-Cooper-Schrieffer theory):在超导体中,金属中自旋和动量相反的电子可以配对形成所谓的"库珀对",电子"结伴"后会以量子液体的形式无阻碍地运动,形成超导电流。这一理论解释了超导现象,三人也因此理论于 1972 年获得了诺贝尔物理学奖。

超导材料是指在一定条件下电阻为零且能排斥磁力线的材料。在超导材料被研究的初期,人们发现的都是一些低温材料,大多数超导材料都必须在 40 K(约 −233.15 ℃)以下工作。因此,超导材料的应用受到极大限制。直到 20 世纪 80 年代后期,转变温度达 35 K 的镧钡铜氧化物被发现后,高温超导激起了人们的研究兴趣。1987 年,美国休斯敦大学的科学家朱经武和吴茂昆发现临界温度为 98 K 的超导体。几乎同时,中国科学院物理研究所赵忠贤率其团队发现临界温度为 100 K 的超导体,使超导体临界温度进入液氮温区(液氮的沸点为 77 K)。1994 年,朱经武团队在高压条件下将汞基氧化铜的临界温度提高到了 164 K。不过,常温超导目前仍是极具挑战的课题。若常温超导材料可以实现,将引发新的技术革命。

一、实验目的

① 了解高 T_c 超导材料电阻-温度特性测量仪的测量原理和方法。

② 学会对高 T_c 超导材料的电阻-温度特性动态测量数据以及稳态法测量数据进行处理。

二、实验原理

1. 超导体的三个临界参数

超导体具有三个临界参数:临界转变温度 T_c、临界磁场强度 H_c、临界电流密度 J_c。当超导体同时满足三个临界条件时,才显示出超导性。

① 临界转变温度 T_c：当温度低于临界转变温度 T_c 时，材料处于超导态；超过临界转变温度 T_c，超导体由超导态恢复为正常状态。

② 临界磁场强度 H_c：当外界磁场强度大于临界磁场强度 H_c 时，超导体由超导态恢复为正常状态。临界磁场强度 H_c 与温度有关。

③ 临界电流密度 J_c：当通过超导体的电流密度大于临界电流密度 J_c 时，超导体由超导态恢复为正常状态。临界电流密度 J_c 与温度、磁场强度有关。

T_c 是超导体材料一个极其重要的参数，而超导研究的一个重要方向即寻求具有更高 T_c 的材料。

2. 超导体的三个基本物理性质

(1) 零电阻现象

在理想的金属晶体中，绝对零度时电子的运动是畅通无阻的，即处于零电阻状态。然而，对于实际的金属材料（常见导体），由于晶格原子的热振动、晶体缺陷和杂质的存在，周期场会被破坏，造成电子散射，因此会产生一定的电阻。即使在绝对零度条件下，其电阻也不为零。而且金属纯度越低，电阻率越大。超导体零电阻现象指的是，当温度降至某一数值时，超导体的电阻突然变为零或者接近零的现象。在此状态下，超导体具有极强的导电性，即超导性。

(2) 完全抗磁性

在超导状态下，超导体内的磁感应强度恒为零。零电阻和完全抗磁性既彼此独立又相互联系，单纯的零电阻不能保持完全抗磁性，但零电阻又是完全抗磁性的必要条件。

超导体的种类有很多，典型的有铜氧超导体（最早发现的高温超导体）、铁基超导体以及硼化镁超导体（与前两种物质相比，其临界温度较低，但具有结构简单、易于制备、原料来源广泛等优点）。

(3) 约瑟夫森效应

约瑟夫森效应是指当两层超导体之间的绝缘层薄至原子尺寸时，电子对可以穿过绝缘层产生隧道电流的现象。即满足一定条件时，超导体-绝缘体-超导体结构也可以产生超导电流。

三、实验仪器

如图 3-4-1 所示，本实验所用装置由 HT-288 型高 T_c 超导材料电阻-温度特性测量仪（以下简称"测量仪"，图 3-4-2）、计算机和低温恒温器组成。测量仪主要用于高 T_c 超导材料的电阻-温度特性测量，亦可用于其他样品的电阻-温度特性测量。此仪器既可用于动态法测量，也可用于稳态法测量。动态法测量时可分别进行不同电流方向的升温和降温测量,观察、检测样品和温度计之间的动态温差造成的测量误差,以及样品和测量回路热电势给测量带来的影响。动态测量数据经仪器处理后直接传输至计算机进行显示、处理或打印输出。稳态法测量结果可经由键盘输入计算机,用于绘制 R-T 特性曲线(图 3-4-3),供进一步分析处理或打印输出。

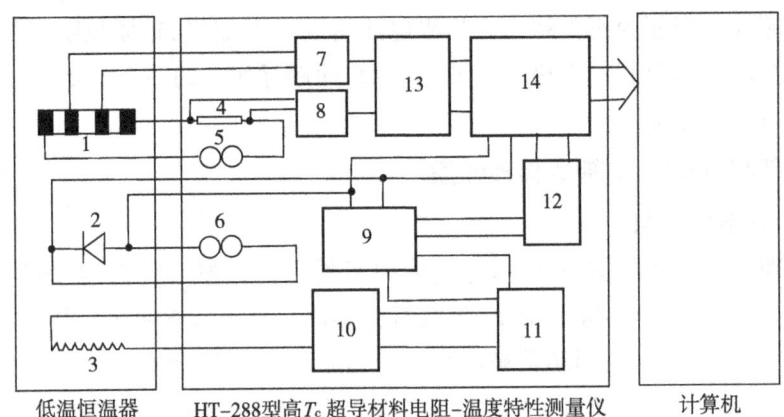

1—超导样品;2—温度传感器;3—加热器;4—标准电阻;5,6—恒流源;7,8,9—放大器;10—比较器;11—温度设定器;12—PID 控制器;13—加热功率控制器;14—微处理器。

图 3-4-1　实验装置示意图

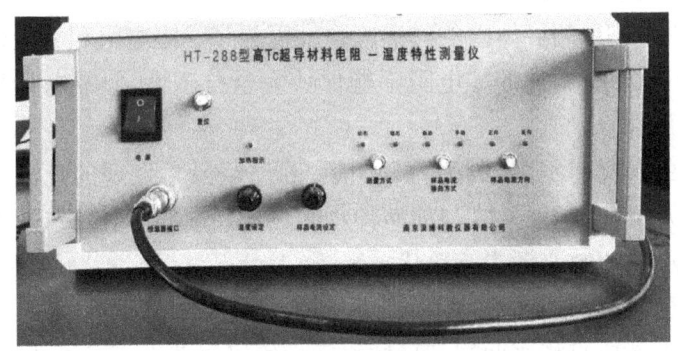

图 3-4-2　测量仪

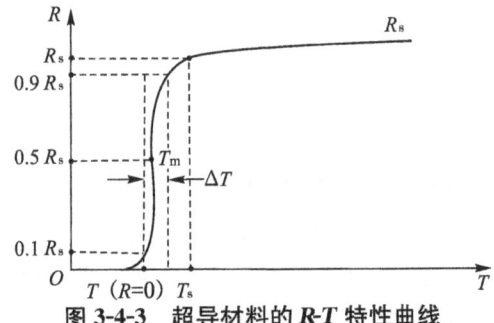

图 3-4-3　超导材料的 R-T 特性曲线

四、实验步骤与要求

1. 准备工作

将液氮注入液氮杜瓦瓶,再将装有测量样品的低温恒温器(图 3-4-4)浸入液氮,固定于支架上,先用电线连接至测量仪恒温器接口端,再将测量仪与计算机连接。本实验使用的样品是钇钡铜氧超导体。

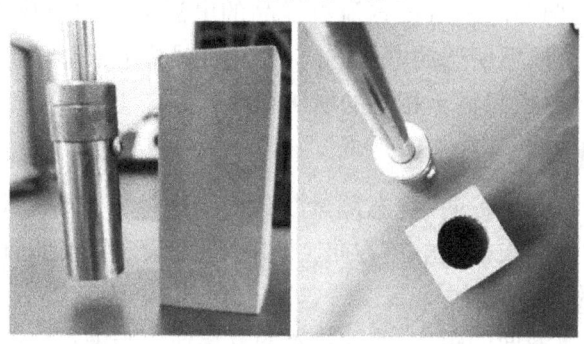

图 3-4-4　低温恒温器

2. 开启仪器

开启测量仪器电源和计算机电源,待系统启动完成,打开测量软件,用鼠标点击"数据采集",进入数据采集工作程序。此时,右下角"接口工作状态"栏交替出现闪烁的"接收""发送""处理"字样,表示仪器与计算机正常工作。

3. 动态测量

将"测量方式"开关拨至"动态测量",系统进入动态测量模式。

(1)动态自动测量

拨动"样品电流换向方式"开关,选择"自动"工作模式。"自动"指示灯亮,"正向""反向"指示灯交替闪烁,表示系统已开始采集数据。提拉装有样品的低温恒温器,使其脱离液氮液面,温度将逐渐升高。此时,计算机屏幕上逐点描出两条电压-温度特性曲线,红色的曲线表示正向电压降,蓝色的曲线表示反向电压降,屏幕右侧工作参数区同时显示相应的工作参数值。

①计数:数据采集开始后,所有采集到的有效数据的计数值。

②样品当前温度:低温恒温器温度传感器所测恒温器当前温度。若此温度变化缓慢,其与样品温度的差值可以被忽略,可近似为样品温度。

③样品正向电压:当流过样品的电流为正向时,仪器测得的样品两端电压降。

④样品反向电压:当流过样品的电流为反向时,仪器测得的样品两端电压降。

⑤样品电流:流过样品的正向电流和反向电流的平均值。

⑥光标指示值：当按下计算机键盘的上/下/左/右键时，可见一个"十"字形光标随之移动，水平方向的数值为光标指示温度，而垂直方向的数值为光标指示电压。

改变恒温器与液面的距离，可以获得不同变化速率的升/降温特性曲线。

(2) 动态手动测量

拨动"样品电流换向方式"开关，选择"手动"工作模式。"手动"指示灯亮，拨动"样品电流方向"开关，可设置流过样品的电流为正向或反向，与之相对应的指示灯将点亮。根据所选的电流方向，计算机屏幕上仅显示红色或蓝色的特性曲线，工作参数区也只显示相应的电压和电流值。

4. 稳态测量

将"测量方式"开关拨向"稳态测量"时，样品电流方向自动切换功能失效，只能采用手动方式切换样品电流方向。调节"温度设定"旋钮，计算机屏幕下方会出现"恒温器设定温度为：×××.×(K)"的字样。为获得满意的稳态温度，调节恒温器与液氮液面的距离，使加热器的升温速度与液氮的降温速度保持平衡，方可测得比较准确的数值。此过程比较烦琐，必须谨慎操作。

5. 退出测量

任意时刻按下"Esc"键，仪器都会停止采集数据。按提示输入文件名（建议使用缺省名），确认后退出。

五、实验数据记录与处理

①动态测量数据经处理后由计算机显示、处理或打印输出。

②稳态法测量结果输入计算机后，作出 R-T 特性曲线，供分析处理或打印输出。

六、注意事项

①钇钡铜氧超导体受潮后超导性能可能退化或消失，必须保存于干燥环境或液氮中。

②若稳态测量时系统强制进入手动状态，屏幕不会显示曲线图像，仅在右侧工作参数区显示测量数据，须以人工方式记录数据，然后用手工描点作图。

七、思考题

①什么是完全抗磁性？
②理想导体和超导体有什么区别？

实验 3-5　铁电薄膜铁电性能测量

铁电体并不含铁,但它与铁磁体(具有磁滞回线)类似,具有电滞回线。在某一温度以上,铁电体由铁电相转变为顺电相,失去铁电性。铁电相与顺电相之间的转变通常称为铁电相变,其转变温度称为居里温度。在居里温度以下,铁电体处于铁电相,表现出自发极化的特性。自发极化是指即使在没有外界电场作用的情况下,铁电体内部也会出现极化。自发极化具有两个或多个可能的取向,且取向可能随电场而转向。自发极化的出现与这类材料的晶体结构有关。

自发极化可用矢量来描述,它在晶体中形成一个特殊的方向。晶体中,每个晶胞中原子的正负电荷中心沿这个特殊方向发生相对位移,使电荷正负中心不重合,形成电偶极矩。整个晶体在该方向上呈极性,一端为正,一端为负,在其正负端分别有一层正、负束缚电荷。

铁电材料的铁电性能主要由其电滞回线体现,具体包括饱和极化强度 P_s、剩余极化强度 P_r、矫顽场 E_c 等,而对用于制作铁电存储器的铁电薄膜而言,铁电疲劳性能及铁电保持性能也很重要。

一、实验目的

① 了解铁电体的性能特征,掌握铁电性能测量原理和方法。
② 了解铁电材料的功能和应用前景。

二、实验原理

1. 电滞回线

铁电体的极化强度随外电场的变化而变化。在电场作用下,新电畴成核长大,畴壁移动,导致极化强度转向。如图 3-5-1 所示,在电场很弱时,极化强度 P 与电场强度 E 近似呈线性关系(OA 段);电场较强时,P 与 E 之间呈非线性关系(AB 段)。此时,畴壁移动转为不可逆,极化强度随电场强度增大的速度比线性阶段快。至 B 点时,晶体成为单畴,极化趋于饱和,电场进一步增强时,由于感应极化增强,总极化强度仍然有所增大(BC 段)。如果极化趋于饱和后电场强度减小,极化强度将循 CBD 段曲线减小,以至电场强度为零时晶体仍处于宏观极化状态,线段 OD 对应的极化强度称为剩余极化强度 P_r。延长 CB 使之与纵轴相交,交点对应的极化强度称为饱和极化强度 P_s。如果电场强度反向,极化强度将随之降低并改变方向,直到电场强度等于某一值时,极化又趋于饱和。这一过程如曲线 DFG 所示,OF 所代表的是极化强度等于零的电场强度,称为矫顽场$-E_c$。电场强度在正负饱和值之间循环一周时,极化强度与电场强度的关系如曲线 CBDFGHIC 所示,此曲线称为电滞回线。

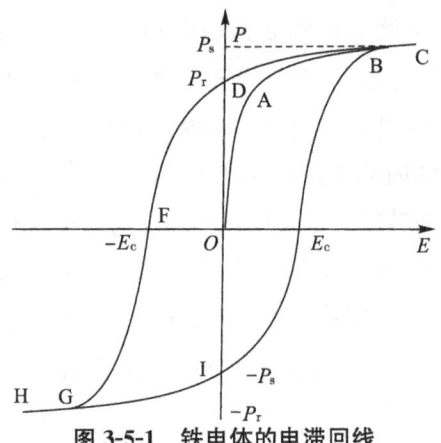

图 3-5-1 铁电体的电滞回线

2. 居里温度

当温度高于某一临界温度 T_c 时,晶体的铁电性消失。这一温度称为铁电体的居里温度。由于铁电性的消失或出现总是伴随着晶格结构的改变,所以此过程为相变过程。已发现铁电体存在两种相变:一级相变和二级相变。一级相变伴随着潜热的产生;二级相变呈现比热的突变,无潜热发生。因为铁电相中自发极化总是和电致形变联系在一起,所以铁电相的晶格结构的对称性比非铁电相的差。晶体具有两个或多个铁电相时,最高的相变温度称为居里温度,其他的称为转变温度。

3. 铁电存储器

铁电存储器利用的是铁电体所具有的电滞回线性质。如图 3-5-1 所示,当加到铁电体上的电场强度为零时,铁电体上仍保有一定的剩余极化强度,这时极化电荷的符号取决于该铁电体上外电场的符号:若原来加的是正向电场,则当外电场变为零场时,铁电体保留正的剩余极化($+P_r$);若从负向电场变为零场,则此时铁电体保留负的剩余极化($-P_r$)。将无外电场时铁电体具有的两个稳定极化作为计算机编码 0 和 1,就形成了铁电记忆及逻辑电路的基础。在外电场作用下,铁电体从一个状态转变为另一个状态的极化反转过程称为开关。铁电疲劳性能用剩余极化强度随极化开关循环次数的变化关系 P_r-n 表征,与存储器使用寿命直接相关。铁电保持性能是铁电体保持其极化(1 或 0)的能力,可用写信息后剩余极化强度与时间的关系 P_r-t 表征。

三、实验仪器

1. 仪器组成

铁电性能综合测试系统包括计算机、高压模块、铁电性能综合测试仪、测试架、测试探针和高压样品测试池等。

2. 仪器连接

图 3-5-2、图 3-5-3 分别为陶瓷材料和薄膜材料与测试仪的连接示意图。

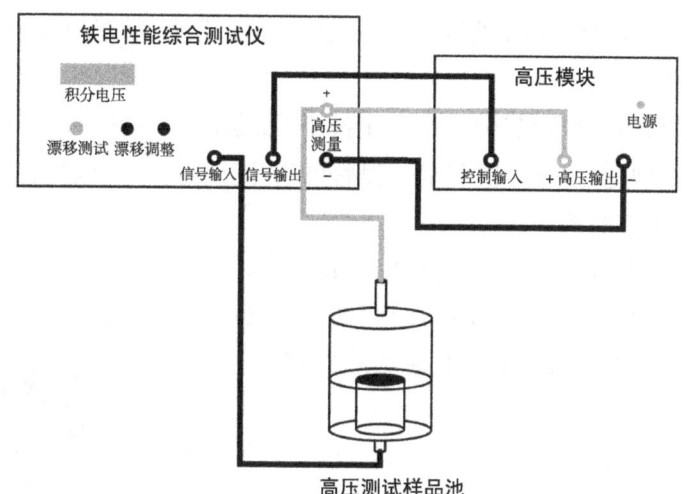

扫码查看彩图

图 3-5-2　陶瓷材料连接示意图

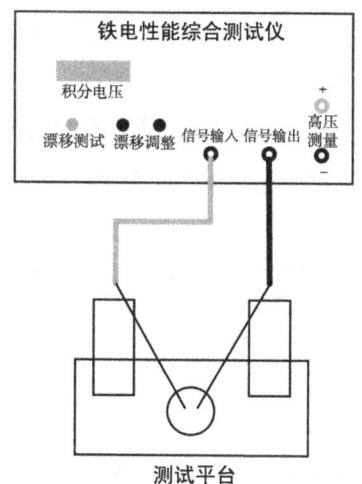

扫码查看彩图

图 3-5-3　薄膜材料连接示意图

四、实验步骤与要求

①将样品放在测试平台上,调节移动架,使一根探针接触探测点,另一根接触基片。根据所测样品正确连接所用设备。

陶瓷材料:用测试线中的双头线连接高压模块的控制输入与测试仪的信号输出。用红、黑线连接高压模块与测试仪插孔(红红相连,黑黑相连)。另引一路正电压线到样品,从测试仪的信号输入引线到样品另一极,如图 3-5-2 所示。

薄膜材料:将测试线的两个插头分别插入信号输入和信号输出插孔,并把鳄鱼夹夹在移动架的接线柱上,如图 3-5-3 所示。

②开机。对于陶瓷材料样品,须先开仪器后开高压模块;对于薄膜材料样品,不用连接高压模块。

③漂移调整。利用 2 个调节旋钮调节至按下"漂移测试"按钮时积分电压显示基本无变化。最好空运行一次测量过程后再调,测试电压不宜过大。薄膜材料样品测试一般不需要调整。

④打开串口。点击"通信设置",选择串口并打开。

⑤测量。点击"测量",选择与实际样品对应的材料,选择所需的测试项目,并按需设定时间和次数,设置实验参数后点击"确定"。

⑥改变实验参数,重复实验。

⑦关机。对于陶瓷材料样品,须先关高压模块后关仪器。

铁电性能测试
软件操作说明

五、实验数据记录与处理

①电滞回线绘制。根据电滞回线得出铁电薄膜材料的饱和极化强度 P_s、剩余极化强度 P_r 和矫顽场 E_c 等参数。

②铁电疲劳性能测量。测试过程中,随着开关次数 n 增加,P_r 逐渐减小。当 P_r 小到一定值时,无法再区分正负极化,此时材料失去记忆性能,称为铁电疲劳。

③铁电保持性能测试。铁电保持性能用铁电薄膜材料的剩余极化强度与时间的关系 P_r-t 表示。

六、注意事项

①必须先连接好测试线路并确认无误(信号源不得短路),再打开测试仪电源。

②使用高压信号源时应注意安全,操作过程中不可接触测试架。测试完成后,须先关闭测试仪电源。

七、思考题

①铁电体的电滞回线和温度有无关系？为什么？

②什么是铁电体？铁电体的主要特征是什么？如何判断一种晶体是否为铁电体？

③比较铁电体与铁磁体的异同。

第4章 材料热学性能实验

实验 4-1 材料热膨胀系数测量

物体因温度改变而发生膨胀的现象称为热膨胀。在外压强不变的情况下，大多数物质在温度升高时体积增大，温度降低时体积缩小。也有少数物质在一定温度范围内随温度升高体积减小。由于固体、液体和气体分子运动的平均动能大小不同，因此，它们热膨胀的宏观现象也有着明显区别。在相同条件下，固体的膨胀程度比气体和液体的小得多。直接测定固体的体积膨胀比较困难，但由固体在温度升高时形状不变可推知，一般而言，固体在各方向上的膨胀规律相同。因此，可以用固体在一个方向上的线膨胀规律来表征它的体积膨胀。

目前，测定材料热膨胀系数的方法有以下几种：千分表法、光学机械法、电磁感应热机械法、静态热机械分析法、顶杆式间接法、望远镜直读法、激光法。选择热膨胀测量方法时主要考虑测试范围、待测材料的科学测试精度要求以及测量灵敏度等因素。

热膨胀系数在仪器制造工业等领域有重要意义。焊接或熔接两种不同材料时，选择具有适宜热膨胀系数的材料极为重要。例如，玻璃仪器、陶瓷制品的焊接加工都要求两种材料具有相近的热膨胀系数，非金属材料与各种金属材料焊接也要求两者具有相近的热膨胀系数。若材料之间的热膨胀系数相差比较大，则焊接时膨胀速度不同，从而在焊接处产生应力，降低材料的机械强度和气密性，可能引起焊接处脱落、炸裂、漏气等严重后果。目前，热膨胀系数也被应用于电池、分层超材料等领域的研究，在航天、生物医疗器件、热开关等领域展示了巨大的应用前景。

一、实验目的

①了解金属热膨胀系数的测定原理和热学综合实验仪的基本结构。
②掌握千分表和温度控制仪的使用方法。

二、实验原理

1. 热膨胀系数

物理热膨胀系数是材料的主要性质之一,是衡量材料热稳定性的一个重要指标。热膨胀系数可分为线膨胀系数 α 和面膨胀系数 β 以及体膨胀系数 γ。

对于可近似为一维的物体,长度是衡量体积的决定因素,因此,热膨胀系数可化简为单位温度变化下长度的增量与原长度的比值。对于二维物体,面积的增加称为"面膨胀"。当温度上升 1 ℃时,单位面积物体的面积增加的百分比为面膨胀系数。对于具有各向异性的三维物体,热膨胀系数有线膨胀系数和体膨胀系数之分。如石墨结构具有显著的各向异性,因此石墨纤维线膨胀系数也呈现各向异性,平行于层面方向的热膨胀系数远小于垂直于层面方向的热膨胀系数。

2. 材料热膨胀系数的影响因素

①热容:温度上升 1 ℃时能量的增量称为热容。热膨胀系数与热容密切相关,且与热容有着相似的变化规律。

②结合能和熔点:固体材料的热膨胀与点阵中质点的位能有关,而质点的位能是由质点间的结合力决定的。质点间的结合力越强,质点所处的势阱越深。升高相同温度时,质点振幅增量越小,热膨胀系数越小。当晶体结构类型相同时,结合能大的材料熔点也高,熔点高的材料热膨胀系数较小。

③结构:组成相同但结构不同的物质,热膨胀系数是不同的。一般情况下,结构紧密的晶体热膨胀系数较大,而无定形的玻璃热膨胀系数较小。单晶或多晶体存在结构差异,导致晶体在各晶面上的原子排列不同,进而使热膨胀表现出各向异性。一般情况下,平行于晶体定轴方向的热膨胀系数大,垂直方向的热膨胀系数小,内部裂纹及缺陷也会对热膨胀系数产生影响。

④材料相变:纯金属同位素异构相变时,点阵结构重排可导致线膨胀系数发生不连续变化。

⑤合金元素组成:多相合金组成相的性质和比例决定合金的热膨胀系数。了解各相的体积分数,利用混合定则可以粗略计算出热膨胀系数。

在一定温度范围内,原长为 L_0($t_0=0$ ℃时的长度)的物体受热温度升高,固体一般会因为原子的热运动加剧而发生膨胀,至温度为 t 时,伸长量为 ΔL,其与温度差 Δt($\Delta t=t-t_0$)近似成正比,与原长 L_0 也成正比,即

$$\Delta L = \alpha L_0 \Delta t \tag{4-1-1}$$

此时的总长为
$$L_t = L_0 + \Delta L \tag{4-1-2}$$
式中：α 为固体的线膨胀系数。实验证明，不同材料的线膨胀系数是不同的。热膨胀是固体材料受热以后晶格振动加剧引起的体积膨胀。当温度变化不大时，α 是一个常数。联立式(4-1-1)和式(4-1-2)，可得

$$\alpha = \frac{L_t - L_0}{L_0 t} = \frac{\Delta L}{L_0} \cdot \frac{1}{t} \tag{4-1-3}$$

由上式可知，α 的物理意义为：温度每升高 1 ℃，物体的伸长量 ΔL 与它在 0 ℃ 时的长度之比。α 是一个很小的量，附录 5 中列有几种常见固体材料的 α 值。当温度变化较大时，α 可用 t 的多项式来描述：

$$\alpha = A + Bt + Ct^2 + \cdots \tag{4-1-4}$$

式中 A, B, C 为常数。

在实际的测量过程中，通常测得固体材料在室温为 t_1 时的长度 L_1 及温度由 t_1 升至 t_2 时该材料的伸长量 ΔL_{21}，就可以计算出热膨胀系数。这样得到的热膨胀系数是平均热膨胀系数：

$$\bar{\alpha} \approx \frac{L_2 - L_1}{L_1(t_2 - t_1)} = \frac{\Delta L_{21}}{L_1(t_2 - t_1)} \tag{4-1-5}$$

式中：L_1 和 L_2 分别为物体温度为 t_1 和 t_2 时的长度；$\Delta L_{21} = L_2 - L_1$，是长度为 L_1 的物体由温度 t_1 升至 t_2 的伸长量。

为了得到精确的测量结果，我们需要得到精确的 $\bar{\alpha}$，这样不仅要对 $\Delta L_{21}, t_1, t_2$ 进行精确的测量，还要扩大到对伸长量 ΔL_{i1} 和相应的温度 t_i 的测量：

$$\Delta L_{i1} = \bar{\alpha} L_1 (t_i - t_1), i = 1, 2, 3, \cdots \tag{4-1-6}$$

在实验过程中，我们可以等温度间隔设置加热温度（如间隔 5 ℃ 或 10 ℃），测量对应的一系列 ΔL_{i1}。对所测的数据采用最小二乘法进行直线拟合处理，根据直线的斜率求一定温度范围内的平均热膨胀系数。

三、实验仪器

热膨胀系数测定实验装置示意图如图 4-1-1 所示。其中：石英棒 1 用于顶紧待测样品和传导膨胀，其左端与预紧微调螺钉接触，右端与待测样品接触；石英棒 4 也用于顶紧待测样品和传导膨胀，其左端与待测样品接触，右端与千分表探头接触；待测样品温度测量传导铜块用于安置 Pt100 温度传感器探头；千分表用于测量待测样品伸长量；预紧微调螺钉用于调节石英棒、待测样品、千分表探头，使其接触良好；Pt100 转接输入插座用于连接待测样品温度测量传导

铜块中 Pt100 输出插头；Pt100 转接输出插座与温度控制器(图 4-1-2)相连,用于测温控温；管式炉加热电流输入插座与温度控制器加热电流输出插座相连(或连接底板后面对应插座)。

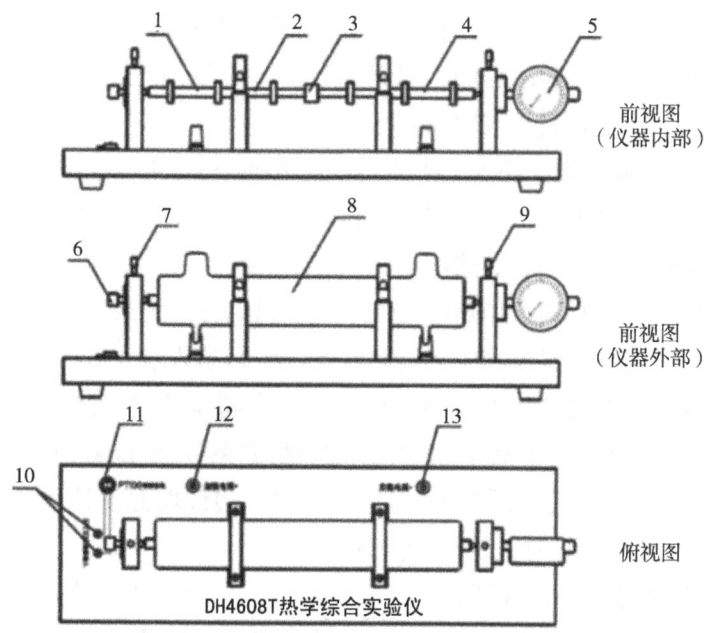

1,4—石英棒；2—待测样品（紫铜或不锈钢ϕ尺寸为 8 mm×150 mm）；
3—待测样品温度测量传导铜块；5—千分表；6—预紧微调螺钉；7—预紧微调组件锁紧机构；
8—透光真空管式炉；9—千分表固定套锁紧机构；10—Pt100转接输入插座；
12,13—管式炉加热电流输入插座。

图 4-1-1 热膨胀系数测定实验装置示意图

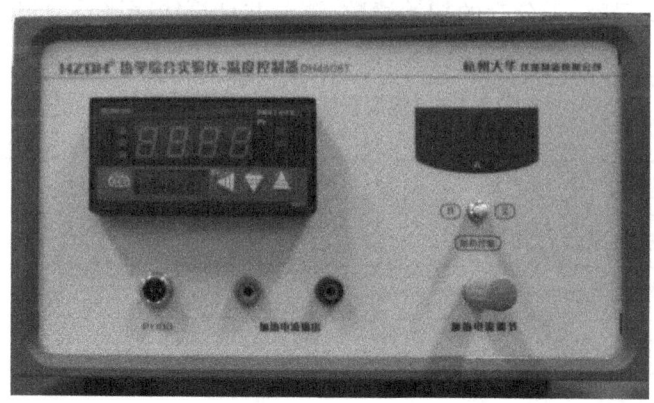

图 4-1-2 温度控制器

四、实验步骤与要求

①先将安置好温度传感器探头的待测样品插入管式炉；在待测样品（紫铜管）两端分别插入石英棒，使待测样品大致位于管式炉中心位置；将预紧微调组件和千分表固定套分别安装在左右锁紧机构中，并调节至合适位置；缓慢调节预紧微调螺钉，使千分表读数增加到约 0.2 mm。

②将 Pt100 输出插头插入 Pt100 转接输入插座；将 Pt100 转接输出插座与温度控制器面板的"Pt100"连接起来；将温度控制器面板的"加热电流输出"与测试架的"加热电流＋"和"加热电流－"连接起来。

③开启加热控制，调节加热电流大小，设定控温点，记录样品的实测温度和千分表读数（待测样品温度趋于稳定后开始读数），填入表 4-1-1。

实验过程中，温度控制器控温过程可能存在超调情况，导致千分表读数反复增大或减小。为了更准确地测量样品的热膨胀系数，建议将加热电流调节至 10 mA，使样品温度尽可能缓慢上升，这样可以一边读取温度计读数，一边读取千分表读数，保证样品伸长过程的连续性。

④根据数据绘制 t-L 曲线，对 t-L 曲线作线性拟合，计算线膨胀系数。

⑤更换待测样品为不锈钢管，测量并计算线膨胀系数，填入表 4-1-2。与附录 5 提供的参考值进行对比，计算测量误差。

五、实验数据记录与处理

记录环境温度、千分表的初始读数，测量并计算线膨胀系数，将数据填入表 4-1-1 和表 4-1-2。

表 4-1-1 紫铜管线膨胀系数测定表

长度 L_0：

序号					
实测样品温度 t/℃					
千分表读数 L_t/μm					
线膨胀系数/℃$^{-1}$					

表 4-1-2　不锈钢管线膨胀系数测定表

长度 L_0：

序号					
实测样品温度 t/℃					
千分表读数 L_t/μm					
线膨胀系数/℃$^{-1}$					

六、注意事项

①样品拆卸要轻拿轻放,防止损坏玻璃透光管式炉。
②实验过程中不能振动仪器和桌子,否则会影响千分表读数。

七、思考题

①热膨胀系数测试的主要影响因素有哪些?
②实验过程中如何记录数据以保证数据的准确性?

实验 4-2　材料导热系数测量

在寒冷的冬日，用双手触摸同样温度的岩板和毛绒织物，会发现岩板给人的感觉更冷。这是因为岩板比毛绒织物更容易传递热量。人们通常用导热系数来评估材料的传热性质和保温性能。传热良好的材料导热系数大，传热效果差的材料导热系数小。材料的导热系数与物质的种类、微观结构、温度等因素有关。

材料依靠电子、原子、分子和晶格热运动来传递热量。材料性质不同，其主要导热机理不同，效果也不一样。一般而言，金属的热导率大于非金属，纯金属的热导率大于合金。金属原子核的电子束缚能力比较弱，所以通过脱离束缚的自由电子在金属内自由移动传导热量。金属材料中，银的导热性能最佳，铜、金、铝次之。非金属材料主要依靠晶格结构振动产生弹性波的方式来传递热量。在传递过程中，若存在声子散射的因素，如晶体缺陷、裂纹，热导率会显著下降。因此，绝缘体（如木材、橡胶等）的传热性能不是很理想。另外，固体的热导率通常比液体的大，而液体的又比气体的大。对此，可以从微观角度解释：对于液体和气体，热能通过分子碰撞由热分子传递给冷分子，大量分子碰撞的累积效果是热从高温物体传递到低温物体。而不同相的物质分子间距不同，因此它们的导热性能存在差异。

随着器件的集成化发展导致功率密度的提高，电子设备的发热量影响越来越大，热失效已成为影响电子设备性能和寿命的关键问题。在发热源和散热器之间填充一层热界面材料是解决这一问题的有效措施，因此，开发具有高导热系数的热界面材料对于电子设备的发展有积极的促进作用。

一、实验目的

① 了解如何在稳定状态下利用圆球法测定颗粒状材料的平均导热系数。
② 熟悉温度等热学基本量的测量方法。

二、实验原理

1. 材料的导热系数

材料的导热系数是一种热物性参数，在工程计算和科学研究中采用的各种物质的导热系数都是通过专门实验测定出来的。圆球导热系数测定仪可用于准确测定颗粒状材料的导热系数。

圆球导热系数测定仪采用两个直径不同的空心圆球(圆球壁很薄),两球同心放置,两球之间充满一定密度的颗粒状待测材料,内球的内部装有一个电加热器。当电加热器通电加热时,其产生的热量 Q 将沿圆球表面法线方向通过颗粒状材料向外传递。假定内球壁温为 t_1,外球壁温为 t_2,球面各点温度均匀,且 $t_1 > t_2$。当温度不随时间变化时,说明已达到稳定状态,根据傅里叶定律,有

$$Q = -\lambda A \frac{dt}{dr} = -4\lambda \pi r^2 \frac{dt}{dr} \tag{4-2-1}$$

式中:Q 为导热量,$Q=UI$;λ 为材料的导热系数;A 为传热面积;t 为温度;r 为导热面上的坐标。

2. 材料的导热系数影响因素

导热系数不仅与材料的种类结构、密度、温度等因素有关,还与材料的温度有关。在不太大的温度范围内,大多数材料的导热系数与温度近似呈线性关系,即

$$\lambda = \lambda_0 (1 + bt) \tag{4-2-2}$$

式中:λ_0 为 0 ℃时的导热系数;b 为温度系数。

将式(4-2-2)代入式(4-2-1),可得

$$Q = -\lambda_0 (1 + bt) \cdot 4\pi r^2 \frac{dt}{dr} \tag{4-2-3}$$

分离变量后积分,可得

$$t + \frac{b}{2} t^2 = \frac{Q}{4\pi \lambda_0} \cdot \frac{1}{r} + C \tag{4-2-4}$$

式中常数 C 可根据边界条件求得。

当 $r = \frac{d_1}{2}$ 时,$t = t_1$;当 $r = \frac{d_2}{2}$ 时,$t = t_2$。代入式(4-2-4),可得

$$\begin{aligned} t_1 + \frac{b}{2} t_1^2 &= \frac{Q}{4\pi \lambda_0} \cdot \frac{2}{d_1} + C \\ t_2 + \frac{b}{2} t_2^2 &= \frac{Q}{4\pi \lambda_0} \cdot \frac{2}{d_2} + C \end{aligned} \tag{4-2-5}$$

以上两式消去常数 C,整理后得

$$\left(1 + b \frac{t_1 + t_2}{2}\right)(t_1 - t_2) = \frac{Q}{2\pi} \left(\frac{1}{d_1} - \frac{1}{d_2}\right) \tag{4-2-6}$$

令 $\bar{t} = \frac{t_1 + t_2}{2}$,则

$$\bar{\lambda} = \lambda_0 (1 + b\bar{t}) = \lambda_0 \left(1 + b \frac{t_1 + t_2}{2}\right)$$

化简式(4-2-6),可得

$$\bar{\lambda} = \frac{Q\left(\dfrac{1}{d_1} - \dfrac{1}{d_2}\right)}{2\pi(t_1 - t_2)} \qquad (4\text{-}2\text{-}7)$$

式中:$\bar{\lambda}$ 为 $t_1 \sim t_2$ 范围内的平均导热系数;d_1 和 d_2 分别为内球和外球的直径;t_1 和 t_2 分别为内球和外球的壁温。

因此,可根据内球直径 d_1、外球直径 d_2、导热量 Q 及内外球壁温 t_1 和 t_2,求得颗粒状材料的平均导热系数。

调节加热功率,在此条件下测定另一组 t_1 与 t_2,以求得另一个平均导热系数值,再将其代入式(4-2-2),即可求得温度系数 b。

三、实验仪器

如 4-2-1 图所示,导热系数测量系统由 YQF-1 型圆球导热系数测定仪(控制箱)、圆球(实验装置本体)、专用直流稳压电源、UJ36a 电位差计、电流表、电压表、信号线和连接导线组成。

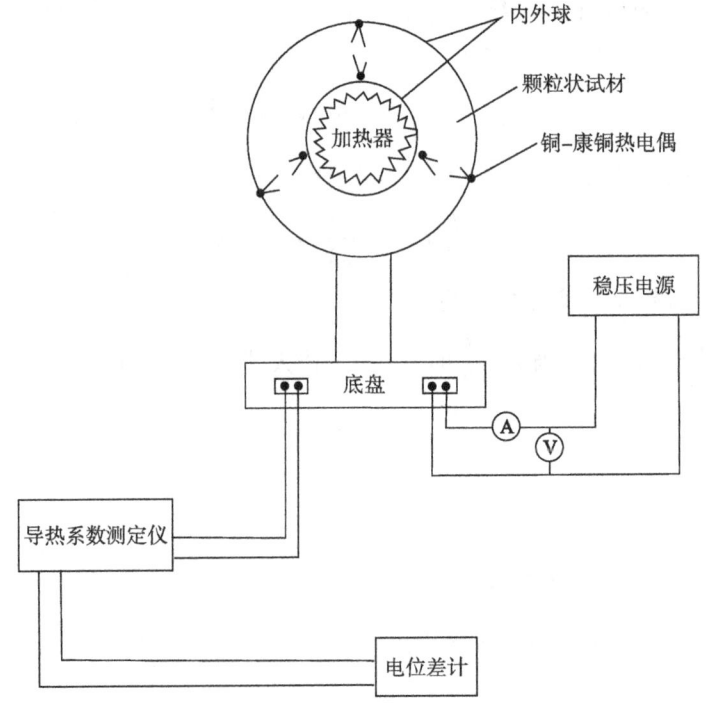

图 4-2-1　导热系数测量系统

如图 4-2-1 所示,圆球导热系数测定仪本体由两个壁很薄的空心同心圆球组成，内球直径 $d_1=80$ mm，外球直径 $d_2=160$ mm，内球内部装有电加热器，与电流表串联，与电压表并联，用于测量发热量 Q。热量通过待测材料传给外球，然后通过外球表面与空气之间的对流传给空气。内球表面均匀分布三对铜-康铜热电偶，可测内球壁温 t_{1n}，t_{2n} 和 t_{3n}，外球内壁设有与内球对称的三对铜-康铜热电偶，可测外球壁温 t_{1w}，t_{2w} 和 t_{3w}。

四、实验步骤与要求

①按图 4-2-1 连接仪器。稳压电源的输出通过电流表专用插头接到圆球底盘上的插座。电源输出"＋"端串联电流表。电流表"－"端与电源输出"－"端并联电压表。将信号线的一端插入圆球底座的专用插座，另一端插到导热系数测定仪后面板上的信号线插座上。

②将稳压电源的输出电压调至最小，即粗调旋钮和细调旋钮均逆时针旋到底。开启电源开关，指示灯亮。调节粗调旋钮和细调旋钮，改变输出电压。根据电压表和电流表的指示，调节加热功率至所需的电压值和电流值。

③打开导热系数测定仪的电源开关，进行数显毫伏表的调零。将面板左下方的输出端短接，用小螺丝刀调节右上角的调零电位器，使数显毫伏表的读数为零。若已为零，则无须调节，去掉短接线就可进行测量。

④检查仪器内部的温度补偿是否正常。按下右下方的"补偿"键，此时数显毫伏表读数为补偿电压。对照环境温度，通过查看附录 6 中的热电势值，可知补偿电压是否准确。若不准确，可用小螺丝刀微调"补偿"按键上方的补偿电位器，调至准确的补偿电压后再按"补偿"按键使其弹起，即回到测量状态。

⑤观察加热圆球的温度变化情况。当数显毫伏表或电位差计的读数不再变化，则表示圆球内的温度场分布已达到稳定状态（因加热稳定需要 5 h，所以实验前已调好）。这时，用精密电压表和电流表测得 U 和 I 的值，即可计算得到导热量。转动导热系数测定仪上的"输入选择"旋钮，进行内球、外球 6 个点的温度测量。每隔 5 min 测量一次，测量 3～4 次，然后对最后一组数据取平均值。利用电位差计在导热系数测定仪输出端进行准确测量。根据所得的电势值查阅附录 6，求得各点温度值。

⑥如果求温度系数 b，须调节稳压电源，改变加热电流，重复上述步骤②～⑤。由于达到稳定需要的时间较长，求温度系数的实验可不做。

⑦结束实验，切断圆球加热电源。

五、实验数据记录与处理

记录内外球壁温以及实验所用的电压和电流值,并将数据填入表 4-1-1 和表 4-1-2。

表 4-2-1 物质的导热系数测量实验记录表

序号	1	2	3	4
t_{1n}/℃				
t_{2n}/℃				
t_{3n}/℃				
$\bar{t}_n$/℃				
t_{1w}/℃				
t_{2w}/℃				
t_{3w}/℃				
$\bar{t}_w$/℃				
U/V				
I/A				

六、注意事项

①仪器及圆球的外表面应保持洁净、干燥。

②圆球切勿倾斜、倒置,严禁碰撞,以避免外球、内球不同心或外球变形,影响测量精度。

③内球壁温不能高于 180 ℃,否则将破坏内球热电偶的测温功能。

④测量时应避免阳光直射或环境风过大,影响测量精度。

⑤导热系数测定仪的调零电位器和补偿电位器调好后,测试过程中不能随意调节,否则会影响测量精度。

七、思考题

①如何判断、检验球体导热过程已达到稳定状态?

②试分析内外球不同心、试材充填不均匀可能产生的影响。

③圆球周围有空气扰动时会对实验产生什么影响?

④为什么要在内外球表面分别取三点测量?

⑤加热器电压波动会对实验产生什么影响?

实验 4-3　热重曲线测量

热分析的起源可以追溯到 19 世纪末。1887 年，热电偶测温的方法被第一次使用，用于研究黏土在升温过程中热性质的变化。

1977 年，日本京都召开的国际热分析协会第七次会议将热分析定义为，在程序控制温度下测量物质的物理性质与温度的关系的一类技术。因此，许多与热物理性质有关的分析方法都可归属于热分析。在目前热分析可以达到的温度范围内，即从 $-150\ ℃$ 到 $2400\ ℃$，任何两种物质的所有物理、化学性质不可能完全相同。因此，热分析的各种曲线具有物质"指纹图"的性质。通俗地说，热分析就是通过测定物质加热或冷却过程中物理性质（目前主要测定质量和能量）的变化来研究物质性质及其变化，或者对物质进行分析鉴别的一种技术。热分析具有试样需求量少、方法灵敏、快速等优点，可在较短的时间内获得需要复杂技术或长期研究才能得到的各种信息。

20 世纪早期，热分析开始逐渐在黏土、矿物以及合金研究领域得到应用。此后，电子技术及传感器技术的发展推动了热分析技术的纵深发展，差热分析（differentialthermal analysis，DTA）技术应运而生。1915 年，日本东北大学本多光太郎在分析天平的基础上研发了热天平，热重分析（thermogravimetric analysis，TGA）由此诞生。热重分析测定的是物质受热过程中的质量变化，拓展了热分析技术的应用领域。

一、实验目的

①了解热重分析仪的工作原理、结构组成及各主要元部件的作用。
②掌握热重分析仪的使用方法。
③了解各参数的物理意义。

二、实验原理

1. 热重分析

热重分析是在程序控制温度的条件下，测量物质的质量与温度或时间的关系的方法。通过分析热重曲线，我们可以知道样品及其可能产生的中间产物的组成、热稳定性、热分解情况及产物组成等信息。

物质的质量变化与温度和时间的关系可用数学表达式表示：

$$\Delta W = f(T)$$
$$\Delta W = f(t) \qquad (4\text{-}3\text{-}1)$$

式中：ΔW 为质量变化；T 是温度；t 是时间。

热重分析实验得到的曲线称为热重曲线(thermogravimetric curve)，即 TG 曲线。热量曲线(图 4-3-1)以温度或时间为横坐标，以质量或剩余质量百分数为纵坐标。热重曲线的陡降处为样品失重区，平台区为样品的热稳定区。

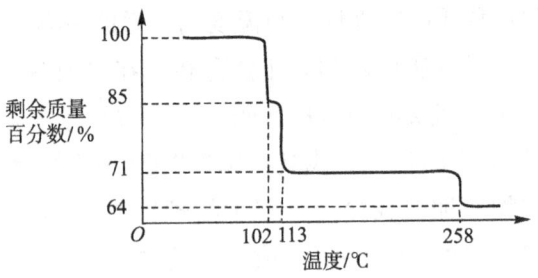

图 4-3-1　热重曲线

从热重分析可以派生出微商热重法(derivative thermogravimetry, DTG)，也称导数热重法，记录的是质量随温度或时间的变化率。该方法得到的曲线为微商热重曲线，即 DTG 曲线(以温度或时间为横坐标，以质量变化率为纵坐标)。

2. 热重分析的影响因素

热重分析实验的结果与实验条件有关。为了得到准确性和重复性良好的热重曲线，有必要对各种影响因素进行仔细分析。

(1) 坩埚的影响

本实验使用的仪器包括坩埚、天平、样品支架和热电偶等。对于给定的热重仪器，天平、样品支架和热电偶的影响是固定不变的，我们可以通过质量校正和温度校正来减少或消除这些系统误差。这里主要介绍坩埚的影响。

坩埚大小和形状：坩埚的大小与试样量有关，直接影响试样的热传导和热扩散；坩埚的形状则影响试样的挥发速率。通常选用轻巧、底浅的坩埚，使试样在坩埚底部摊成均匀的薄层，以利于热传导、热扩散和挥发。

坩埚的材质：通常选用对试样、中间产物、最终产物和气氛没有反应活性和催化活性的惰性材料，如 Pt、Al_2O_3 等。

(2) 挥发物冷凝的影响

样品受热分解、升华、逸出的挥发物，往往会在仪器的低温部位冷凝，不仅会污染仪器,而且会使测定结果出现偏差。若挥发物在样品支架上冷凝,则影响更严重,因为随温度升高,冷凝物可能再次挥发,产生假失重,使热重曲线变形。

为减少挥发物冷凝的影响,可采取以下措施:①在坩埚周围安装耐热屏蔽套管。②采用水平结构的热天平。③在热天平灵敏度范围内,尽量减少样品用量。④选择合适的净化气体流量。实验前,应对样品的分解情况有初步估计,做好相应措施,防止污染仪器。

(3)升温速率的影响

升温速率对热重曲线的影响较大。升温速率越快,产生的影响越大。升温速率不同,可导致热重曲线的形状改变。升温速率快,往往不利于中间产物的检出,使热重曲线的拐点不明显。升温速率慢,可以在热重曲线上获得更多信息。因为样品受热升温是通过介质—坩埚—样品进行热传递的,炉子和样品、坩埚之间有温差。升温速率不同,炉子和样品、坩埚间的温差就不同,可能引起测量误差。升温速率为 $5\sim10$ ℃/min 时产生的影响较小。

升温速率对样品的分解温度有影响。升温速率快,热滞后明显,分解起始温度和终止温度都相应升高。

升温速率可影响热重曲线的形状和试样的分解温度,但不影响失重量。

虽然慢速升温有利于研究样品的分解过程,但不能就此断定快速升温毫无益处,要看具体的实验条件和目的。当样品量很小时,快速升温能检测分解过程中形成的中间产物,而慢速升温则不能达到此目的。

(4)气氛的影响

气氛对热重分析实验结果也有影响,它可以影响反应性质、方向、速率和反应温度,也能影响热重分析的结果。气体流速越大,表观增重越大。所以,送样品做热重分析时,须注明气氛条件。

热重分析实验可在动态或静态气氛条件下进行。静态气氛是指气体稳定不流动,动态气氛是指气体以稳定流速流动。在静态气氛中,产物的分压对热重曲线有明显的影响,使反应向高温方向移动;而在动态气氛中,产物的分压影响较小。因此,本实验使用动态气氛,气体流量为 20 mL/min。

气氛有如下几类:惰性气氛(N_2、Ar),氧化性气氛(空气、O_2),还原性气氛(CO、H_2),其他还有 CO_2、Cl_2、F_2 等。

(5)样品量的影响

样品量对热传导、热扩散、挥发物逸出都有影响。样品量大时,热效应明显,温度梯度大,对热传导和气体逸出不利,可导致温度偏差。样品量越大,这种偏差越大。应在热天平灵敏度允许的范围内尽量减少样品量,以得到良好的检测效果。而在实际热重分析中,样品量只需要约 5 mg。

(6)样品粒度的影响

样品粒度同样对热传导和气体的扩散有影响。粒度改变会引起气体产物扩散的变化,导致反应速度和热重曲线形状改变。粒度小的样品反应速度快,热重曲线上的起始分解温度和终止分解温度低,反应区间窄,热分解完全。所以,样品粒度在热重分析中是个不可忽略的因素。

3. 五水硫酸铜的失水过程

五水硫酸铜($CuSO_4 \cdot 5H_2O$)晶体结构呈八面体,Cu^{2+} 被四个 H_2O 和两个氧原子围绕(图 4-3-2)。外部的一个 H_2O 与八面体中的两个 H_2O 和 SO_4^{2-} 中的两个氧原子相连,呈四面体状,在结构中起缓冲作用。

五水硫酸铜晶体失水分三步:两个仅以配位键与 Cu^{2+} 结合的 H_2O 最先失去,大致温度为 102 ℃。随后,两个与 Cu^{2+} 以配位键结合,与外部的一个 H_2O 以氢键结合的 H_2O 随温度升高而失去,大致温度为 113 ℃。最外层 H_2O 最难失去,因为其氢原子与周围的 SO_4^{2-} 中的氧原子形成氢键,其氧原子又和与 Cu^{2+} 配位的 H_2O 的氢原子形成氢键,总体上构成一种稳定的环状结构,破坏这种结构需要较高能量。失去最外层 H_2O 所需温度大致为 258 ℃。

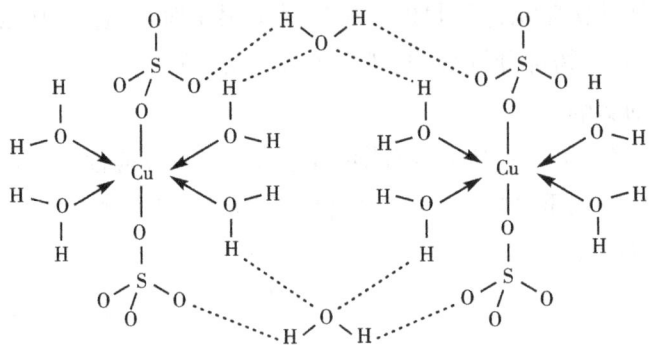

图 4-3-2 五水硫酸铜晶体结构

三、实验仪器

HTG-1 热重分析仪(图 4-3-3)主要由热重测量系统、温度测量系统、气氛控制系统、数据采集系统等组成。

热重测量系统采用上皿、不等臂、吊带式热天平,带有微分、积分校正的测量放大器,以及电磁式平衡线圈、光电传感器、电调零线圈等。热天平是热重测量系统的主要部件,由坩埚、炉子、保护管、天平和平衡锤组成。当热天平因试样质量变化而出现微小倾斜时,光电传感器会产生一个相应极性的信号,并将其送到测重放大器。测重放大器输出 0~5 V 的信号,此信号经模数转换后被送入计算机进行绘图处理。

图 4-3-3　热重分析仪

热电偶是温度测量仪表中常用的测温元件,可直接测量温度,并将温度信号转换成热电势信号。热电势信号经热电偶冷端补偿器冷端补偿后,由温度放大器放大,最后传输到计算机进行处理。

四、实验步骤与要求

1. 实验准备

①打开水泵、仪器电源,启动计算机。
②检查冷却循环水。
③检查仪器主机与计算机数据传输线连接情况。
④检查仪器气氛控制单元与外接气源连接情况。
⑤仪器使用前预热 30 min。

2. 装入样品

升起加热炉,露出支撑杆(热电偶组件)。将参比物样品与实验样品分别装入陶瓷坩埚(Al_2O_3)中,平稳地放置在热电偶板上。安装时,将坩埚移至支架上方约 1 mm 处,让坩埚自由落下。取下坩埚时,则采用边往上移动镊子边夹取坩埚的方式。此操作方式可以避免在安放和夹取坩埚时使支架受力发生形变。双手降下加热炉体,一定要小心操作,防止撞断支撑杆。

3. 测量样品

①双击热重分析仪软件,点击"开始采集"按钮,软件将自动弹出"设置新升温参数"对话框。

②本实验利用热重分析仪分析五水硫酸铜的脱水过程,系统参数设置如下:样品质量为 5~10 mg(精确至 0.1 mg),以实际称取样品质量为准;升温速率为 10 ℃/min;终止温度为 320 ℃。

③参数填写完毕,点击"检查",如无错误,点击"确认"即可开始测量。

4. 清理样品

实验结束后,尽快移出样品并进行清理,以防腐蚀仪器。

五、实验数据记录与处理

分析五水硫酸铜的失水过程,计算三个阶段的失水比,将相关数据填入表 4-3-1 和 4-3-2。

表 4-3-1 实验数据记录表

温度/℃					
质量/mg					

表 4-3-2 分阶段失水比

阶段	第一阶段	第二阶段	第三阶段
失水比/‰			

六、注意事项

①实验前应先打开冷却水,并对仪器进行预热。确保冷却水正常工作,流量不可过大,以人眼能看出水在流动为宜。如冷却水工作异常,可能造成仪器永久性损坏。

②操作时须了解实验操作规范,避免污染、损坏坩埚支架等。

③样品量一般不可超过坩埚容积的 4/5。对于加热时会冒泡、溢出的样品,样品量不可超过坩埚容积的 1/2 或更少,必要时可使用氧化铝粉末稀释,以防止发泡时溢出坩埚,污染热电偶。

④测试前检查样品的装填量,确保仪器正常运行,延长使用时间。

七、思考题

①热重分析可以得到哪些参数?

②影响热重曲线的因素有哪些?

实验 4-4　材料差热曲线测量

1899 年,罗伯茨-奥斯汀第一次使用差热电偶和参比物,大大提高了测定的灵敏度,差热分析(DTA)技术由此诞生。1964 年,沃森和奥尼尔在 DTA 技术的基础上发明差示扫描量热法(differential scanning calorimetry, DSC)。差示扫描量热法是在程序控制温度的条件下,建立试样和参比物的温度差与温度关系的一种技术。差示扫描量热法是在差热分析法的基础上发展起来的,能及时补偿试样和参比物的热量,确保二者之间无温差和热交换。相比差热分析法,差示扫描量热法的测试灵敏度和精度大幅度提高,更准确、可靠。

一、实验目的

①熟悉差式扫描量热仪的基本原理,了解差式扫描量热仪的构造及性能。
②学习差式扫描量热仪的操作方法。

二、实验原理

1. 差热分析曲线

差热分析仪记录的曲线为差热曲线或 DTA 曲线。差热曲线的放热峰和吸热峰分别代表放热和吸热,在图谱中分别以凹陷的峰和凸起的峰表示。试样和参比物容器下装有两组补偿加热丝。加热过程中,若试样因热效应与参比物产生温差 ΔT 时,差热电偶检测到的微伏级差热信号会被送入差热放大器进行放大,使流入补偿电热丝的电流发生变化。当试样吸热时,补偿放大器使试样端的电流立即增大;当试样放热时,则使参比物端的电流增大,直到两边热量平衡,温差 ΔT 消失。差示扫描量热法不仅可以检测相变温度点,还可以检测热量变化(吸热效应和放热效应),通过测量峰面积可以确定转变焓和反应焓,定量检测物理转变和化学反应。

2. 差热曲线的影响因素

(1)仪器的影响

为了保证试样侧与参比物侧尽量对称,要求试样支持器和参比物支持器的材质、接点大小、安装位置等(尤其二者的热电偶)尽量相同,两个坩埚在炉中的相对位置也要尽量一致。炉子的均温区尽可能大,升温速率要均匀,恒温控制误差要小。这样,差热曲线的基线才能稳定,差热分析的灵敏度才会高。

在差热分析中所采用的坩埚材料大致有玻璃、铝、陶瓷、刚玉、石英和铂等，要求坩埚材料在实验过程中对试样、产物（含中间产物）、气氛等都是惰性的，并且不起催化作用。

一般情况下，可按以下原则来选择坩埚材料：对于碱性物质，不能使用玻璃、陶瓷类坩埚。含氟的高聚物可与硅形成硅的化合物，所以不能使用硅材料的坩埚。铂具有高温稳定性和抗腐蚀性，高温条件下常选用铂坩埚，但此类坩埚不适用于含磷、硫和卤素的试样。此外，铂对许多反应有催化作用。如果忽略这些因素，可能会导致严重的差错。

(2) 升温速率的影响

升温速率常常影响差热峰的形状、位置和相邻峰的分辨率。升温速率越快，峰形越尖，峰高越高，峰顶温度越高。反之，若升温速率过慢，则差热峰变圆变低，有时甚至显示不出来。升温速率越快，分辨率越低，有时升温速率过快可使相邻两峰完全重叠。总之，提高升温速率有利于改善峰形，但升温速率过快会掩蔽一些峰，使峰顶的温度值偏高。因此，要根据试样的性质和用量选择合适的升温速率。

(3) 气氛的影响

气氛的性质（如氧化性、还原性和惰性）对差热曲线的影响是很大的。例如，在空气和氢气的气氛下对镍催化剂进行差热分析，所得到的结果截然不同：镍催化剂在空气中被氧化而产生放热峰，在氢气中则基本稳定。

(4) 压力的影响

根据克拉珀龙方程即式(4-4-1)，对于涉及释放或消耗气体的反应以及升华、气化过程，气氛的压力对相变温度有较大影响。

$$\frac{\mathrm{d}p}{\mathrm{d}T} = \frac{L}{T\Delta V} \tag{4-4-1}$$

式中：p 为蒸气压；L 为相变潜热；ΔV 为相变前后摩尔体积的变化。

(5) 试样的影响

在差热分析中，试样的热传导性和热扩散性都会对 DTA 曲线产生较大的影响。对于有气体参与或释放气体的反应，气体扩散等因素亦可影响 DTA 曲线。显然，这些影响因素与试样的用量、粒度、装填的均匀性和密实程度以及稀释剂的种类等密切相关。

① 试样的用量：试样量越多，差热峰越宽、越圆滑。其原因是，加热过程中，从试样表面到中心存在温度梯度。试样量越多，这种温度梯度越大，差热峰也就越宽，这样将会影响热峰温度值的准确测定，有时甚至会造成相邻热峰的重叠。另外，对于有气体产生的反应，试样量多会影响气体的扩散，也会导致差热峰变宽。因此，就提高分辨率而言，试样量越少越好。当然，试样量的选择还需要考

虑仪器的灵敏度。

②试样的粒度：从 $CuSO_4 \cdot 5H_2O$ 脱水生成 $CuSO_4 \cdot H_2O$ 的差热曲线（图 4-4-1）可看出试样粒度对差热曲线的影响。图中，a 的粒度最大（14～18 目），三个峰重叠；b 的粒度适中（52～72 目），三个峰可以明显区分；c 的粒度过小（72～100 目），只出现两个峰。对于一些有气体产生的反应，试样粒度适当特别重要；对于没有气体参与的反应，粒度的影响较小。

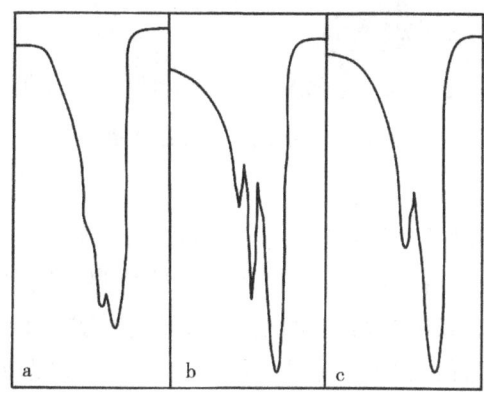

图 4-4-1　$CuSO_4 \cdot 5H_2O$ 脱水生成 $CuSO_4 \cdot H_2O$ 的差热曲线

三、实验仪器

实验仪器主要包括 HSC-2 型差示扫描量热仪、循环制冷机、电子天平、坩埚和镊子等。

差热测量系统采用哑铃型平板式差热电偶，其检测到的微伏级差热信号被送入差热放大器进行放大。差热放大器为直流放大器，可将微伏级差热信号放大到 0～5 V，送入计算机进行测量采样。

四、实验步骤与要求

1. 实验准备

①打开循环制冷机开关，点击制冷按钮，打开仪器电源，启动计算机。
②检查冷却循环水。
③检查仪器主机与计算机数据传输线连接情况。
④检查仪器气氛控制单元与外接气源连接情况。
⑤仪器使用前预热 30 min。

2. 装入样品

打开样品池盖板，露出样品托盘（热电偶组件）。将参比物样品与实验样品分别装入铝坩埚,平稳地放置于热电偶板上,盖上样品池盖板(图 4-4-2)。注意区分实验样品种类与装填量,确保仪器正常使用,延长使用寿命。

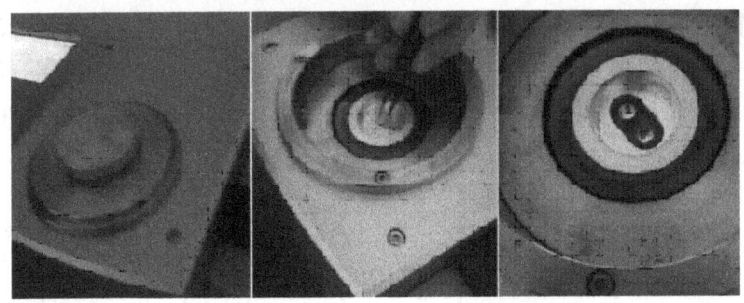

图 4-4-2　装入试验样品步骤

3. 测量样品

点击工具栏的"开始",或者点击主菜单的"文件"后点击"新采集",弹出"设置新升温参数"对话框。在基本设置中填写实验信息,依据实验条件设置分段升温参数(升温程序),点击"检查"检查参数设置,点击"确认"开始采集数据。

分段升温参数设置:可用于设置多段升温参数,以完成升温、降温、恒温。"初始温度"为数据开始采集的温度;"升温速率"为样品的升/降温速率;"终止温度"为升/降温的目标温度;"保温时间"为升/降温到达目标温度后保温的时间;"序号"用于区分温度段并显示加热段数。

常规实验升温参数设置:"初始温度"设置为"25",其余选项保持默认值即可;"升温速率"和"终止温度"根据实验需要进行设置;"保温时间"设置为"0"。

4. 清理样品

实验结束后,尽快移出样品并进行清理,以防腐蚀仪器。

5. 关闭仪器

退出热分析工具软件,依次关闭冷却水(炉温低于 300 ℃ 才能关闭冷却水)、仪器主机、压缩气体钢瓶的主阀门以及其他设备,最后关闭计算机。

五、实验数据记录与处理

1. 导出数据

点击主菜单的"编辑"后点击"导出数据",保存导出数据为其他文件格式。

2. 数据分析

软件提供 DTA、DSC 分析功能。要访问分析菜单以实现数据分析,可以从主菜单中选择"数据分析"显示下拉菜单,将指针定位到曲线显示区域并单击右键以显示菜单。

(1)显示待分析曲线

打开 HJ 热分析工具,点击工具栏"打开"按钮或点击主菜单的"文件"后点击"打开",弹出"打开一个数据文件"对话框。浏览计算机,按存储路径选择需要分析的数据文件,点击"打开",窗口界面将出现相应的实验曲线(图 4-4-3)。

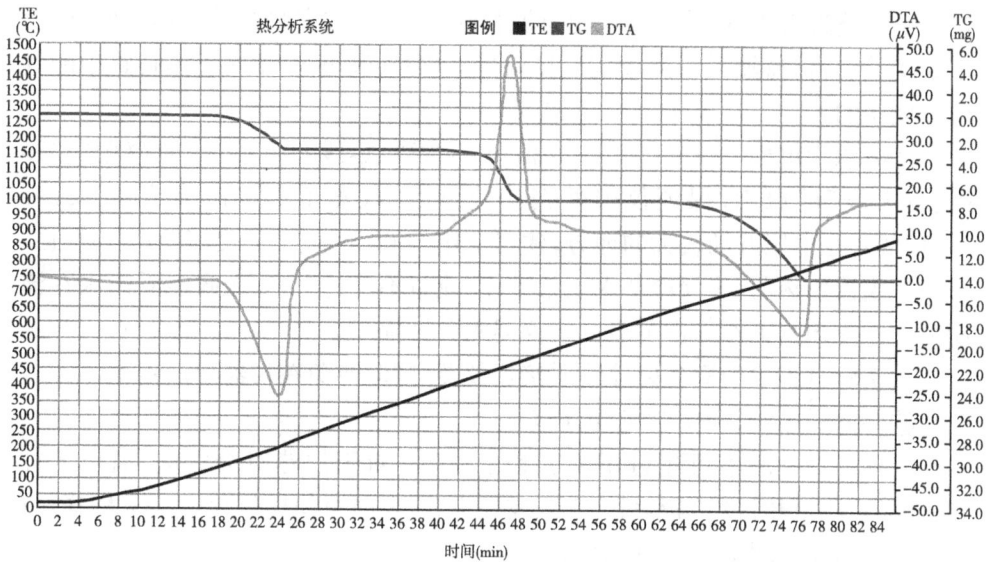

图 4-4-3 实验曲线示例

(2)分析具体操作

①依次点击"数据分析""DTA""峰区分析参数设置",选择要分析、显示的参数与算法(图 4-4-4),点击"确认",更改分析的参数。

②查看标尺栏顶部标注的名称,或查看曲线显示区图例栏,找准差热曲线。差热曲线的颜色和标尺栏颜色对应。

③选择曲线中放热峰或吸热峰单峰,依次点击"数据分析""DTA""峰区分析",软件会自动生成一条红色竖线和水平调整光标。用

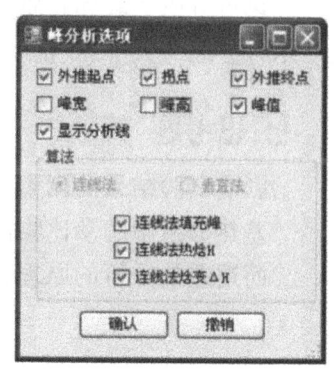

图 4-4-4 "峰分析选项"对话框

鼠标单击峰前缘平滑处,松开鼠标左键,会生成一条平行于 Y 轴的引出线。同理,点击峰后缘平滑处,完成峰区分析。软件可标示出所选各特征点的温度。

④重新分析。重新截取要分析的 DTA 曲线段,重复执行步骤③的操作。

(3)差热曲线分析

差热曲线分析包括测定外推起始温度、拐点温度、外推终止温度,测定峰

宽、峰高、峰值、峰面积,校准仪器常数以及计算反应热焓等功能。

六、注意事项

①使用流动气氛进行实验前,应先做一两次流动气氛的基线漂移实验。通过改变各路进气流量,使基线稳定且漂移最小,为正式实验提供最佳实验条件。正式实验前,保持输入管路中的气体流通约 30 min,确保输入气体管路中的气体是纯净的。

②电源为单相 220 V、50 Hz 交流电,火线与零线不得接反,应遵循"左零线、右火线"的原则,保证仪器外壳接地良好;仪器工作电压为交流 220 V($\pm 10\%$)。在电压波动较大的地方,建议使用 3000 W 以上的交流稳压器稳压。

③仪器加热前,确保冷却水正常工作,流量不可过大,以人眼能看出水在流动为宜。冷却水工作异常可能造成仪器永久性损坏。

④实验过程中应避免磁性物质接近仪器,同时避免在仪器附近走动。

⑤装卸样品时,动作应规范、轻柔。

⑥样品量一般不可超过坩埚容积的 4/5。对于加热时会冒泡、溢出的样品,样品量不可超过坩埚容积的 1/2 或更少,必要时可使用氧化铝粉末稀释,以防止发泡时溢出坩埚,污染热电偶。

⑦实验过程中禁止触摸炉体,以防烫伤。

⑧热重分析实验和有质量要求的差热分析实验需要精确测量样品质量,建议使用万分之一天平(或精度更高的天平)。

七、思考题

①影响实验结果的因素有哪些?

②差热分析中的参比物需要具备哪些条件?

③简述差热分析的原理。

实验 4-5 半导体热电效应测量

所谓热电效应,是指受热物体中的电子(空穴)随温度梯度由高温区往低温区移动时产生电流或电荷堆积的现象。热电效应包括五种不同效应。其中,泽贝克效应、佩尔捷效应和汤姆孙效应表明,电能和热能的相互转换是可逆的。另外两种效应即焦耳效应和傅里叶效应,是热的不可逆效应。

1821 年,德国物理学家泽贝克发现泽贝克效应。1834 年,法国物理学家佩尔捷在铜丝的两头各接一根铋丝,将两根铋丝分别接到直流电源的正负极上。通电后,他发现一个接头变热,另一个接头变冷。这说明,有直流电通过时,两种不同材料组成的电回路的两个接头处分别发生吸热和放热。这就是热电制冷的依据。对泽贝克效应的进一步研究表明,温差电动势由体积电动势和接触电动势两部分组成。接触电动势是两种材料在结点界面因自由电子浓度不同,由扩散作用导致界面电荷分布而产生的电动势。体积电动势是任何两端存在温差的导电材料内部产生的电动势,由汤姆孙效应产生,在物理学中又称为汤姆孙电动势。

热电效应的应用主要是温差发电(泽贝克效应)和热电制冷(佩尔捷效应)。由于金属中价电子的密度与温度无关,其运动速度并不随温度升高而显著增大,产生的温差电动势很小,所以除了用金属热电偶测量温度,热电效应在其他方面没有得到实际应用。直至 20 世纪 50 年代,半导体材料的出现才使温差发电和热电制冷进入实用阶段。

一、实验目的

① 了解泽贝克效应、佩尔捷效应和汤姆孙效应。
② 了解半导体的温差发电现象及其应用。
③ 了解测量泽贝克系数的原理,掌握测定不同材料泽贝克系数的方法。

二、实验原理

1. 泽贝克效应

泽贝克效应(Seebeck effect)又称作第一热电效应,是指由两种不同电导体或半导体连接成的回路因两个接触点有温度差异而产生回路电动势的热电现象。如图 4-5-1 所示,在两种金属 A 和 B 组成的回路中,如果两个结点 a、b 的温度不同,则回路中将出现电流,称为热电流,相应的电动势称为温差电动势或热电势。单位温差所产生的电动势称为温差电动势率或泽贝克系数:

$$S_{AB} = -\lim_{\Delta T \to 0} \frac{U_{ab}}{\Delta T} = -\frac{dU_{ab}}{dT} \tag{4-5-1}$$

热电偶的泽贝克效应不是由单一材料形成的,而是由一对材料形成的。由于所选的材料不同,电位的变化可以是正向或负向。因此,泽贝克系数不只要看大小,还要看符号。

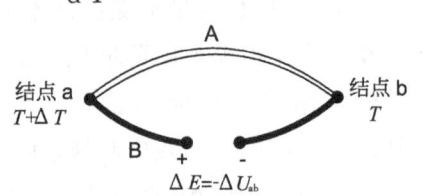

图 4-5-1 泽贝克效应示意图

若对所有的材料都赋予泽贝克系数的绝对值,则热电偶结点的泽贝克系数为两种材料泽贝克系数绝对值的差。假设材料 A 与某种泽贝克系数为零的理想材料 B 结合在一起,按式(4-5-1)计算出的泽贝克系数就是这种材料的绝对泽贝克系数。当一直流电流通过由两种不同材料 A 和 B 构成的结点时,除焦耳热效应外,结点处还会释放热量。这种现象是可逆的:当电流反向流动时,结点处吸收热量。结点释放或吸收热量的速率与电流成正比,且与两种材料的性能及结点的温度有关。因为吸放热是可逆的,所以可以通过这种方式得到材料的绝对泽贝克系数。实际上,这里提到的"理想材料"只能是处在极低温度下的超导体。在这样的温度下对铜进行测量并用外延法推算到室温条件,可以得到室温条件下铜的绝对泽贝克系数,约为 2 μV/K。由于这个数值在一般测量的误差范围内,所以通常都以铜为热电偶来测量其他材料,把所得的结果作为该材料的绝对泽贝克系数。

若用 S_A 和 S_B 表示两种材料的绝对泽贝克系数,用这两种材料制成的热电偶的泽贝克系数为 $S_{AB}=S_A-S_B$。

一般由纯金属构成的热电偶,泽贝克系数约为 20 μV/K;由合金材料构成的热电偶,泽贝克系数约为 50 μV/K;相比之下,半导体材料的泽贝克系数较大,可达1000 μV/K。

金属泽贝克效应的机理较为复杂,可从两个方面来分析:①电子从热端向冷端的扩散。这种扩散不是浓度梯度所引起的(因为金属中的电子浓度与温度无关),而是热端的电子具有更高的能量和速度所引起的。如果这种扩散起主导作用,冷端就会因为有更多的电子而带负电荷,这样产生的泽贝克系数应该为负值。②电子自由程的变化。金属中自由电子的平均自由程与遭受散射(声子散射、杂质散射和缺陷散射)的状况和能量的变化情况有关。如果热端电子的平均自由程随着电子能量的增大而增大,那么热端的电子将因为具有较高的能量和较大的平均自由程而向冷端输运,从而产生系数为负值的泽贝克效应。金属 Al、Mg、Pd、Pt 等便是如此。相反,如果热端电子的平均自由程随着电子能量增大而减小,那么热端的电子虽然具有较高的能量,但平均自由程很小,因此电子主要从冷端向热端输运,从而产生系数为正值的泽贝克效应。金属 Cu、Au、Li 等便是如此。

本实验所用的碲化铋半导体器件由多个 P 型半导体和 N 型半导体(其中 P 型是 Bi_2Te_3 和 Sb_2Te_3,N 型是 Bi_2Te_3 和 Bi_2Se_3)组成的热电偶串接而成,如图 4-5-2 所示。冷、热端有温差时,可产生温差电动势(泽贝克效应),这就是温差发电的原理。本实验观察碲化铋半导体器件热电势随冷、热面温差变化的规律,利用碲化铋半导体器件产生的电能驱动 LED 灯泡发光。

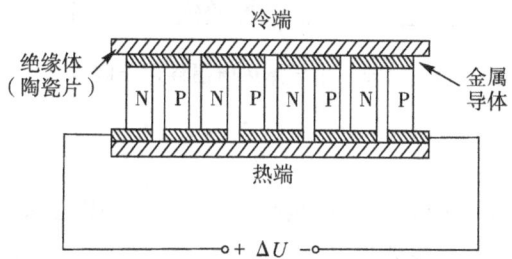

图 4-5-2 半导体热电器件用于温差发电

2. 佩尔捷效应

佩尔捷效应(Peltier effect)又称作热电第二效应。两种不同的金属构成闭合回路,当回路中存在直流电流时,两个接头之间将产生温差,这就是佩尔捷效应。佩尔捷效应可以视为泽贝克效应的逆效应。电荷载体在导体中运动形成电流。电荷载体在不同的材料中处于不同的能级,当它从高能级向低能级跃迁时,便释放出多余的能量;相反,从低能级向高能级运动时,则会从外界吸收能量。能量在两材料的交界面处以热的形式吸收或释放。

两种不同材料结点上单位时间内吸收或放出的热量(佩尔捷热)为

$$Q_P = S_{AB}TI \tag{4-5-2}$$

式中:T 为冷端结点的温度;I 为通过回路的电流。

半导体的泽贝克系数 S_{AB} 较大,常用于热电制冷或温差发电。如果将半导体热电器件反过来用,对其通以电流,电流由 N 型流向 P 型的端面会吸收热量而实现制冷,另一个端面则发热放出热量,如图 4-5-3 所示。通过测定此器件的

电功率 UI 和制冷功率 W_c,可以计算出其制冷能效比(energy efficiency ratio, EER) A_{EER},即制冷系数。其中 W_c 可根据冷端蓄热物块的热容量以及温度变化率 $\Delta T_L/\Delta t$ 计算。

$$A_{EER} = \frac{W_c}{UI} = \frac{mc}{UI} \cdot \frac{\Delta T_L}{\Delta t} \qquad (4\text{-}5\text{-}3)$$

式中:c 表示比热容;m 表示质量;ΔT_L 表示升高(或降低)的温度;Δt 表示升高(或降低)相应温度对应的时间。

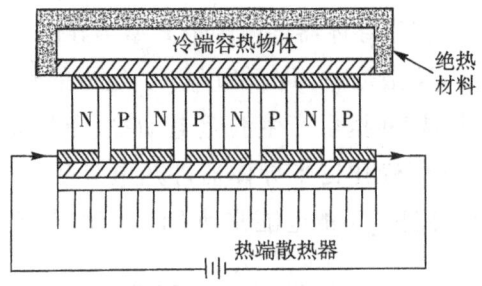

图 4-5-3　半导体热电器件用于制冷

3. 汤姆孙效应

汤姆孙效应(Thomson effect)是指当一根金属棒的两端温度不同时,金属棒两端会形成电势差,如果在其中通以电流,金属棒会吸收或放出热量。金属内部温度不均匀时,热端自由电子比冷端自由电子的动能大。因此,自由电子从热端向冷端扩散,在冷端堆积起来,从而在导体内形成电场,使两端产生电势差,直至电场力对电子的作用与电子的热扩散达到平衡。如果有电流的方向与导体内电场方向一致,则电场对电荷做功消耗能量,导体以降低温度从周围吸热的方式补充消耗的能量;如果电流方向相反,则电荷克服电场做功,导体温度升高,向周围放出热量。实验得出吸收或放出的热量(汤姆孙热)为

$$Q_\tau = \tau I \Delta T \qquad (4\text{-}5\text{-}4)$$

式中:τ 为佩尔捷系数;I 为通过导体的电流;ΔT 为导体两端的温度差。

由此可见,泽贝克效应和佩尔捷效应是两种材料的结点或界面处的热电效应,汤姆孙效应是单一材料内的热电效应。

三、实验仪器

实验装置包括 COC-RD-2 热电效应实验仪、温差发电外置装置(图 4-5-4)、Peltier 外置装置(图 4-5-5)和 Seebeck 外置装置(图 4-5-6)四部分。

①热电效应实验仪:"电源输出"用于给各实验的外置装置提供工作电源(输出电压为 0~12 V)。"热电输入"用于测量温差发电实验装置输出的电压(测量范围为 0~5 V)。"Seebeck"用于测量待测金属丝的热电势(测量范围为 -999~999 μV)。

②温差发电外置装置:主要由支架、陶瓷加热片、温差发电片及散热结构构成。温差发电片一侧紧贴加热片,另一侧紧贴散热结构。当加热片通电加热时,温差发电片两侧出现温度差,产生对应的电压差。

③Peltier 外置装置:主要由散热结构、制冷片和制冷腔构成。制冷腔中含有铜质样件。工作时,将温度传感器插入制冷腔中的铜样件中,可精确测量铜块温度。

④Seebeck 外置装置:主要由冷端铜块(含压线板)、热端铜块(含压线板、陶瓷加热片)、隔热板、温度探头(2 个)构成。实验时,将待测样品的金属丝两端分别压在两个压线板下,利用陶瓷加热片对热端铜块进行加热,在冷热端压线板的末端导线上进行测量,可以获取样品金属丝产生的热电势数据。

图 4-5-4　温差发电外置装置

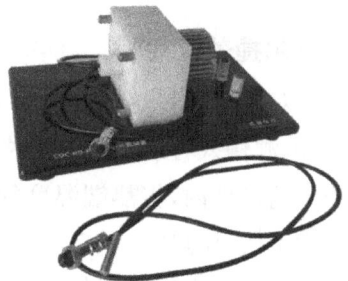

图 4-5-5　Peltier 外置装置

图 4-5-6　Seebeck 外置装置

四、实验步骤与要求

1. 温差发电实验

①按对应电极将热电效应实验仪的"电源输出"接线柱与温差发电外置装

置的"加热电源输入"接线柱相连,再将温差发电外置装置的"热电输出"接口与热电效应实验仪的"热电输入"接口相连。

②打开热电效应实验仪电源,在主菜单中选择"温差发电实验",进入温差发电实验界面。

③按◀/▶键将光标移动至"加热电压"栏,调节旋钮或按▼/▲键,将加热电压设置为 2.00 V,按下"OK"键,观察"热电电压"栏电压值的变化。约5 min后,热电电压值趋于稳定。此时,按◀/▶键将光标移至"保存"位置,按下"OK"键保存此时的加热电压与热电电压值。若保存的数据有误,可选择"删除"并按下"OK"键,删除上一组记录的数据,或按下面板上的"重设/清零"按钮,清除全部数据。

④将光标移回"加热电压"栏,按表 4-5-1 继续设置不同的加热电压,每隔 5 min设置一次,记录下不同加热电压下稳定后的热电电压。

温差发电实验中,热端输出电压足够高时,可尝试在热电输出端接入负载(如 LED 灯),观察负载的状态(灯是否亮起),此为一例半导体温差发电的实际应用。

2. 佩尔捷效应实验

①按对应电极将热电效应实验仪的"电源输出"接线柱与 Peltier 外置装置的"制冷电源输入"接线柱相连,将热电效应实验仪背后的"冷端"温度探头伸入制冷腔中的样件内,将热端温度探头放置于外部,用于采集环境温度。本实验中样件为铜块,比热容 $c=0.39\times10^3$ J/(kg·℃)。

②在热电效应实验仪的主菜单中选择"Peltier 效应实验",进入 Peltier 效应实验界面。

③调节旋钮或按▼/▲键,将制冷电压设置为 3.00 V,按下"OK"键确认。制冷腔开始工作后,每隔 60 s 自动采集当前的电流值、环境温度与腔内温度,600 s 后自动停止记录。

3. 泽贝克系数测量实验

①本实验提供康铜、锰两种样品,测量时须先将其中一件样品放到冷端和热端铜块压线槽内,并用盖板压紧。

②按对应电极将热电效应实验仪的"电源输出"接线柱与 Seebeck 外置装置的"加热电源输入"接线柱相连,将热电效应实验仪的 Seebeck 接口与 Seebeck 外置装置的"Seebeck"接口相连,将热电效应实验仪机箱背后的"冷端"和"热端"接口分别与 Seebeck 外置装置的"冷端"和"热端"接口相连。

③在热电效应实验仪的主菜单中选择"Seebeck 效应实验",进入 Seebeck 效应实验界面。

④按◀/▶键将光标移动至"热端电压"栏,调节旋钮或按▼/▲键,将加热电压设置为 5.00 V,按下"OK"键,观察热端和冷端的温度及"热电势"栏电压值的变化。约 5 min 后,热端和冷端的温差基本趋于稳定。按◀/▶键将光标移至"保存"位置,按下"OK"键保存此时的温差与热电势。若保存的数据有误,可选择"删除"并按下"OK"键,删除上一组记录的数据,或按下面板上的"重设/清零"按钮清除全部数据。

⑤将光标移回"热端电压"栏,按表 4-5-3 和表 4-5-4 继续设置不同的热端电压,每隔 5 min 设置一次,记录下不同电压下稳定后的温差和热电势。

五、实验数据记录与处理

1. 温差发电实验

记录不同加热电压下稳定后的热电电压值,填入表 4-5-1,并绘制出热电温差电动势与热端加热电压的关系曲线。

表 4-5-1 温差发电实验数据

加热电压/V	2.00	4.00	6.00	8.00	10.00	12.00
热电电压/V						

2. 佩尔捷效应实验

将实验数据填入表 4-5-2 并计算制冷能效比(A_{EER})。

表 4-5-2 佩尔捷效应实验数据

室温 $T_0=24.0\ ℃$,工作电压 $U=3.0\ V$

t/s	60	120	180	240	300	360	420	480	540	600
I/A										
$T_H/℃$										
$T_L/℃$										
$\Delta T/℃$										
A_{EER}										

根据记录的数据,作出制冷能效比与冷热端温度差的关系曲线,分析制冷能效比与温度差的关系,对比不同工作电压下的制冷能效比。

3. 泽贝克系数测量实验

表 4-5-3　康铜的泽贝克系数测量实验数据

热端电压/V	5	6	7	8	9	10
热电势 $\Delta U/\mu V$						
高温 T_H/℃						
低温 T_L/℃						
温差 ΔT/℃						

表 4-5-4　锰的泽贝克系数测量实验数据

热端电压/V	5	6	7	8	9	10
热电势 $\Delta U/\mu V$						
高温 T_H/℃						
低温 T_L/℃						
温差 ΔT/℃						

六、注意事项

①温差发电的热端温度可能较高,切勿直接触碰。

②实验涉及电路的连接,须注意连接口的接触问题。

七、思考题

①简述三种热电效应间的关系。

②本实验中康铜、锰金属丝的热电势为什么存在正负之分?

第 5 章　材料综合物理性能实验

实验 5-1　半导体材料霍尔效应测量

霍尔效应是电磁效应的一种，这一现象是美国物理学家霍尔于 1879 年在研究金属的导电机制时发现的。当电流垂直于外磁场通过半导体时，载流子发生偏转，垂直于电流和磁场的方向会产生一个附加电场，使半导体的两端产生电势差，这一现象便是霍尔效应，这个电势差也被称为霍尔电势差。通常，半导体材料的霍尔效应数值比金属材料要大几个数量级。因此，人们基于霍尔效应开发了研究半导体材料性能的基本方法，并将其广泛地应用于半导体和金属的电子传输特性表征。利用霍尔效应，可以确定半导体的导电类型和载流子浓度；霍尔系数和电导率的联合测量可以用来研究半导体的导电机构（本征导电和杂质导电）和散射机构（晶格散射和杂质散射），进一步确定半导体的迁移率等基本参数；通过测量霍尔系数随温度的变化，还可以确定半导体的带隙能量、杂质电离能及迁移率的温度特性。

一、实验目的

① 了解霍尔效应的基本原理以及霍尔器件的相关参数。
② 掌握霍尔系数和电导率的测量方法。
③ 掌握霍尔效应电极接法以及"四电极"电阻测量法。

二、实验原理

1. 霍尔效应

运动的带电粒子在磁场中受洛伦兹力的作用而发生偏转。当带电粒子（电子或空穴）被约束在固体材料中，这种偏转就会导致垂直电流和磁场的方向上产生的正负电荷在不同侧聚积，从而形成附加的横向电场。

如图 5-1-1 所示,磁感应强度 B 的方向为 z 轴的正向,与之垂直的半导体样品薄片上 x 轴正向通工作电流 I_S。假设载流子为电子(N 型半导体材料),它沿着与 I_S 相反的方向(x 轴负向)运动。洛伦兹力 F 用矢量式表示为

$$F = -e\bar{v}B \tag{5-1-1}$$

式中:e 为电子电量;$\bar{v}$ 为电子运动平均速度;B 为磁感应强度。

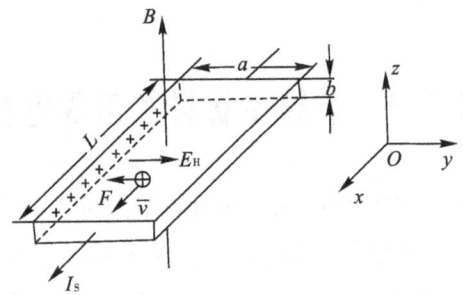

图 5-1-1 霍尔效应示意图

由于受洛伦兹力作用,电子会向 y 轴负向偏转,而另一侧形成正电荷积累。与此同时,运动的电子还受到积累的异种电荷形成的反向电场力 F_E 的作用。随着电荷积累量的增加,F_E 逐渐增大。当电场力与磁场力大小相等时,电子积累便达到了动态平衡,此时构建的电场称为霍尔电场 E_H,相应的电势差称为霍尔电势 V_H。

设霍尔元件的长度、宽度、厚度分别为 L, a, b,载流子浓度为 n,则电场作用于电子的力为

$$F_E = -eE_H = -\frac{eV_H}{L} \tag{5-1-2}$$

当达到动态平衡时,

$$\bar{v}B = \frac{V_H}{L} \tag{5-1-3}$$

由于霍尔元件的工作电流为

$$I_S = ne\bar{v}Lb \tag{5-1-4}$$

则有

$$V_H = \frac{1}{ne} \cdot \frac{I_S B}{b} \tag{5-1-5}$$

由此可见,霍尔电压 V_H 与 I_S 和 B 的乘积成正比,与霍尔元件的厚度 b 成反比。

取霍尔系数 $R_H = \dfrac{1}{ne}$，则有

$$V_H = R_H \frac{I_s B}{b} \tag{5-1-6}$$

对于 b 已知的霍尔元件，其灵敏度为

$$K_H = \frac{V_H}{I_s B} = \frac{R_H}{b} = \frac{1}{neb} \tag{5-1-7}$$

由于电导率 σ 与载流子浓度 n 以及载流子迁移率 μ 满足

$$\sigma = |ne|\mu \tag{5-1-8}$$

故在得到霍尔系数 R_H 后，只需测得其电导率 σ 或电阻率 ρ，即可求出载流子迁移率：

$$\mu = |R_H|\sigma = \frac{|R_H|}{\rho} \tag{5-1-9}$$

2. 霍尔效应的副效应及其消除

(1) 不等位电势效应

霍尔元件制作过程中会出现一系列问题。例如，两个霍尔电极不可能绝对对称地焊在霍尔元件两侧，霍尔元件的电阻率不均匀，工作电流极的断面接触不良。这些问题都可能导致霍尔元件的两极不在同一等位面上。此时，虽未加磁场，但两极之间也存在电势差 V_0，称为不等位电势：

$$V_0 = I_s R_0 \tag{5-1-10}$$

式中 R_0 是两极之间的不等位电阻。由此可见，在 R_0 确定的情况下，V_0 与 I_s 的大小成正比，且其符号随 I_s 的方向变化而变化。

(2) 埃廷斯豪森效应

在霍尔元件的 x 轴方向通工作电流，在 z 轴方向加磁场，由于霍尔元件内的载流子速度服从统计分布（有快有慢），因此，在达到动态平衡时，具有不同速度的载流子将在磁场洛伦兹力和霍尔电场力的共同作用下沿 y 轴分别向相反的两侧偏转。这些载流子的动能将转化称为热能，使 y 轴方向两侧出现一定温差。因为霍尔电极和元件两者材料不同，电极和元件之间可形成温差电偶，产生温差电动势 V_E：

$$V_E \propto I_s B \tag{5-1-11}$$

这一效应称为埃廷斯豪森效应。V_E 的大小及符号与 I_s 和 B 的大小及方向有关，所以在测量中无法被消除。

(3) 能斯特效应

由于工作电流的两个电极与霍尔元件的接触电阻不同,工作电流在两电极处将产生不同的焦耳热,在工作电流两极间形成温差电动势。此电动势又会导致温差电流(通常称为热电流)的产生。在磁场作用下,热电流将发生偏转,结果是在 y 轴方向上产生附加的电动势 V_N:

$$V_N \propto I_Q B \tag{5-1-12}$$

这一效应称为能斯特效应。V_N 的符号只与 B 有关。I_Q 是因电极两端与样品的接触电阻不同而产生的热电流。

(4) 里吉-勒迪克效应

霍尔元件在 x 轴方向有温度梯度时,载流子沿梯度方向扩散,形成热电流。在此过程中,载流子受到 z 轴方向的磁场作用,在 y 轴方向形成温度差(类似埃廷斯豪森效应),由此产生附加电势差 V_R:

$$V_R \propto I_Q B \tag{5-1-13}$$

这一效应称为里吉-勒迪克效应。V_R 的符号与 B 的方向有关。

因此,在确定的磁感应强度 B 和工作电流 I_S 下,实际测出的电压是 V_H,V_0,V_E,V_N 和 V_R 这 5 种电势差的代数和。上述 5 种电势差与 B 和 I_S 方向的关系见表 5-1-1。

表 5-1-1　5 种电势差与 B 和 I_S 方向的关系

	V_H	V_0	V_E	V_N	V_R
B	有关	无关	有关	有关	有关
I_S	有关	有关	有关	无关	无关

为了减少和消除以上效应引起的附加电势差,利用这些附加电势差与霍尔元件工作电流 I_S、磁场(对应励磁电流 I_M)的关系,采用对称(交换)测量法测量两极之间的电势差(表 5-1-2),则有

$$\frac{V_1 - V_2 + V_3 - V_4}{4} = V_H + V_E \tag{5-1-14}$$

表 5-1-2　两极之间的电势差

		I_M	
		方向为正	方向为负
I_S	方向为正	$V_1 = V_H + V_0 + V_E + V_N + V_R$	$V_4 = -V_H + V_0 - V_E - V_N - V_R$
	方向为负	$V_2 = -V_H - V_0 - V_E + V_N + V_R$	$V_3 = V_H - V_0 + V_E - V_N - V_R$

由此可见,除埃廷斯豪森效应外,其他副效应产生的电势差都可以被消除。

虽然埃廷斯豪森效应产生的电势差无法被消除,但在非大电流、非强磁场条件下,一般有$V_H \gg V_E$,因此,实验测量时,V_E通常可以忽略不计,即

$$V_H \approx V_H + V_E = \frac{V_1 - V_2 + V_3 - V_4}{4} \tag{5-1-15}$$

3. 半导体载流子浓度与温度的关系

半导体内载流子的产生有两种不同机制:本征激发和杂质电离。不同温度下,占主导地位的载流子类型也不相同,按照温度从高到低可以划分为三个区域:

①杂质电离区:当温度极低时,通常约为几十开尔文,杂质电离占主导地位。以 N 型半导体为例,其载流子主要来自施主杂质电离产生的电子。

②饱和电离区:随着温度逐渐升高,杂质全部电离,但本征激发尚未占据主导地位,杂质电离产生的载流子浓度远大于本征激发。

③本征导电区:本征激发为主的高温区。在此区域,本征半导体中价带电子被激发到导带,本征激发产生的载流子浓度远超杂质电离产生的载流子浓度,霍尔系数 R_H 只由本征载流子决定,不同杂质类型和掺杂浓度的半导体的霍尔系数都将随温度升高而呈指数下降。

当半导体处于本征导电区时,本征激发产生的载流子浓度 n_i 为

$$n_i = n_n = n_p = (N_c N_v)^{\frac{1}{2}} \exp\left(-\frac{E_c - E_v}{2 k_B T}\right) = K' T^{\frac{3}{2}} \exp\left(-\frac{E_g}{2 k_B T}\right) \tag{5-1-16}$$

式中:n_n 为电子浓度;n_p 为空穴浓度;N_c 和 N_v 分别为导带和价带的有效能级密度;E_c 和 E_v 分别为导带底和价带顶的能量;K' 为常数;T 为热力学温度;E_g 为带隙能量;k_B 为玻尔兹曼常量。

4. 半导体的带隙能量

对于电子和空穴混合导电的半导体,在只考虑晶格散射及弱磁场的条件下,半导体的霍尔系数为

$$R_H = \frac{3\pi}{8e} \frac{n_p \mu_p^2 - n_n \mu_n^2}{(n_p \mu_p + n_n \mu_n)^2} = \frac{3\pi}{8e} \frac{n_p - n_n b^2}{(n_p + n_n b)^2} \tag{5-1-17}$$

式中:e 为电子电荷;μ_p 为空穴迁移率;μ_n 为电子迁移率;$b = \mu_n/\mu_p$。对于本征导电区,有 $n_n = n_p$,则

$$R_H = \frac{3\pi}{8 n_n e} \cdot \frac{1-b}{1+b} \tag{5-1-18}$$

联立式(5-1-16)和式(5-1-18),可得

$$R_H = AT^{-\frac{3}{2}} \exp\left(\frac{E_g}{2k_BT}\right) \tag{5-1-19}$$

式中 A 为指前因子。高温条件下,$T^{-\frac{3}{2}}$ 对 R_H 的影响远小于 $\exp\left(\frac{E_g}{2k_BT}\right)$。对式(5-1-19)取对数,可得

$$\ln|R_H| = \ln B + \frac{E_g}{2k_BT} \tag{5-1-20}$$

根据本征区的实验结果,作 $\ln|R_H|$ 与 $1/T$ 关系曲线,通过最小二乘法拟合可以得到带隙能量:

$$E_g = \frac{2k_B \Delta(\ln|R_H|)}{\Delta(1/T)} \tag{5-1-21}$$

三、实验仪器

实验用变温霍尔效应仪器主要由变温霍尔效应实验平台、变温霍尔效应实验仪、通用电源、通用转接盒四部分组成。

1. 变温霍尔效应实验平台

变温霍尔效应实验平台主要由控温装置、励磁线圈、测试探头组成,如图5-1-2所示。控温装置由半导体制冷片、散热风扇、导热铜块和保温层构成,可以对测试区进行温度控制。励磁线圈左右各一个,可为测试区提供 −1~1 T 的磁感应强度。测试探头里面有待测样品(锑化铟霍尔元件)、磁感应强度传感器(砷化镓霍尔元件)及温度传感器,探头尾端的四芯信号线用于采集待测样品的信号,六芯信号线用于采集测试区的环境参数(磁感应强度和温度)。

励磁线圈 控温装置 测试探头

图 5-1-2 变温霍尔效应实验平台

2. 变温霍尔效应实验仪

变温霍尔效应实验仪主要用于对变温霍尔实验平台进行腔内温度控制和样品参数采集。如图 5-1-3 所示,面板上"控温"按钮用于控制变温霍尔效应实验平台内的半导体制冷片的工作状态;中间圆圈标记上的四个按钮用于对屏幕上的各个选项进行选择;右侧"调节旋钮"用于调节霍尔元件输出的工作电流;下方四个插孔分别与通用转接盒上的对应插孔连接,用于提供工作电流并采集电压。

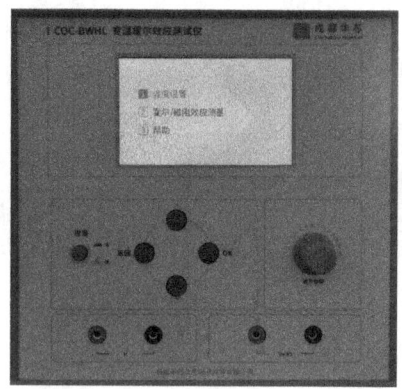

图 5-1-3　变温霍尔效应实验仪

3. 通用电源

通用电源采用四位数码管显示,如图 5-1-4 所示,用于为螺线管提供励磁电流。通用电源通过正负接线柱输出供电,调节旋钮可控制输出电流和电压。电压输出为 0.00～36.00 V,电流输出为 0.00～3.00 A,最大输出功率为 70.00 W。电源可以采取恒压或恒流模式输出。采取恒压模式时,将电流调节旋钮顺时针旋转至最大位置,旋转电压调节旋钮即可输出指定电压。采取恒流模式时,将电压调节旋钮顺时针旋转至最大位置,旋转电流调节旋钮即可输出指定电流。

图 5-1-4　通用电源

4. 通用转接盒

图 5-1-5 所示为通用转接盒,主要用于控制实验中的电流方向和路线。调节时,将通用电源的正负接线柱与转接盒"I_M电流输入"正负接线柱相连,将变温霍尔实验平台正负接线柱与转接盒"I_M电流输出"正负接线柱相连,即可通过励磁电路控制区下方的正反向切换开关切换励磁电流 I_M 的方向。

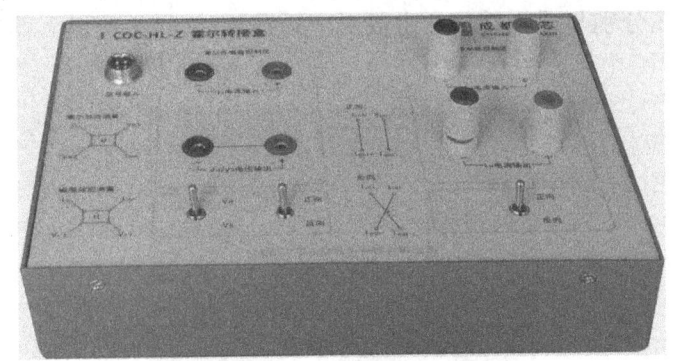

图 5-1-5　通用转接盒

四、实验步骤与要求

1. 实验准备

将测试探头放入变温霍尔效应实验平台(以下简称"实验平台")的测试孔,对各装置进行连线,连接规则如下:

①测试探头尾端的单头四芯线接入通用转接盒的"信号输入"接口,单头六芯线接入变温霍尔效应实验仪(以下简称"实验仪")背面的信号采集接口。

②用双头四芯线连接实验平台和实验仪背后的控温插孔,用双头二芯线连接实验平台和实验仪背后的风扇插孔。

③通用电源的正负接线柱分别与通用转接盒励磁电路控制区的"I_M电流输入"正负接线柱相连,实验平台的正负接线柱分别与通用转接盒励磁电路控制区的"I_M电流输出"正负接线柱相连。

④实验仪前面板的I_S正负插孔分别与通用转接盒传感器控制区的"I_S电流输入"正负插孔相连,实验仪前面板V_H/V_S正负插孔分别与通用转接盒传感器控制区的"V_H/V_S电压输出"正负插孔相连。

⑤确认通用电源前面板的两个旋钮均逆时针旋转到底,打开电源。

⑥确认实验仪前面板左侧控温开关状态为"关",打开电源,进入主界面。

2. 变温霍尔效应实验

①将通用转接盒上的三个换向开关分别设置为 V_H、正向、正向。

②在实验仪的主菜单中选择"温度设置",点击"OK"进入温度设置界面。

③在"控温模式"栏内选择"降温",设置目标温度为 10 ℃(假设环境温度为 18 ℃),确认后按下前面板的"控温"按钮,再按下"返回"按钮返回主菜单。

④选择"霍尔/磁阻效应测量",点击"OK"进入实验测量界面,调节面板右侧的旋钮,将工作电流设置为 2.00 mA。

⑤将通用电源的"电压调节"旋钮顺时针旋至最大位置,再调节"电流调节"旋钮至 0.300 A,观察磁感应强度读数,将通用转接盒励磁电路控制区下方的换向开关切至"反向",观察励磁电流反向后的读数。反复切换该开关几次后,可记录正向的最大正值 B_1 和反向的最小负值 B_2。需要注意的是,由于存在微量铁芯剩磁和磁感应强度传感器中不等位电势的干扰,磁场读数在每次换向操作时会略有变化。

⑥观察实验仪显示屏中腔内温度,腔内温度降至设定的目标温度后,需要再等待约 5 min,腔内温度稳定后再读数。

⑦工作电流每间隔 0.2 mA 记录一组实验读数。读数过程中,通过切换通用转接盒上的方向控制开关,对工作电流 I_S 和励磁电流 I_M 进行换向。I_S 每次增大 0.2 mA,需要再等待 1 min 以上,待测样品温度达到平衡后再读数。在对励磁电流进行换向时,须注意磁感应强度的读数,若与之前正/反向时记录的 B_1 和 B_2 差距较大,可将开关来回切换几次,消除铁芯在切换方向时的剩磁,直至磁感应强度值与之前记录的读数的差值在 0.0005 T 以内。

⑧完成"降温"方向的实验后,关闭控温开关,使腔内温度自然恢复至常温(与测得的环境温度温差小于 5 ℃)。将"控温模式"修改为"升温",并按顺序采集 20 ℃、30 ℃、40 ℃时的实验数据。

五、实验数据记录与处理

①将 10 ℃、20 ℃、30 ℃和 40 ℃条件下的变温霍尔效应测量数据填入表 5-1-3。

②作出 V_H 随 I_S 变化的曲线图,采用最小二乘法拟合求得斜率。取 $B=(B_1-B_2)/2$,样品厚度 $b=1.25$ mm,根据式(5-1-19)、式(5-1-16)和式(5-1-7)计算出样品在不同工作温度下的霍尔系数 R_H、载流子浓度 n 和霍尔灵敏度 K_H。

③在取得 5 组以上不同温度点的霍尔系数 R_H 后,作出 $\ln|R_H|$ 与 $1/T$ 关系曲线,并根据式(5-1-21)计算出样品在此温度区域内的带隙能量 E_g。

表 5-1-3　变温霍尔效应实验数据

I_S/mA	I_M 正向($B_1=$　)		I_M 反向($B_2=$　)		$V_H=\dfrac{V_1-V_2+V_3-V_4}{4}$
	I_S正向	I_S反向	I_S反向	I_S正向	
	V_1/mV	V_2/mV	V_3/mV	V_4/mV	
2					
2.2					
…					
3.8					
4					

六、注意事项

①在腔内温度与环境温度相差较大时,禁止切换控温模式,以免损坏半导体制冷片。

②当工作电流值发生变化时,样品温度会发生相应变化,影响电压读数的稳定性。所以,在实验过程中,不可大幅调节工作电流,对腔内温度进行升温或降温操作前,须先将工作电流调回 2.00 mA。

③可根据实验室环境温度选择合适的工作温度,在环境温度 $-20\ ℃\sim$环境温度 $+40\ ℃$ 的范围内选取 5 个以上温度点即可。

七、思考题

①如果磁场并非严格垂直于霍尔元件,对测量结果会有什么影响?

②如何确定霍尔电场的方向?(以 P 型半导体或 N 型半导体为例)

③霍尔系数测量过程中会产生哪些副效应?可以采取哪些措施消除影响?

实验 5-2　能源转换综合实验仪电池特性测量

随着全球经济的高速发展,大量能源消耗造成的能源危机现象越来越凸显,积极发展替代能源器件越来越受到人们的重视。

近年来,以太阳能电池为代表的新能源器件的发展给人们带来了希望。太阳能资源丰富,分布广泛,具有清洁、安全、便利和高效等优点。太阳能电池可以直接将光能转化成电能,是具有较高发展潜力的可再生能源器件。

燃料电池作为另外一种很有发展前途的动力电源,因转换效率高、容量大、比能量高、功率范围广、无须充电等优点越来越受到人们的青睐。有别于其他传统电池,燃料电池需要在反应过程中不断输入活性物质(如氢气、甲醇、硼氢化物、天然气等),可视为能量转换装置。因此,相较于太阳能电池(受制于天气等因素),燃料电池作为能源更具持续性。

一、实验目的

① 了解太阳能电池、电解水装置以及燃料电池的基本原理。
② 理解实验中所涉及的不同能量之间的转换机理。

二、实验原理

1. 太阳能电池

太阳能电池能够将光能转化成电能。从结构上看,太阳能电池是一种浅结深、大面积的 PN 结,如图 5-2-1 所示。P 型半导体中有相当数量的空穴,几乎

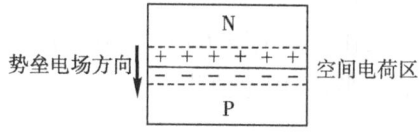

图 5-2-1　半导体 PN 结示意图

没有自由电子。N 型半导体中有相当数量的自由电子,几乎没有空穴。当两种类型的半导体结合形成 PN 结时,N 区的电子(带负电)会向 P 区扩散,P 区的空穴(带正电)会向 N 区扩散,PN 结附近会形成空间电荷区与势垒电场。势垒电场会使载流子向扩散的反方向做漂移运动,最终扩散与漂移达到平衡,使流过 PN 结的静电流为零。在空间电荷区内,P 区的空穴会被来自 N 区的电子复合,N 区的电子会被来自 P 区的空穴复合,几乎没有能导电的载流子,故该区又称为结区或耗尽区。

太阳能电池完成光电转换过程的本质是光生伏特效应。光照会使 PN 结势垒高度降低甚至消失,相当于在 PN 结两端施加正向电压,从而构成一个光电池。通过一定方式串联或并联多个太阳能电池,封装好后就形成标准的太阳能电池组件。在一定的光照条件下,改变太阳能电池负载电阻的大小,可以调节输出电压与输出电流之间的关系。其中,填充因子(fill factor,F_F)是评价太阳能电池输出特性的一个重要参数,其值越大,电池的光电转换效率越高。填充因子可定义为

$$F_F = \frac{U_m}{U_{oc}} \frac{I_m}{I_{sc}} \tag{5-2-1}$$

式中:U_{oc} 代表开路电压;I_{sc} 代表短路电流;U_m 代表最大功率所对应的电压即最大工作电压;I_m 代表相应的最大工作电流。U_m 与 I_m 的乘积为太阳能电池的最大输出功率。

2. 电解水装置

电解水的基本原理是,当施加足够大的电压时(大于水分解反应的热力学电压 1.23 V),水分子将在阴极上发生还原反应产生氢气,在阳极上发生氧化反应产生氧气。一般而言,在电解水装置上加载 1.48 V 电压就可以使水分解为氢气和氧气。实际上,由于存在各种损失,输入电压($U_{输入}$,单位为 V)要高于 1.6 V,电解水装置才真正开始工作,其效率为

$$\eta = \frac{1.48}{U_{输入}} \times 100\% \tag{5-2-2}$$

输入电压较低时,虽然能量利用率较高,但电流小,电解的速率低。通常使用的电解器输入电压在 2 V 左右。根据法拉第电解定律,电解生成物的量与输入电量成正比。设电解电流为 I,则经过时间 t 产生的氢气体积(氧气体积为氢气体积的一半)的理论值为

$$V_{H_2} = \frac{It}{2F} \times 22.4 (L) \tag{5-2-3}$$

式中:F 为法拉第常数,大小为 9.65×10^4 C/mol;$It/2F$ 为所产生的氢气分子的物质的量,单位为 mol;22.4 为标准状况下的气体摩尔体积,单位为 L/mol。若实验温度为 T,所在地区气压为 p,根据理想气体状态方程,可对式(5-2-3)进行修正:

$$V_{H_2} = \frac{273.16 + T}{273.16} \times \frac{p^{\ominus}}{p} \times \frac{It}{2F} \times 22.4 (L) \tag{5-2-4}$$

式中 $p^{\ominus}$ 为标准大气压。自然环境中,大气压受各种因素的影响,相应数据可参

考 GB/T 4797.2—2017《环境条件分类 自然环境条件 气压》。由于水的相对分子质量为 18,且每克水的体积为 1 mL,故消耗的水的体积为

$$V_{H_2O} = \frac{It}{2F} \times 18 = 9.33It \times 10^{-5} (\text{mL}) \tag{5-2-5}$$

式(5-2-4)和式(5-2-5)同样适用于燃料电池,只需要将其中的 I 替换为燃料电池的输出电流,V_{H_2} 替换为燃料消耗量,V_{H_2O} 替换为电池中水的生成量。

3. 燃料电池

燃料电池是一种把燃料所具有的化学能转换成电能的化学装置,又称作电化学发生器。图 5-2-2 给出了常用的质子交换膜燃料电池的结构示意图。

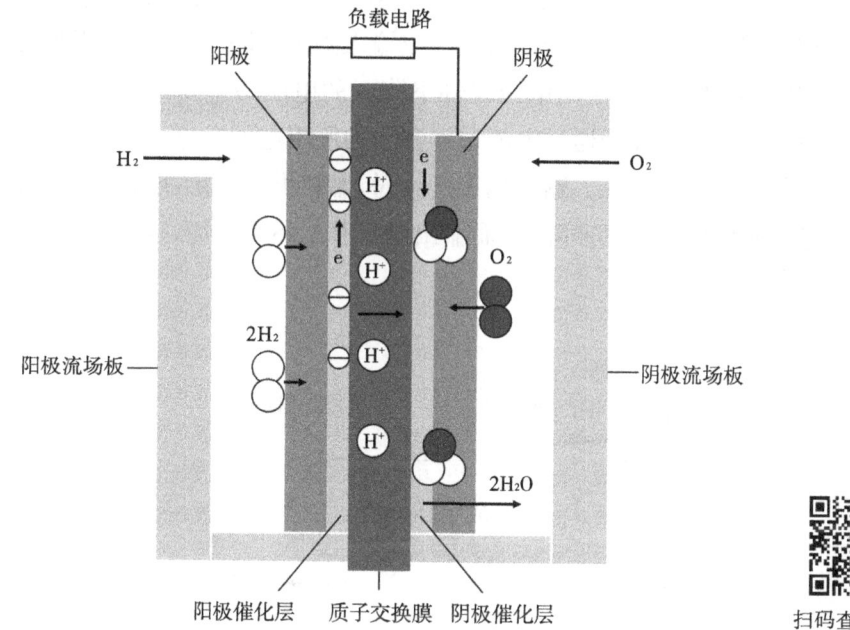

图 5-2-2 质子交换膜燃料电池结构示意图

进入阳极的 H_2 通过电极上的扩散层到达质子交换膜。H_2 在阳极催化剂的作用下解离为 2 个 H^+(质子),并释放出 2 个电子。阳极反应为

$$H_2 \longrightarrow 2H^+ + 2e^- \tag{5-2-6}$$

氢离子以水合质子的形式从一个磺酸基转移到另一个磺酸基,最后到达阴极,实现质子导电。质子的这种转移导致阳极带负电。在电池的另一端,O_2 或空气通过阴极扩散层到达阴极催化层,在阴极催化层的作用下,O_2 与 H^+ 和电子反应生成水。阴极反应为

$$2H^+ + \frac{1}{2}O_2 + 2e^- \longrightarrow H_2O \tag{5-2-7}$$

阴极反应使阴极缺少电子而带正电,结果在阴阳极之间产生电压。在两极间接通外电路,就可以向负载输出电能。总的化学反应为

$$H_2 + \frac{1}{2}O_2 \longrightarrow H_2O \tag{5-2-8}$$

在电化学中,一般失去电子的反应为氧化反应,得到电子的反应为还原反应。产生氧化反应的电极是阳极,产生还原反应的电极是阴极。因此,对电池而言,阴极是电池正极,阳极是电池负极。

在一定的温度与气体压力下,改变负载电阻的大小,可以调节燃料电池的输出电压与输出电流之间的关系。如图 5-2-3 所示,随着电流从零增大,输出电压有一段下降较快,主要是因为电极表面的反应速度有限。有电流输出时,电极表面的带电状态改变,驱动电子输出阳极或输入阴极,部分电压因此损耗,这一段被称为电化学极化区。输出电压线性下降区的电压降主要是电子通过电极材料及各种连接部件、离子通过电解质遇到阻力所引起的。这一段电压与电流成比例,被称为欧姆极化区。输出电流过大时,燃料供应不足,电极表面的反应物浓度下降,使输出电压迅速降低,而输出电流基本不再增加,这一段被称为浓差极化区。

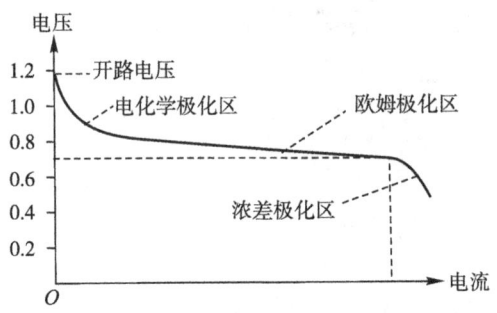

图 5-2-3 燃料电池的极化曲线

综合考虑燃料利用率(恒流供应燃料时可表示为燃料电池电流 $I_{电池}$ 与电解电流 $I_{电解}$ 之比)及输出电压 $U_{输出}$ 与理想电动势 1.48 V 的差异,燃料电池的效率为

$$\eta_{电池} = \frac{I_{电池}}{I_{电解}} \times \frac{U_{输出}}{1.48} \times 100\% = \frac{P_{输出}}{1.48\, I_{电解}} \times 100\% \tag{5-2-9}$$

任一输出电流所对应燃料电池的输出功率相当于图 5-2-3 中虚线围成的矩形区域的面积。在使用燃料电池时,应根据伏安特性曲线的变化情况,选择适当的负载匹配,使效率与输出功率达到最大。

三、实验仪器

本实验主要由太阳能电池测试系统、质子交换膜电解槽系统、质子交换膜燃料电池测试系统、综合特性测试仪等模块构成,具体实验装置如图 5-2-4 所示。其中,质子交换膜需要适量的水分以保证质子的传导,但水分不能过多,否则电极会被水淹没,导致气体通道阻塞。电解槽系统中的气水塔为电解池提供纯水或二次蒸馏水,可分别储存电解池产生的氢气和氧气,为燃料电池提供燃料气体。每个气水塔都可分为上下两层结构,通过连通管连接,下层顶部有一输气管连接燃料电池。初始时,下层近似充满水。电解池工作时,产生的气体由输气管输出。若关闭输气管开关,气体产生的压力会使水从下层进入上层,将气体储存在下层的顶部,由管壁上的刻度可知储存气体的体积。两个气水塔之间还有一个水连通管,加水时打开可使两塔水位平衡,实验时须关闭该连通管。

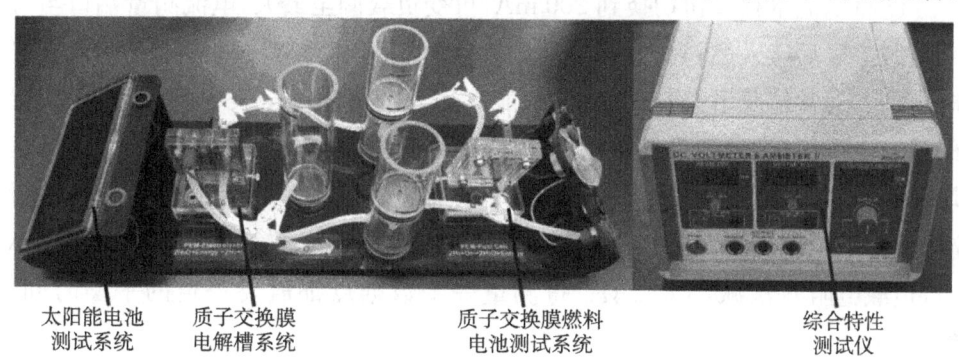

太阳能电池测试系统　质子交换膜电解槽系统　质子交换膜燃料电池测试系统　综合特性测试仪

图 5-2-4　实验装置

四、实验步骤与要求

1. 太阳能电池特性测量

①将电池测量端口与可变负载串联后接入太阳能电池的输出端,将电压表并联到太阳能电池两端。

②保持光照条件不变,改变太阳能电池负载电阻的大小,测量相应的输出电压和输出电流。

2. 质子交换膜电解池特性测量

①确认每个气水塔中的水量(应在水位上限与下限之间)。

②将测试仪的电压源输出端串联电流表后接入电解池,将电压表并联到电解池两端。

③将气水塔输气管水夹关闭,调节恒流源输出至最大(旋钮顺时针旋转到底),使电解池迅速产生气体。当气水塔下层的气体低于最低刻度线时,打开气水塔输气管止水夹,排除气水塔下层的空气。如此反复2~3次后,气水塔下层的空气基本排尽,剩下的就是纯净的氢气和氧气了。改变电解池输入电流大小,以调节恒流源的输出电流,待电解池输出气体稳定(通常需要约1 min),关闭气水塔输气管。

3. 燃料电池输出特性测量

①实验时保持电解池输入电流为300 mA,关闭风扇。

②将电压测量端口接到燃料电池的输出端。打开燃料电池与气水塔之间的氢气、氧气连接开关,等待约10 min,使电池中的燃料浓度达到平衡值,电压稳定后记录开路电压值。

③将电流量程按钮切换到200 mA,可变负载调至最大,电流测量端口与可变负载串联后接入燃料电池输出端。改变负载电阻大小,按表5-2-3调节输出电压值。通常情况下,输出电压值可能无法完全精确调至表中所示数值,相近即可。电压稳定后,记录电压电流值。负载电阻突然调得很低时,电流会迅速增大,甚至超过电解电流值,重新恢复稳定需要较长时间。为避免出现这种情况,输出电流大于210 mA后,负载电阻每次减小0.5 Ω;输出电流大于240 mA后,负载电阻每次减小0.2 Ω。每测量一个数据点都需要一定的平衡时间,约5 min。

④实验完毕,关闭燃料电池与气水塔之间的氢气、氧气连接开关,切断电解池输入电源。

五、实验数据记录与处理

1. 太阳能电池特性测量

改变太阳能电池负载电阻的大小,测量相应的输出电压和输出电流,填入表5-2-1,并计算输出功率。作出所测太阳能电池的伏安特性曲线以及输出功率随输出电压变化的曲线。

表 5-2-1 太阳能电池特性测量实验数据

输出电压 U/V								
输出电流 I/mA								
输出功率 P/mW								

2. 质子交换膜电解池特性测量

将质子交换膜电解池在不同输入电流、电压条件下产生的气体体积及所需时间填入表 5-2-2。根据式(5-2-4)计算氢气产量的理论值,与氢气产量的测量值进行对比。

表 5-2-2 质子交换膜电解池特性测量实验数据

序号	输入电流/A	输入电压/V	时间/s	电量/C	氢气产量/L	
					测量值	理论值
1						
2						
3						

3. 燃料电池输出特性测量

将燃料电池在不同输出电压下的输出电流值填入表 5-2-3。作出所测燃料电池的极化曲线以及输出功率随输出电压变化的曲线。

表 5-2-3 燃料电池输出特性测量实验数据

输出电压 U/V	0.90	0.85	0.80	0.75	0.70	0.65	0.60	0.55	0.50
输出电流 I/mA									
输出功率 P/mW									

六、注意事项

①该实验系统必须使用去离子水或二次蒸馏水,容器必须保持清洁干净,否则将损坏实验系统。

②质子交换膜电解池的最高工作电压为 6 V,最大输入电流为 1000 mA,否则将对电解池造成严重损害。

③质子交换膜电解池的电源极性必须正确,否则将损坏电解池,甚至引发火灾。

④配套可变负载所能承受的最大功率为 1 W,电流表的输入电流不能超过 2 A,电压表的输入电压不能超过 25 V。

七、思考题

①质子交换膜燃料电池的极化曲线可以分成几个部分？每个部分都有哪些特点？

②质子交换膜电解装置的两个气水塔分别有什么作用？它们之间的水连通管主要有什么作用？

③什么是填充因子？试说明其在太阳能电池性能评估中的意义。

④燃料电池的燃料利用率与哪些因素有关？试说明如何提高燃料电池的燃料利用率。

实验 5-3　矢量网络分析仪测量微波吸收材料的吸波性能

电磁污染是继空气污染、水污染和噪声污染之后的第四大污染源。过强的电磁辐射会对人体健康和电子设备的正常运行产生严重危害。屏蔽技术和吸波技术都是现阶段解决电磁污染的有效手段。然而，屏蔽技术易使电磁波反射到环境中形成二次污染。吸波技术相对而言能够从根本上解决电磁辐射问题。

吸波材料是吸波技术的核心，研发能高效吸收电磁波的吸波材料具有重要意义。吸波材料主要通过电损耗、磁损耗以及多次反射干涉相消使电磁波在材料内部以热能的形式耗散，其性能取决于材料的介电性能、磁性能和界面间的极化程度。一般而言，要想实现高效的电磁波吸收，吸波材料必须满足两个特性：一是阻抗匹配特性，即材料表面的相对磁导率和相对介电常数匹配，使电磁波在材料表面尽可能减少反射，最大程度进入材料内部。二是衰减特性，即电磁波进入材料后能够被迅速地吸收衰减。随着器件集成化和多波段雷达技术的不断发展，吸波材料的设计除需要考虑材料厚度、质量、吸收频带等因素，还要考虑化学稳定性和环境适应性等性能。

一、实验目的

①了解矢量网络分析仪的操作和使用方法。
②掌握利用矢量网络分析仪进行 S 参数测量的原理和方法。
③掌握利用 S 参数测量数据计算吸波材料的介电常数和磁导率的方法。
④掌握根据吸波样品的电磁测量参数对吸波性能进行分析的方法。

二、实验原理

矢量网络分析仪是一种电磁波能量的测试设备，其工作原理如图 5-3-1 所示。由信号源产生测试信号，当测试信号通过被测件时，一部分信号被反射，另一部分信号则被传输，反射信号和传输信号均携带被测件的一些特征信息。

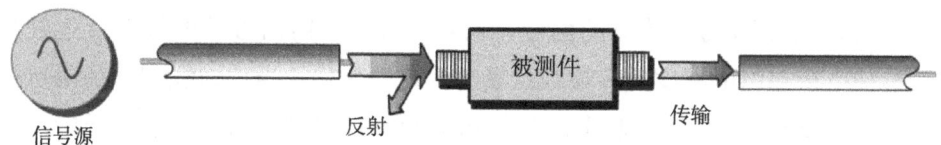

图 5-3-1　矢量网络分析仪工作原理示意图

1. 反射测量

为了更好地理解反射测量,我们用光波模拟行波沿传输线传播的情形:当入射光遇到某种光学元件如透镜时,一部分光会被反射,大部分光通过透镜继续传播。如果光学元件的表面是镜面,大部分光将被反射,只有少量光或没有光继续传播。

对于射频信号,当两个连接器件的阻抗不同时会发生反射。反射测量就是测量反射信号和入射信号的比值。矢量网络分析仪用一个接收机测量入射信号,用另一个接收机测量反射信号。我们可以用这两种接收机信号的幅度和相位信息完全量化表征被测件的反射特性。进行反射测量的目的是确保射频能量的有效传输。如果能量被反射,就意味着只有少量能量被传输到目标。另外,如果反射的能量过大,可能会烧毁器件,如输出功率放大器。

在进行反射测量时,根据想要了解的内容,可用多种方式表示反射数据:

(1) 回波损耗

回波损耗是反射信号和入射信号幅度的差值,单位为 dB。当阻抗完全匹配时,回波损耗为无穷大。对于开路、短路或无损的电抗电路,回波损耗为 0 dB。在矢量网络分析仪上用对数格式进行测量时,若显示的反射测量数据为 -18 dB,则表明器件有 18 dB 的回波损耗。

(2) 驻波比

两组波在同一根传输线上沿相反的方向传播时会引起驻波。在这种情况下,可以使用电压驻波比(voltage standing wave ratio, VSWR)表示反射数据。VSWR 为给定频率下最大射频包络电压与最小射频包络电压的比值,是一个标量。当阻抗完全匹配时,VSWR 为 1。对于开路、短路或无损的电抗电路,VSWR 为无穷大。

(3) 反射系数

反射系数 Γ 包含幅度和相位信息,Γ 的幅度部分记为 ρ。ρ 的取值范围为 $0\sim 1$,无量纲。

在高频条件下,当信号的波长比导体的长度小时,可以将反射信号理解为与入射信号沿相反方向传播的信号。入射信号和反射信号的叠加会产生驻波现象,使电压包络的幅度随传输线位置的变化而变化。当传输线用特征阻抗进行端接时,没有反射信号,能量沿传输线向一个方向传输,所有入射信号的能量都被传递给负载。当传输线用短路器端接时,所有能量都被反射回信号源,反射信号的幅度与入射信号的幅度相等($\rho=1$),短路器两端的电压为零,因此,短路点反射的电压信号与入射的电压信号反相,电压彼此抵消。当传输线用开路器进行端接时,所有能量都被反射回信号源,反射信号的幅度与入射信号的幅度相等($\rho=1$),开路器中无电流流过,反射的电压信号与入射的电压信号同相。当传输线用 25 Ω 电阻端接时,一部分能量被吸收,另一部分能量被反射回信号源。反射信号的幅度是入射信号幅度的 1/3,电压在电阻处反相,两者的相位关系随着与端接电阻距离的变化而变化。驻波图形的波谷不再趋于零,波峰也要比使用开路器和短路器时小。

2. 散射参数及微波测量基础

散射参数(scattering parameter,S 参数)常被用来描述一个器件如何改变输入的信号,描述被测件的反射和传输特性。S 参数用约定的数字排列形式表示,包含幅度和相位信息的复向量比值。矢量网络分析仪通常有四个测试端口,可以测量单端口、双端口、三端口和四端口器件。对于双端口器件,外向波和内向波之间满足

$$\begin{bmatrix} b_1 \\ b_2 \end{bmatrix} = \begin{bmatrix} S_{11} & S_{12} \\ S_{21} & S_{22} \end{bmatrix} \begin{bmatrix} a_1 \\ a_2 \end{bmatrix} \tag{5-3-1}$$

式中:a_1 和 a_2 分别表示端口 1 和端口 2 的内向波幅度;b_1 和 b_2 分别表示端口 1 和端口 2 的外向波幅度;S_{11} 表示端口 1 的反射系数;S_{12} 表示端口 2 到端口 1 的传输系数;S_{21} 表示端口 1 到端口 2 的传输系数;S_{22} 表示端口 2 的反射系数。

$$S_{11} = \left. \frac{b_1}{a_1} \right|_{a_2=0} \tag{5-3-2}$$

$$S_{21} = \left. \frac{b_2}{a_1} \right|_{a_2=0} \tag{5-3-3}$$

$$S_{22} = \left. \frac{b_2}{a_2} \right|_{a_1=0} \tag{5-3-4}$$

$$S_{12} = \left. \frac{b_1}{a_2} \right|_{a_1=0} \tag{5-3-5}$$

对于微波材料,有

$$S_{11} = S_{22} = \frac{\Gamma_c^2 (1-T_1^2)}{1-\Gamma_c^2 T_1^2} \tag{5-3-6}$$

$$S_{12} = S_{21} = \frac{\Gamma_1 (1-T_c^2)}{1-\Gamma_c^2 T_1^2} \tag{5-3-7}$$

式中:T_1 为待测样品的传输系数;Γ_c 为待测样品的反射系数。

$$T_1 = \exp(-\gamma l) \tag{5-3-8}$$

$$\Gamma_c = \frac{Z_c - Z_0}{Z_c + Z_0} \tag{5-3-9}$$

$$\gamma_0 = j\frac{2\pi}{\lambda_0}\sqrt{1 - \left(\frac{\lambda_0}{\lambda_c}\right)^2} \tag{5-3-10}$$

$$\gamma = j\frac{2\pi}{\lambda_0}\sqrt{\mu_r \varepsilon_r - \left(\frac{\lambda_0}{\lambda_c}\right)^2} \tag{5-3-11}$$

$$Z_0 = \frac{c\mu_0}{\sqrt{1 - \left(\frac{\lambda_0}{\lambda_c}\right)^2}} \tag{5-3-12}$$

$$Z_c = \frac{c\mu_r\mu_0}{\sqrt{\mu_r\varepsilon_r - \left(\frac{\lambda_0}{\lambda_c}\right)^2}} \tag{5-3-13}$$

式中：l 为样品的厚度；γ_0 为空气的传播常数；γ 为样品区的传播常数；Z_c 和 Z_0 分别为样品区和空气的波阻抗；λ_0 为空气中的工作波长；λ_c 为截止波长；μ_0 为真空磁导率；μ_r 为相对磁导率；ε_r 为相对介电常数。

由式(5-3-6)～式(5-3-13)可以推导出

$$\frac{S_{11}^2 - S_{21}^2 + 1}{2S_{11}} = \frac{1 + \Gamma_c^2}{2\Gamma_c} \tag{5-3-14}$$

令 $K = \frac{S_{11}^2 - S_{21}^2 + 1}{2S_{11}}$，则

$$\Gamma_c = K \pm \sqrt{K^2 - 1} \tag{5-3-15}$$

一般取 $|\Gamma_c| \leqslant 1$，则有

$$T_1 = \frac{S_{11} + S_{22} - \Gamma_c}{1 - (S_{11} + S_{22})\Gamma_c} \tag{5-3-16}$$

$$\gamma = -\frac{1}{l}\ln T_1 \tag{5-3-17}$$

$$\mu_r = -\frac{j\lambda_0\gamma}{2\pi\sqrt{1 - \left(\frac{\lambda_0}{\lambda_c}\right)^2}}\left(\frac{1 + \Gamma_c}{1 - \Gamma_c}\right) \tag{5-3-18}$$

$$\varepsilon_r = \frac{1}{\mu_r}\left[-\gamma^2\left(\frac{\lambda_0}{2\pi}\right)^2 + \left(\frac{\lambda_0}{\lambda_c}\right)^2\right] \tag{5-3-19}$$

微波吸收材料的入射波阻抗 Z_{in}、反射损耗 R_L 以及衰减系数 α 等特征参量可分别按下式计算：

$$Z_{in} = Z_0\sqrt{\frac{\mu_r}{\varepsilon_r}}\tanh\frac{j2\pi fd}{c}\sqrt{\mu_r\varepsilon_r} \tag{5-3-20}$$

$$R_{\rm L} = 20\lg\left|\frac{Z_{\rm in}-Z_0}{Z_{\rm in}+Z_0}\right| \text{(dB)} \tag{5-3-21}$$

$$\alpha = \frac{\sqrt{2}\pi f}{c}\sqrt{(\mu''\varepsilon''-\mu'\varepsilon')+\sqrt{(c\mu''\varepsilon''-\mu'\varepsilon')^2+(\varepsilon'\mu''+\varepsilon''\mu')^2}}$$

(5-3-22)

式中：c 为光速；f 为频率；ε' 为介电常数实部；ε'' 为介电常数虚部；μ' 为磁导率实部；μ'' 为磁导率虚部。

三、实验仪器

实验用矢量网络分析仪如图 5-3-2 所示，其模块化设计框图如图 5-3-3 所示。频率基准模块锁相在内部或外部的 10 MHz 参考信号上，将产生本振信号源和信号源所需的锁相参考信号和整机的同步信号。本振信号源模块锁相在频率基准模块输出的参考信号上，通过开关倍频、分波段带通滤波和自动电平控制电路，产生需要的本振信号和射频信号。S 参数测试装置模块为信号分离装置，可分离出被测件的入射信号、反射信号和传输信号。在混频接收机模块中，含有被测件幅度和相位信息的入射信号、反射信号和传输信号与本振信号进行混频，产生的中频信号被送入中频信号调理模块作进一步处理，以满足数字信号处理模块对中频信号的要求。在数字信号处理模块中，模拟中频信号被转变为数字信号，经过数字信号处理，得到被测件幅度和相位信息，并通过高速外设连接总线传给嵌入式计算机模块。运行于嵌入式计算机模块上的系统软件模块对被测件幅度和相位信息作各种格式变换处理后，将结果送入显示模块。此外，系统软件模块还要负责各种接口的管理和整机进程的调度。

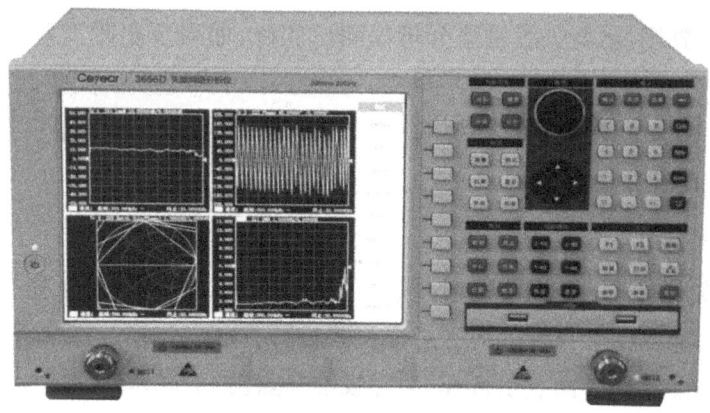

图 5-3-2　矢量网络分析仪

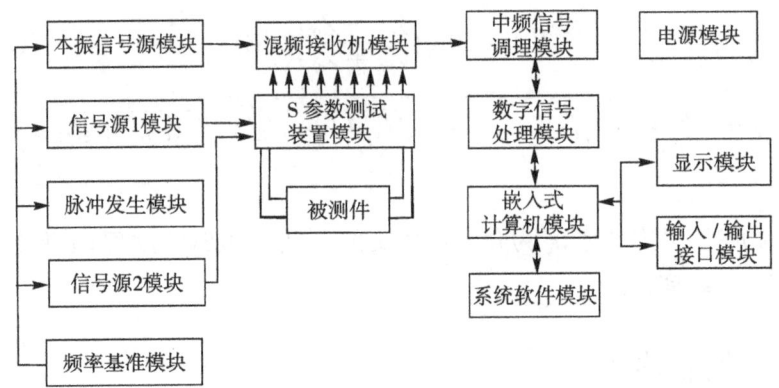

图 5-3-3　矢量网络分析仪模块化设计框图

四、实验步骤与要求

1. 开机

开机,预热 30 min,复位矢量网络分析仪。

2. 设置频率和功率

按前面板"频率"和"功率"键,点击辅助菜单栏中的修改项,然后在前面板输入区进行输入。系统默认频率范围包含 10～13.5 GHz、13.5～26.5 GHz、26.5～43.5 GHz、43.5～50 GHz 以及 50～67 GHz,功率电平为 -5 dBm(1 W=30 dBm)。

频率范围可根据测量需要进行设置。功率电平为激励源输出端口的功率值,原则上只要保证被测件输出端口的功率不超过 10 dBm,改变功率电平不影响测量。

3. 选择测量参数,新建轨迹

打开计算机,运行矢量网络分析仪测试软件,如果要更改当前轨迹的 S 参数,直接在标题栏处右击,选择"测量"。在对话框中勾选所要测量的 S 参数,点击"确定"。如果要增加测量轨迹,在空白处右击,选择"新建轨迹",选择要测量的 S 参数,点击"确定"。

4. 向导校准

为使测量的二端口网络散射系数与同轴线的端口相匹配,要先使用矢量网络分析仪的标准件和自带的向导校准模式进行校准。

①在软件测试界面点击选择"向导校准",点击"下一步"。

②进入选择端口界面。在左侧校准类型列表中选择"N-端口校准"(N 为需要校准的端口数),在"N-端口校准配置"中进行校准端口的设置。若勾选"源功

率和接收机校准",则会进行端口源功率及接收机的校准,测量时还会修正被测件匹配引起的接收机测量误差。设置完成后,点击"下一步"。

③进入选择被测件连接类型和校准件的界面。首先进行连接类型的设置,然后选择对应的校准件。端口 1 使用电子校准件,端口 2 使用数据型机械校准件,端口 3、4 使用无极性的波导校准件。此种设置下,默认端口 3、4 进行 TRL(直通-反射-延时,thru-reflect-line)校准,端口 1、2 和端口 1、3 进行 SOLR(短路-开路-负载-替换,short-open-load-reciprocal)校准,其他直通省略。若需要手动设置直通连接及校准方法,可勾选"编辑校准"。在多端口情况下,若需要快速设置连接类型及校准件一致,可先勾选"耦合选项",再进行设置。设置完成后,点击"下一步"。

④进入修改直通连接方式界面。界面中显示由此前设置得到的默认直通方法及校准方法。用户可点击"增加直通"或"移除直通",进行测量直通的增加或移除。若两端口可以进行非插入连接,默认配置"定义直通"。若两端口不能进行非插入连接,默认配置"未知直通"。若两端口可以使用端口选择的校准件进行连接,则直通方法中增加"定义直通"和"未知直通"选项,且默认选择为"定义直通"。若需要进行隔离测量,可勾选"平均因子",平均后才可设置平均次数。设置完成后,点击"下一步"。若之前未设置频率范围,此时会出现修改频率范围的对话框。设置好起始和终止频率,点击确认。

⑤进入功率校准设置界面。设置完成后,点击"下一步"。

⑥进行校准测量。测量共需完成 4 个端口的功率测量和 10 次校准件测量。根据红色标注的界面提示信息连接校准件,点击"测量",完成对校准件的测量。用户可以通过点击"下一步""上一步"来自由选择校准测量的顺序。

5. 测量

将待测量的微波吸收样品压制成环,连接在转换器之间,在不同频率下进行 S 参数的测量。

五、实验数据记录与处理

①记录测量结果,根据式(5-3-18)和式(5-3-19)计算出不同频率下样品的相对磁导率和相对介电常数,根据计算结果作出 μ_r-f 图和 ε_r-f 图。

②计算样品的入射波阻抗 Z_{in}、反射损耗 R_L 以及衰减系数 α,并作出 R_L-f 图和 α-f 图。

六、注意事项

①仪器通电前,须保证实际供电电压与仪器的正常工作电压匹配,并保持接地良好。

②校准件是测量的基准,测量前应该对校准件进行检查和清洁,确保校准件干净、无损。

③静电对精密电子元器件和设备有极强的破坏性,因此,使用矢量网络分析仪时须做好相应的静电防护措施。

七、思考题

①要想实现高效的电磁波吸收,吸波材料必须满足什么条件?

②测试之前为什么要对矢量网络分析仪进行校准?

③矢量网络分析仪主要有哪些用途?

实验 5-4　表面磁光克尔效应法测量材料磁性参数

　　1845 年,法拉第首次观察到磁光效应,即当磁场加在玻璃样品上时,透射光的偏振面发生旋转。之后,法拉第尝试在金属表面施加磁场进行光反射实验,但由于金属表面并不够平整,实验结果不能使人信服。1877 年,克尔发现磁光克尔效应,表明铁磁体会对反射光的偏振态产生影响。1985 年,穆格和巴德两位学者在铁单晶超薄膜的磁光克尔效应测量实验中成功获得单原子层厚度磁性物质的磁滞曲线,并将表面磁光克尔效应(surface magneto-optic Kerr effect,SMOKE)发展为一种表面磁性测量技术,用于研究在 Au(001) 表面外延生长的铁超薄膜的磁学性质。

　　SMOKE 技术具有亚原子单层的磁性探测灵敏度,且探测用的"探针"是可见光束,不会对样品造成破坏。SMOKE 技术可用于样品局域磁性测量。这一点是其他磁性测量手段,诸如振动样品强度计、超导量子干涉磁强计、铁磁共振等无法比拟的。SMOKE 技术的局域测量特点使其成为研究不均匀样品的理想工具。SMOKE 技术的磁性测量灵敏度可以达到单原子层厚度,且仪器可以配置于超高真空系统中,目前已成为表面磁学的重要研究方法。表面磁性以及由数个原子层构成的超薄膜和多层膜的磁性,是当今凝聚态物理领域中的研究热点。作为一种非常重要的超薄膜磁性原位测量手段,SMOKE 技术已经被广泛用于研究表面超薄膜的磁滞回线特性、磁性相变、磁各向异性以及层间耦合等多种磁学现象。

一、实验目的

①了解 SMOKE 实验系统的基本结构和使用方法。
②了解 SMOKE 实验系统测量样品磁滞回线的原理和方法。
③掌握使用 SMOKE 实验系统分析铁磁样品磁性参数的方法,掌握将铁磁样品反射光信号由电信号转换为其偏振面偏转角的方法。

二、实验原理

1. 表面磁光克尔效应

表面磁光克尔效应(SMOKE)是指铁磁性样品的磁化状态会对从其表面反

射的光的偏振态产生影响。当入射光为线偏振光时,样品的磁性会引起反射光(椭圆偏振光,以椭圆的长轴为标志)偏振面的旋转和克尔椭偏率的变化。

如图 5-4-1 所示,当一束线偏振光入射到样品表面时,如果样品是各向异性的,那么反射光的偏振方向会发生偏转。如果此时样品处于铁磁状态,那么铁磁性还会导致反射光的偏振面相对于入射光的偏振面额外旋转一个小角度,这个小角度称为克尔角θ_K。一般而言,由于样品对 p 光(光振动平行入射面)和 s 光(光振动垂直入射面)的吸收率不同,即使样品处于非磁状态,反射光的椭偏率也会发生变化,而铁磁性会导致额外的椭偏率变化,这个变化称为克尔椭偏率ε_K。由于克尔角θ_K和克尔椭偏率ε_K都是磁化强度 M 的函数,因此通过检测θ_K或ε_K随磁场的变化,可以推测出磁化强度 M 的变化。

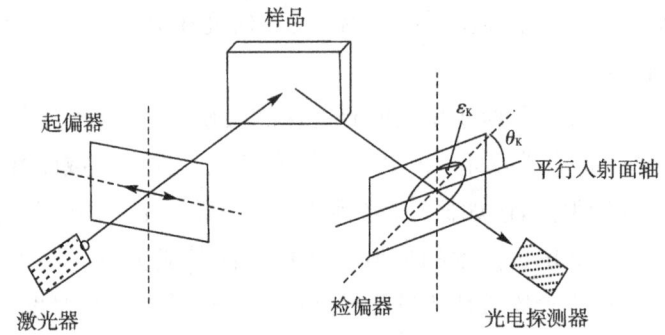

图 5-4-1 表面磁光克尔效应原理图

按照磁场相对于入射面的配置状态,表面磁光克尔效应可以分为极向克尔效应、纵向克尔效应和横向克尔效应,如图 5-4-2 所示。

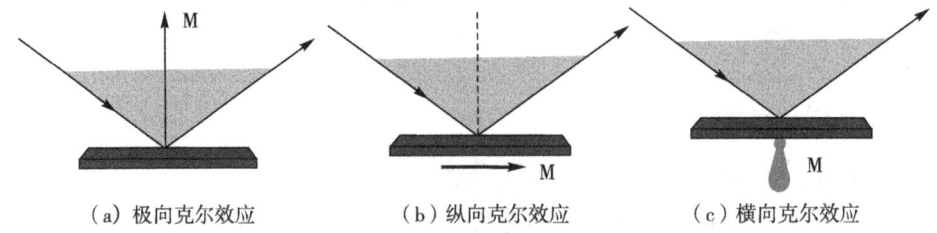

(a) 极向克尔效应　　(b) 纵向克尔效应　　(c) 横向克尔效应

图 5-4-2 表面磁光克尔效应的三种类型

极向克尔效应:如图 5-4-2(a)所示,磁化方向垂直于样品表面且平行于入射面。通常情况下,极向克尔信号的强度随光的入射角的减小而增大,入射角为 0°(垂直入射)时克尔信号强度达到最大。

纵向克尔效应:如图 5-4-2(b)所示,磁化方向在样品膜面内且平行于入射面。纵向克尔信号的强度一般随光的入射角的减小而减小,入射角为 0°时克尔信号强度为零。对于很多薄膜样品，易磁轴往往平行于样品表面，因此，相比于极向克尔效应，纵向克尔效应配置下样品的磁化强度更容易达到饱和。纵向克尔效应对薄膜样品的磁性研究而言是十分重要的。

横向克尔效应：如图 5-4-2(c)所示，磁化方向在样品膜面内且垂直于入射面。横向克尔效应中反射光的偏振态没有变化。

2. 克尔角 θ_K 的测量依据

图 5-4-3 为常见 SMOKE 实验系统光路图。如图所示，激光器发射一激光束，通过起偏棱镜后变成线偏振光，然后从样品表面反射，经过检偏棱镜进入检测器。样品放置在磁场中，当外加磁场改变样品磁化强度时，反射光的偏振态会发生改变，通过检偏棱镜的光强度也会发生变化。在一阶近似的情况下，光强度的变化和磁化强度呈线性关系，根据检测器检测到的光强度变化情况可以推测出样品的磁化状态。

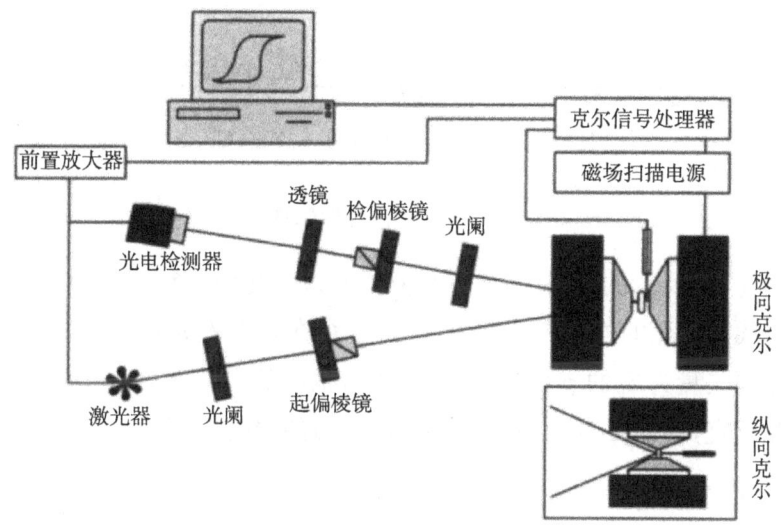

图 5-4-3　SMOKE 实验系统光路图

偏振棱镜的设置：使起偏棱镜的偏振方向与入射面平行，沿水平方向，设置检偏棱镜偏振方向偏离竖直方向一个小角度 δ。δ 称为检偏角，大小为 $1°\sim 2°$。起偏棱镜与检偏棱镜偏振方向的夹角为 $(90°+\delta)$，顺时针偏离竖直方向的 δ 角为负值。这样设置的主要目的是区分正负克尔角，并获得本底光强度，即样品处于完全退磁状态的反射光强度。根据马吕斯定律(Malus' law)，当两个偏振棱镜的偏振方向之间夹角偏离 $90°$ 一个小角度 δ 时，如图 5-4-4 所示，通过检偏棱镜的光线有一个本底光强度 I_0。$I_0=I_{反}\cos^2(90°+\delta)=I_{反}\sin^2\delta$，其中 $I_{反}$ 为来自样品的反射光强度,可忽略光阑挡住的反射光强度的影响。当反射光偏振面相对入射光偏振面(水平方向)沿逆时针方向旋转($+\theta_K$)时,光强度增强(ΔI_K);当反射光偏振面沿顺时针方向旋转($-\theta_K$)时,光强度减弱。即反射光偏振面旋转方向与δ反向时光强度增强,与δ同向时光强度减弱。样品的磁化方向还可以根据反射光强度的变化来区分。若一束单色偏振光在介质表面上的照射点为正向磁化,则在该点的反射光克尔角应为$+\theta_K$,光强度增强;若被照射点为反向磁化,则在该点的反射光克尔角应为$-\theta_K$,光强度减弱。这是利用表面磁光克尔效应读取磁光介质中信息的基础。

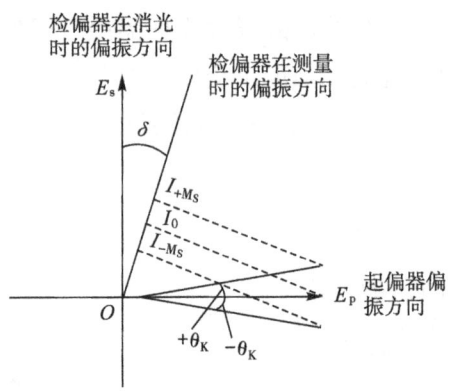

图 5-4-4 偏振器件配置

在图 5-4-3 所示的光路中,透过起偏器的入射光为平行于入射面的 p 偏振光。当光线从磁化的样品表面反射时,由于存在表面磁光克尔效应,反射光中除含有振幅矢量为E_p的 p 偏振光外,还含有很弱的振幅矢量为E_s的 s 偏振光,二者互相垂直,通常$|E_s| \ll |E_p|$。在一阶近似的情况下,有

$$\frac{|E_s|}{|E_p|} = \theta_K + j\varepsilon_K \tag{5-4-1}$$

式中:θ_K为克尔角;ε_K为克尔椭偏率。通过检偏棱镜的反射光强度为

$$I = (|E_p|\sin\delta + |E_s|\cos\delta)^2 \tag{5-4-2}$$

将式(5-4-1)代入式(5-4-2),得到

$$I = E_p^2 [\sin\delta + (\theta_K + j\varepsilon_K)\cos\delta]^2 \tag{5-4-3}$$

因为δ很小,所以可以取$\sin\delta = \delta$,$\cos\delta = 1$,略去二阶小量,得到

$$I = E_p^2 [\delta + (\theta_K + j\varepsilon_K)]^2 \tag{5-4-4}$$

整理得到

$$I = E_p^2 (\delta^2 + 2\delta\theta_K) \tag{5-4-5}$$

无外加磁场条件下,有

$$I_0 = E_p^2 \delta^2 \tag{5-4-6}$$

所以有

$$I = I_0 \left(1 + \frac{2\theta_K}{\delta}\right) \tag{5-4-7}$$

在饱和状态下,有

$$I_{+M_s} - I_{-M_s} = I_0\left(1 + \frac{2\theta_K}{\delta}\right) - I_0\left(1 - \frac{2\theta_K}{\delta}\right) = \frac{4I_0\theta_K}{\delta} \tag{5-4-8}$$

故克尔角为

$$\theta_K = \frac{\delta}{4} \cdot \frac{I_{+M_s} - I_{-M_s}}{I_0} = \frac{\delta}{4} \cdot \frac{\Delta I}{I_0} \tag{5-4-9}$$

式中 I_{+M_s} 和 I_{-M_s} 分别为样品处于正向和负向磁饱和状态下的光强度。从式(5-4-9)可以看出,光强度的变化只与克尔角 θ_K 有关,而与 ε_K 无关,说明图 5-4-3 所示光路中探测到的克尔信号由克尔角 θ_K 引起。

表面磁光克尔效应仪上采集卡采集到的光信号和磁信号都是电压信号。其中:纵轴为克尔信号,即光信号,反映反射光强度大小;横轴为扫描电压,即磁信号,反映磁场强度的大小。横轴和纵轴的单位均为 V,如图 5-4-5(a)所示。根据式(5-4-9),利用测量的克尔信号电压值代替反射光强度即可计算样品的克尔角 θ_K。在磁场作用下,随着磁场强度的往复变化(增大→减小→反向增大→反向减小),磁性薄膜样品的克尔角 θ_K 发生相应的往复变化(负向减小→增大→减小→负向增大),直至回到初始值;相应地,反射光强度也由最小值逐步增大为最大值,在反向磁场作用下再变为最小值,完成一个循环。由于样品具有极大的剩磁,相应的剩余克尔角接近磁饱和时的克尔角。只有当磁场强度降为零时,样品反射光强度才会接近其磁饱和时的光强度,从而形成图 5-4-5 所示的接近矩形的磁滞回线。

3. 克尔椭偏率 ε_K 的测量依据

在超高真空原位测量中,激光在入射到样品之前和经样品反射之后都需要经过一个视窗。但是,视窗的存在会导致双折射的产生,这样就增大了测量系统的噪声,降低了测量灵敏度。为了消除视窗的影响,减小噪声,提高灵敏度,需要在检偏器之前加一个 1/4 波片。假设入射光为 p 偏振,1/4 波片的主轴平行于入射面,它会使光矢量的 p 分量(平行入射面)和 s 分量(垂直入射面)之间产生 90°的相位差。在一阶近似的情况下,有 $E_s/E_p = j(\theta_K + j\varepsilon_K) = j\theta_K - \varepsilon_K$。参

考不加波片时的计算方法,可得饱和状态下的 ε_K:

$$\varepsilon_K = \frac{\delta}{4} \cdot \frac{I_{-M_s} - I_{+M_s}}{I_0} = -\frac{\delta}{4} \cdot \frac{\Delta I}{I_0} \qquad (5\text{-}4\text{-}10)$$

此时,反射光强度变化对克尔椭偏率 ε_K 敏感,对克尔角 θ_K 不敏感。因此,如果要在大气中测量磁性薄膜的克尔椭偏率 ε_K,则需要在图 5-4-3 所示光路中的检偏棱镜前插入一个 1/4 波片。

4. 磁性能与克尔角 θ_K 和克尔椭偏率 ε_K 的关系

虽然表面磁光克尔效应测量的是克尔角 θ_K,并非磁性样品的磁化强度 M。但在一阶近似的情况下,克尔角 θ_K 和克尔椭偏率 ε_K 都与磁性样品的磁化强度 M 成正比。所以,只需要用振动样品磁强计等仪器对样品进行一次标定,就能获得磁性样品的磁化强度。

表面磁光克尔效应仪实际上测量的是磁性样品的磁滞回线,可以获得矫顽力、磁各向异性等信息。FD-SMOKE-B 型表面磁光克尔效应仪测量的实验曲线如图 5-4-5(a)所示,将克尔信号电压值转换为克尔角,将磁场信号电压值转换为磁场强度后,得到如图 5-4-5(b)所示的曲线。影响样品磁滞回线形状的因素主要有激发磁场的电流大小和光路的调节情况。如果电流激发的磁场未能使样品达到磁饱和,则样品的磁滞回线形状不规则。光路调节问题主要有样品入射光的入射角、起偏器偏振方向、检偏器偏振方向及其检偏角 δ 是否合适,以及光能量能否完全进入检测器。

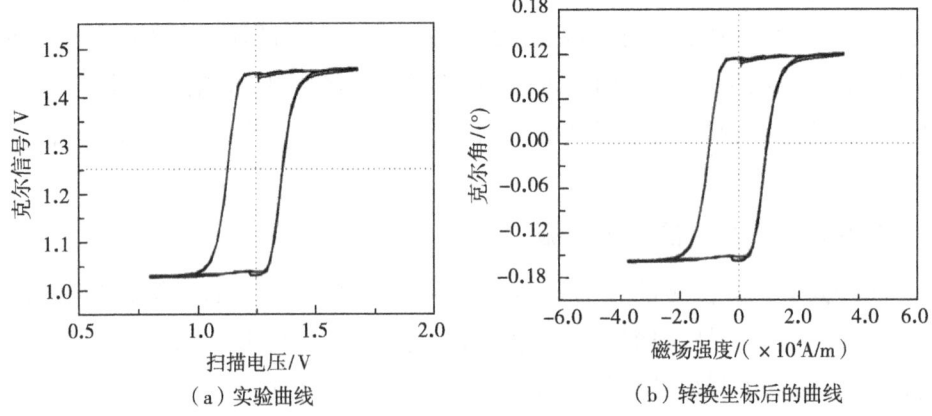

(a) 实验曲线   (b) 转换坐标后的曲线

图 5-4-5　表面磁光克尔效应仪的测量曲线

5. 磁性参数

从表面磁光克尔效应仪扫描得到的样品磁滞回线可以获得的磁性参数有饱和磁化强度、剩余磁化强度和矫顽力等。饱和磁化强度用样品磁饱和时的克尔角(简称饱和克尔角)θ_{Ks}表示。剩余磁化强度用外磁场减为零时的克尔角(简称剩余克尔角)θ_{Kr}表示。计算克尔角时,需要用到样品正向和负向磁饱和状态以及完全退磁状态时的克尔信号电压值,分别用I_{+M_s}、I_{-M_s}和I_0表示,其中$I_0=(I_{+M_s}-I_{-M_s})/2=\Delta I/2$。样品矫顽力可以用电压值$U_c$表示,其数值为平行于横轴的直线$I=I_0$与磁滞回线的两交点横坐标电压值之差的二分之一。相应地,饱和克尔椭偏率、剩余克尔椭偏率分别用ε_{Ks}和ε_{Kr}来表示。

三、实验仪器

FD-SMOKE-B 型表面磁光克尔效应仪主要由电磁铁系统、光路系统和控制主机等组成,如图 5-4-6 所示。

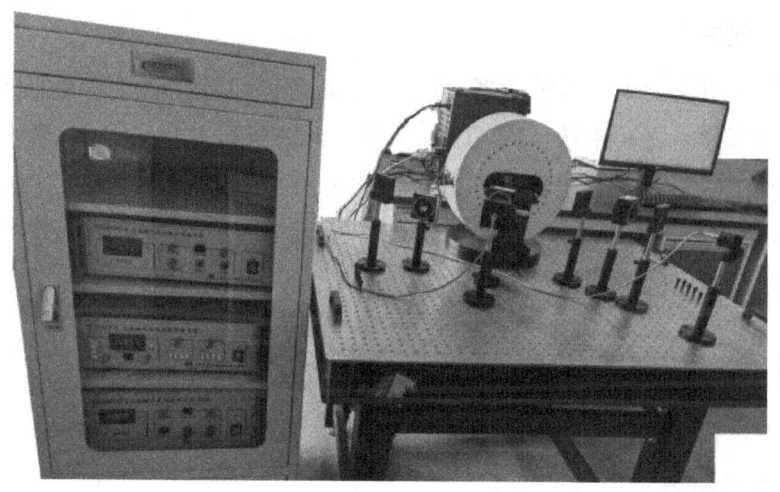

图 5-4-6　表面磁光克尔效应仪

1. 电磁铁系统

电磁铁系统主要由 CD 型电磁铁、转台、支架、样品固定座组成。其中 CD 型电磁铁由支架支撑,竖直放置在转台上,转台可以每隔 90°转动定位,支架中间的样品固定座也可以 90°转动定位,这样可以在极向克尔效应测量和纵向克尔效应测量之间进行切换。

2. 光路系统

光路系统主要由半导体激光器、光阑（2个）、起偏棱镜、检偏棱镜、透镜、光电检测器、1/4 波片组成，所有光学元件均有外壳固定，并由不锈钢立柱与磁性开关底座相连。光路系统用于实现光与磁性物质的相互作用并采集作用后的反射光信号。半导体激光器输出波长为 650 nm，输出功率为 2 mW 左右，激光器头部装有调焦透镜。实验时应该调节透镜，使激光打在实验样品上的光点直径最小。光阑的作用是通过调节小孔使入射光能够顺利进入起偏棱镜，使反射光能够顺利进入检偏棱镜。起偏棱镜用于获得线偏振入射光，检偏棱镜用于获得与待测磁性样品作用后偏振面发生改变的反射光的信息。透镜的作用是使检偏棱镜出来的光汇聚，以利于光电转换装置检测更强的信号。光电检测器前有一个光阑，光阑后装有一个波长为 650 nm 的干涉滤光片。这样可以减少外界杂散光的影响，从而提高检测灵敏度。滤光片后有硅光电池，可将光信号转换成电信号，通过屏蔽线送入控制主机。

3. 控制主机

控制主机主要由前置放大器、克尔信号处理器和磁铁电源控制器组成。前置放大器部分由光功率计、特斯拉计、光信号和磁信号前置放大器、激光器电源组成。克尔信号处理器主要对经过前置放大的光信号和磁信号进行放大处理并显示，还负责将内部采集卡数据通过串行口传输至计算机。磁铁电源控制器主要提供电磁铁的扫描电源。

四、实验步骤与要求

下面以坡莫合金薄膜为例，介绍测量其磁性参数的步骤与要求。

1. 仪器预热

接通控制主机的 220 V 电源，开机预热 20 min。

2. 样品固定

实验时将样品做成长条状，确保易磁轴与长边方向一致。将实验样品用双面胶固定在样品架上，将样品架安放在磁铁固定架中心的孔内。在磁铁固定架的一端有一个手柄，放置好样品后可以旋紧螺丝，以固定样品架，防止加磁场时样品位置发生轻微变化，影响克尔信号的检测。

3. 光路调整

①检查入射光光路。按顺序放置激光器、光阑、起偏棱镜，调节起偏棱镜，确保入射光为 p 光，即偏振面平行于入射面。

②检查反射接收光路。按顺序放置光阑、检偏棱镜、透镜和光电检测器。

③设置检偏棱镜。首先粗调转盘，使穿过检偏棱镜的反射光消光。这时，进入光电检测器的光斑消失，克尔信号处理器上的克尔信号电压减小。然后转动螺旋测微头使克尔信号最小，记下此时螺旋测微头的位置。

④设置检偏棱镜，使其偏离消光位置 1°～2°。螺旋测微头转动一圈，检偏棱镜偏离消光位置 1.6°，即 $\delta=1.6°$。

⑤调节克尔信号处理器上的光路电平电位器以及光路幅度电位器，使输出信号幅度为为 1.25 V 左右。调节克尔信号处理器上磁路电平电位器，使磁信号大小为 1.25 V 左右。采集卡的采集信号范围是 0～2.5 V，这样可确保测量曲线的中心正好出现在图的中心位置(1.25 V，1.25 V)附近。测量曲线位于图中心附近不仅可保证观测到完整的测量曲线，还能保证光信号和磁信号不超出采集卡的采集范围。若光信号或磁信号超出采集卡的采集范围，则信号数据和测量曲线都无法被完整地记录下来。

4. 实验操作

①检测克尔角时按照图 5-4-3 调整好光路。

②将磁铁电源控制器上的手动/自动转换开关指向手动挡，调节电流调节电位器，选择合适的最大扫描电流。因为每种样品的矫顽力不同，所以最大扫描电流也不同。实验时可以先粗调，观察扫描波形后再细调。通过观察励磁电源主机上的电流指示，选择合适的最大扫描电流，然后将转换开关调至自动挡。

③打开表面磁光克尔效应实验软件，设置扫描周期和扫描次数，进行磁滞回线的自动扫描。

④数据保存。保存测量的样品磁滞回线数据或图形，记为磁滞回线 1，并将由磁滞回线 1 得到的样品磁性参数填入表 5-4-1。

⑤改变检偏角 δ 的大小，重复步骤③和④。

⑥检测克尔椭偏率时，参照图 5-4-3 的光路，在检偏棱镜前放置 1/4 波片，并调节 1/4 波片的主轴使其平行于入射面。调整好光路后进行自动扫描，将克尔椭偏率随磁场变化的曲线记为磁滞回线 2，并将由磁滞回线 2 得到的样品磁性参数填入表 5-4-2。

⑦测试完成，关闭仪器，处理数据。

五、实验数据记录与处理

1. 克尔角相关磁滞回线测量和磁性参数计算

①记录样品的磁滞回线1和相关磁性参数,如I_{+M_s},I_{-M_s},I和I_0,将这些数据和检偏角δ一并填入表5-4-1。

②根据式(5-4-9)计算样品的饱和克尔角θ_{Ks}、剩余克尔角θ_{Kr},和矫顽力U_c一并填入表5-4-1。

③分析检偏角δ对样品磁滞回线1以及θ_{Ks},θ_{Kr}和U_c的影响。

表 5-4-1 克尔角相关磁滞回线测量数据

序号	I_{+M_s}/V	I_{-M_s}/V	I_0/V	ΔI/V	δ/(°)	θ_{Ks}/(°)	θ_{Kr}/(°)	U_c/V
1								
2								
3								

2. 克尔椭偏率相关磁滞回线测量和磁性参数计算

①记录样品的磁滞回线2和相关磁性参数,如I_{+M_s},I_{-M_s},ΔI和I_0,将这些数据与检偏角δ一并填入表5-4-2。

②根据式(5-4-10)计算样品的饱和克尔椭偏率ε_{Ks}、剩余克尔椭偏率ε_{Kr},和矫顽力U_c一并填入表5-4-2。

③分析检偏角δ对样品磁滞回线2以及ε_{Ks},ε_{Kr}和U_c的影响。

表 5-4-2 克尔椭偏率相关磁滞回线测量数据

序号	I_{+M_s}/V	I_{-M_s}/V	I_0/V	ΔI/V	δ/(°)	θ_{Ks}/(°)	θ_{Kr}/(°)	U_c/V
1								
2								
3								

3. 对比分析

对比由样品的克尔角相关磁滞回线和克尔椭偏率相关磁滞回线得到的磁饱和参数、剩磁和矫顽力等磁性参数,分析其差异。

六、注意事项

①做实验前要先打开激光器,使之预热 15 min 以上,禁止直视激光束,避免损伤眼睛。

②实验样品必须是磁性薄膜或表面抛光平整的磁性薄片。

③实验最好在暗室进行,以减少环境光线的影响。

七、思考题

①SMOKE 实验系统的主要组成部件有哪些?各有什么作用?

②SMOKE 实验系统测量磁性样品磁滞回线的原理是什么?

③影响实验结果的因素有哪些?

表面磁光克尔效应的应用

实验 5-5　X 射线衍射物相定性分析

目前,X 射线衍射技术已经成为最基本、最重要的一种材料结构表征手段,应用范围覆盖物理、化学、地质、生命科学、工程及材料等领域。在材料学领域,X 射线衍射技术主要用于材料的物相分析、结晶度测量以及点阵参数精密测定。此外,X 射线衍射技术还可用于结构相变、外延片应变状态、晶粒尺寸、结构畸变、薄膜厚度、材料密度、组织结构、残余应力等的测试分析。

X 射线衍射仪是一种利用物质对 X 射线的衍射现象进行结构分析和成分检测的仪器。X 射线衍射仪可以对无机物、有机物、金属材料等进行无损分析,是科学研究和工业生产中不可或缺的重要仪器。X 射线衍射仪是能精确测定物质晶体结构,能进行物相分析、定性和定量分析的材料表征设备。第一台 X 射线衍射仪由弗里德曼于 1945 年设计制造。20 世纪 90 年代以来,各生产厂家对仪器主要部件作了很大改进,X 射线管的结构及寿命、X 射线发生器的稳定性、测角仪的精密度和分辨率、探测器的计数率和灵敏度、设备的综合稳定性等均得到大幅度提高。随着电子学、计算机、探测器和精密机械加工技术的发展,X 射线衍射仪正向着高分辨、大功率、计算机化和一机多用的方向发展。

一、实验目的

①了解 X 射线衍射仪的结构及工作原理。
②掌握利用 X 射线衍射仪进行物相定性分析和物相检索的方法。

二、实验原理

1. X 射线的产生和性质

在实验教学中,常用仪器是以高速电子和物质原子相互碰撞来产生 X 射线的。常见的 X 射线管是一个真空二极管,管内阴极是炽热的钨丝,可发射电子,阳极是表面嵌有靶材的钼块。两极之间加上几万伏的高压后会产生很强的电场,使电子到达阳极时获得较高的速度。高速运动的电子撞击阳极靶面,一部分动能会转化为 X 射线的能量,其余大部分以热能形式释放。因此,工作时需要对阳极进行降温。

从X射线管发出的X射线可以分为两部分：一部分具有连续波长，构成连续谱；另一部分则构成具有特定波长的标识谱，又称为特征谱，一般表现为连续谱上的尖锐的峰。连续谱和特征谱的产生机理不同。①连续谱：高速电子到达阳极表面时，电子的运动会突然受阻。根据电磁场理论，这种电子产生韧致辐射，向外发射电磁波。这种辐射的特点是产生的电磁波具有不同波长，形成一个从某一最短波长开始的连续谱。②特征谱：由于存在电子轰击，阳极物质的原子被激发，靠近原子核的内层电子脱离原子，外层电子继而跃迁到内层的空位上，此时原子发射的X射线为特征谱。不同材料阳极靶的特征谱结构相同，都分为K、L、M、N等线系，每个线系又有多条谱线。其中，最常用的是波长最短、强度最大的K系谱线。只有当工作电压大到使电子具有足够的动能激发物质原子的K层电子时，才会发出K系谱线，常见的有K_α和K_β谱线。

2. X射线衍射原理

可以将X射线在晶体点阵上的定向衍射看作一组由点阵原子构成的晶面产生的干涉性反射。由晶体点阵中原子散射的射线相互干涉，与射线被一组晶面或原子面反射的情况类似。但是，这种反射与光学上的反射不同，因为它是一种选择性的反射作用，不能取任意入射角。如图5-5-1所示，当一束波长为λ、经过准直的单色X射线，以掠射角θ投射到间距为d、晶面指数为(hkl)的一组晶面上时，每一层晶面上的原子都向各个方向发射次级散射线，其中有些散射线可以看成各层晶面按照反射定律对入射线反射的结果。

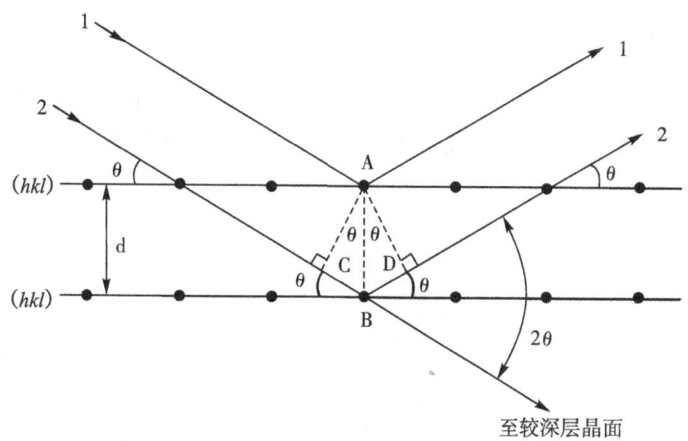

图 5-5-1　X射线在晶格上的衍射

产生的衍射条件为：①入射线、反射线（衍射线）和衍射面(hkl)的法线在同一平面上。②入射线和反射线与衍射面的夹角相等，即入射角等于反射角。③不同

晶面反射的射线,其光程差为波长 λ 的整数倍,即满足布拉格定律

$$2d\sin\theta = n\lambda \quad (n = 1,2,3,\cdots) \qquad (5\text{-}5\text{-}1)$$

X 射线物相分析是通过比较结晶物质的 X 射线衍射花样来分析待测试样中含有何种结晶物质(物相)的。任何一种结晶物质都有自己特定的结构参数,如点阵类型、晶胞大小以及晶胞中原子或离子的数目、位置等。这些结构参数与 X 射线的衍射角以及衍射强度有着对应关系,结构参数不同则 X 射线衍射花样也各不相同。因此,当 X 射线被晶体衍射时,每一种结晶物质都会产生独特的衍射花样,不存在两种衍射花样完全相同的物质。当 X 射线入射到小晶体时,其衍射将变得不那么集中,导致衍射峰变宽。晶体的晶粒越小,X 射线衍射谱带增宽越明显。我们可以借助谢乐公式来描述晶粒尺寸与衍射峰半峰宽之间的关系:

$$D_{hkl} = \frac{k\lambda}{\beta\cos\theta_{hkl}} \qquad (5\text{-}5\text{-}2)$$

式中:β 为半峰宽度,即衍射强度为极大值一半处的宽度(以弧度表示);D_{hkl} 为晶面法线方向的晶粒尺寸,与其他方向的晶粒尺寸无关;k 为形状因子;θ_{hkl} 为 (hkl) 晶面衍射的掠射角。

通常,我们以衍射角为横坐标,以衍射相对强度 I 为纵坐标来绘制 X 射线衍射谱图。目前,对某种材料进行物相分析时,只需要将其 X 射线衍射谱图与数据库的标准谱图比对。

三、实验仪器

本实验使用的仪器是 DX-2700B 型 X 射线衍射仪,主要由高稳定度 X 射线源、衍射角度测量装置(测角仪)、X 射线探测器、衍射数据处理分析系统等组成,如图 5-5-2 所示。

图 5-5-2　X 射线衍射仪

1. 高稳定度 X 射线源

实验用 X 射线管是密封式的,主要由阴极灯丝、阳极、聚焦罩等组成,功率大多在 1～2 kW。常用的 X 射线靶材有 W、Ag、Mo、Ni、Co、Fe、Cr、Cu 等,选用原则是尽可能避免靶材产生的特征 X 射线激发样品产生荧光辐射,以降低衍射花样的背底,使图样清晰。同时,必须根据样品所含元素的种类来选择最适宜的特征 X 射线波长。当 X 射线的波长稍短于样品成分元素的吸收限时,样品强烈吸收 X 射线,并激发产生成分元素的荧光 X 射线,使背底增高,信噪比降低,衍射谱图难以分辨。本实验选用 Cu 作为靶材。

X 射线管消耗的功率只有很小一部分转化为 X 射线的功率,99% 以上都转化为热量,因此,X 射线管工作时必须用水流从靶面后方进行冷却,以免靶材融化、损坏。为提高靶材与水的热交换效率,冷却水流用喷嘴喷射,流量要求大于 3.5 L/min。X 射线发生器的停水报警保护电路必须可靠。

2. 衍射角度测量装置

衍射仪的测角仪是 X 射线衍射仪中最精密的机械组件,用来精确测量衍射角,其原理见图 5-5-3。样品台位于测角仪中心,样品台的中心轴 ON 与测角仪的中心轴(垂直图面)垂直。样品台既可以绕测角仪的中心轴转动,也可以绕自身的中心轴转动。在样品台上装好样品后,要求样品表面与测角仪中心轴重合。入射线从 X 射线管焦点 F 发出,经 S1、H 照射到样品表面,反射线经 M、S2 进入计数器 D。射线管焦点 F 和接收光阑 G 位于同一圆周上,这个圆周称为测角仪圆(或衍射仪圆),该圆所在的平面称为测角仪平面。样品台和计数器分别固定在两个同轴的圆盘上,由两个马达驱动。在衍射测量时,样品台绕测角仪中心轴转动,不断地改变射线与样品表面的夹角 θ,计数器沿测角仪圆运动,接收各衍射角 2θ 对应的衍射。根据需要,θ 角和 2θ 角可以单独调整,也可以自动匹配。

3. X 射线探测器

用于 X 射线衍射仪的辐射探测器有闪烁探测器、正比探测器和半导体探测器等。闪烁探测器适用于各种 X 射线波长,具有很高的量子效率,稳定性好,使用寿命长。此外,其分辨时间短(10^{-7} s 级),对晶体衍射用的软 X 射线也有一定的能量分辨能力。正比探测器在接收 X 射线光子时,只在其接收位置产生局部电子雪崩效应,所形成的电脉冲向计数器两端输出。由于不同位置产生的脉冲传播距离不等,因此会产生一定的时间差,使得正比计数器在芯线方向具有位置分辨能力。随着科学技术的不断发展,科学家们在锗(锂)、硅(锂)、高纯锗等探测器的基础上研制出许多新型半导体探测器。较先进的衍射仪都可以选择配置线阵或阵列探测器,可同时接收多个 2θ 角的衍射,其样品测量速度可提高几十倍以上。

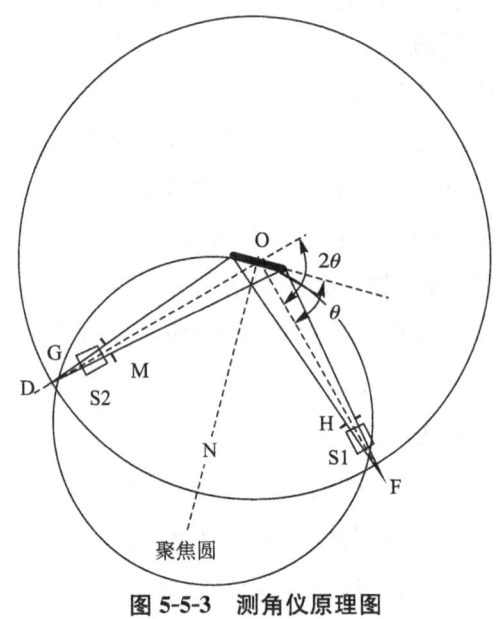

图 5-5-3　测角仪原理图

四、实验步骤与要求

1. 样品制备

对于粉末样品,通常要求颗粒尺寸均一,无择优取向。因此,通常应先用玛瑙研钵对样品进行充分研磨。定性分析时样品粒度应小于 44 μm,定量分析时应将样品研磨至 10 μm 左右。常用的粉末样品架为玻璃样品架,玻璃板上有一块刻蚀出的填充区,大约为 20 mm×18 mm。将适量研磨好的粉末样品填入样品架的凹槽中,使粉末样品在凹槽中均匀分布,并用平整光滑的玻片将其压实。将凹槽外或高出样品架的多余粉末刮去,重新将样品压平压实,使样品表面与样品架边缘处于同一平面。

对于块状样品,应切割成合适的大小(不得超过铝制样品架矩形孔洞的尺寸),用砂轮和砂纸打磨测试表面使其平整光滑。块状样品可以直接用橡皮泥或石蜡粘在样品架的矩形孔洞中,要求样品表面与样品架表面平齐。

对于薄膜样品,剪成合适的大小后,用胶带或橡皮泥直接粘在玻璃样品支架上即可。

2. 样品测试

①将制备好的样品插入衍射仪样品台,关闭防护罩。

②接通电源,打开水泵循环系统开关,运行一段时间,待循环冷却水的温度保持在 18~22 ℃范围内,打开 X 射线衍射仪主机启动按钮。

③打开 X 射线衍射仪测试软件,依次点击"测试"和"样品测量",在弹出的控制参数对话框中设置测试参数:测试方式为步进测量;起始角≥5°,终止角≤150°,步进角度范围为 0.01°~0.03°,一般设置为 0.02°;采样时间,物相分析为 0.1~1 s(以 0.1 s 为单位),定量分析≥2 s(以 1 s 为单位);管电压为 40 kV;管电流为 30 mA。

④点击"开始测量",开启高压,进行信息采集。

⑤待采集完毕,保存数据,关闭高压,退出测试软件。

⑥取出样品,关闭 X 射线衍射仪主机电源,继续运行水泵循环系统,30 min 后关闭水泵。最后,关闭线路总电源。

五、实验数据记录与处理

①测量样品的 X 射线衍射谱图,根据特征峰的衍射角分布,对样品的物相进行分析,标出衍射峰所对应的晶面指数。

②根据式(5-5-2)估算所测样品的晶粒大小。

六、注意事项

①测试前先打开水泵,防止出现超温保护现象。水泵运行过程中,正常工作温度为 18~22 ℃,超过 22 ℃仪器会停止工作。

②测试过程中开启高压后,X 射线管会产生射线,须注意射线防护。不得在 X 射线管裸露的情况下调试仪器,更换样品时必须切断 X 射线管的高压。

③关闭 X 射线衍射仪测试软件即切断高压。如果点击"暂停高压",30 min 后系统会自动启动高压。

七、思考题

①简述 X 射线连续谱、特征谱产生的原理及特点。

②X 射线衍射仪研究的是材料的体相还是表面相?

③X 射线衍射仪用于定性分析时可以得到材料的哪些信息?

④X 射线衍射仪可用于定量分析样品的哪些参数?

实验 5-6　材料孔隙率及比表面积测量

由于没有工具可以直接测量比表面积,所以人们根据物理吸附的特点,以已知分子截面积的气体分子作为探针,创造一定条件,使气体分子覆盖于被测样品的整个表面,用单位质量样品第一层被吸附的分子数目乘以分子截面积来计算比表面积。比表面积是指气体能够到达的全部表面的面积,包含外表面积和内表面积。物理吸附一般是弱的可逆吸附,因此固体必须被冷却到气体的沸点。比表面及孔径分析仪就是这种用于创造相应的条件来实现复杂计算的仪器。

在细小粉末中,有相当比例的原子处于或靠近表面。如果粉末的颗粒有裂缝、缝隙或表面有孔,则裸露原子的比例更高。固体表面的分子与内部的分子不同,存在剩余的表面自由力场。同一种物质,粉末状与块状有着显著不同的性质:与块状相比,细小粉末更具活性,溶解性更好,溶解温度更低,吸附性能更好,催化活性更高。这种影响非常显著,以至于在某些情况下,比表面积及孔结构的重要性与化学组成相当。因此,无论是在科学研究中还是在生产实际中,了解所制备或使用的吸附剂的比表面积和孔径分布都十分重要。

一、实验目的

①掌握比表面及孔径分析仪的基本构造及原理。
②学会用 BET(Brunauer-Emmett-Teller)容量法测量固体比表面积。

二、实验原理

1. 孔的定义

受多种因素影响,固体表面往往凹凸不平。当凹坑深度大于凹坑直径时,便形成孔。有孔的物质叫作多孔体,没有孔的物质叫作非孔体。孔的吸附行为因孔直径而异,孔大小可细分为:微孔(micropore),直径<2 nm;中孔(mesopore),直径为 2~50 nm;大孔(macropore),直径为 50~7500 nm;巨孔(megapore),直径>7500 nm。

此外,将粉末填充到孔内,粒子间的空隙也构成孔,一般形成大孔,粒径小、填充密度大时形成小孔。分子能从外部进入的孔叫作开孔,分子不能从外部进入的孔叫作闭孔。单位质量物质的孔容积称为孔容积或孔隙率。

2. 吸附平衡

固体表面的气体浓度因吸附而增大的过程称为吸附过程；反之，固体表面的气体浓度减小的过程称为脱附过程。吸附速率与脱附速率相等时，固体表面吸附的气体量维持不变，这种状态为吸附平衡。吸附平衡与压力、温度、吸附剂的性质、吸附质的性质等因素有关。一般而言，物理吸附可以很快达到平衡，而化学吸附则很慢。吸附平衡有三种：等温吸附平衡、等压吸附平衡和等量吸附平衡。

3. 吸附等温线

在恒定温度下，对于一定的吸附质压力，固体表面只能吸附一定量的气体。通过测量一系列相对压力下的吸附量，可得到吸附等温线。吸附等温线是对吸附现象以及固体表面与孔隙结构进行研究的基本数据。根据吸附等温线，可以研究表面与孔的性质，计算出比表面积与孔径分布。

吸附等温线的形状与孔的大小和数量直接相关。吸附等温线可以分为六种类型，如图 5-6-1 所示。

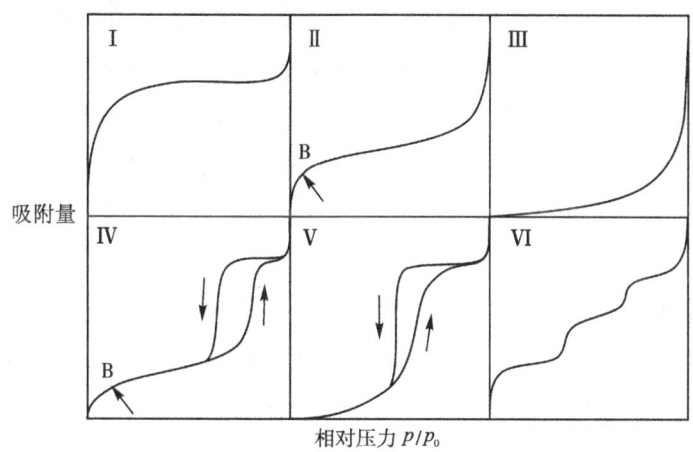

图 5-6-1 吸附等温线的六种类型

(1) Ⅰ型等温线(朗缪尔等温线)

Ⅰ型等温线对应朗缪尔单层可逆吸附过程，是窄孔吸附的结果(对于微孔材料，则表现为体积充填)。样品的外表面积比孔内表面积小很多，吸附容量受孔体积限制。当吸附剂的小孔完全被吸附气体充满时，会出现平台转折点。微孔硅胶、沸石、炭分子筛等的吸附等温线为Ⅰ型等温线。在接近饱和蒸气压时，由于微粒之间存在缝隙,会发生类似大孔的吸附行为,吸附量会迅速上升。

(2) Ⅱ型等温线(S型等温线)

Ⅱ型等温线对应非多孔性固体表面或大孔固体的自由单一多层可逆吸附过程。在低相对压力(p/p_0)区有拐点B,此为Ⅱ型等温线的第一个陡峭部,指示单分子层达到吸附饱和(单分子层吸附完成)。随着p/p_0的增大,开始形成第二层吸附;达到饱和蒸气压时,吸附层数趋于无限大。在低p/p_0区,曲线凸向上或凸向下,反映了吸附质与吸附剂相互作用的强弱。

(3) Ⅲ型等温线

当憎液性表面发生多分子层之间的弱吸附时,或固体和吸附质的吸附相互作用小于吸附质之间的相互作用时,会呈现Ⅲ型等温线。Ⅲ型等温线在整个压力范围内凸向下,曲线没有拐点。低p/p_0区的吸附量少且不出现拐点,表明吸附剂和吸附质之间的作用力相当弱。随着p/p_0增大,吸附量增多,逐渐表现出有孔充填现象。有一些物系的等温线逐渐弯曲,但没有可识别的拐点。这表明,在这种情况下,吸附剂和吸附质的相互作用是比较弱的。

(4) Ⅳ型等温线

Ⅳ型等温线在低p/p_0区凸向上,与Ⅱ型等温线类似。在较高p/p_0区,吸附质在中孔内发生毛细凝聚(达饱和),吸附量迅速上升。所有孔均发生凝聚后,吸附主要在外表面发生,曲线平坦。p/p_0接近1时,在大孔上吸附,吸附量上升。由于发生毛细凝聚,在这个区域内可观察到滞后现象,即脱附时得到的等温线与吸附时得到的等温线不重合,脱附等温线在吸附等温线的上方,形成滞后环。

(5) Ⅴ型等温线

Ⅴ型等温线较少见,且难以解释,虽然有Ⅲ型等温线的特点,即吸附剂与吸附质之间作用微弱,但在高压区有一个拐点,有时在较高p/p_0区也存在毛细凝聚和滞后环。

(6) Ⅵ型等温线

Ⅵ型等温线以其吸附过程的台阶状特性而著称。这些"台阶"来源于均匀非孔表面的依次多层吸附。通常情况下,液氮温度下的氮吸附不能完全展现这种等温线,而液氩温度下的氩吸附则可以实现。

4. 比表面积计算一般原理

比表面积是单位质量固体物质所具有的表面积,其单位为 m^2/g。用吸附法测量比表面积的要点是:在各个不同相对压力下测量吸附量,得到吸附等温线,求出与吸附剂表面被吸附质覆盖满单分子层时对应的吸附量即单分子层饱和吸附量,然后根据吸附质分子在吸附剂表面所占面积及吸附剂质量,计算出吸附剂的表面积。1938 年,布鲁诺尔(Brunauer)、埃梅特(Emett)和特勒(Teller)将朗缪尔吸附理论推广到多分子层的吸附,建立了 BET 多分子层吸附理论,广泛用于比表面积的计算。BET 方程如下:

$$\frac{1}{V\left(\frac{p_0}{p}-1\right)} = \frac{1}{V_m C} + \frac{(C-1)}{V_m C} \cdot \frac{p}{p_0} \tag{5-6-1}$$

式中:V 为在相对压力 p/p_0 下的吸附气体体积;V_m 为单层吸附时所需的气体体积,即单层覆盖所需的吸附量;C 为 BET 常数。

5. 孔径分布计算一般原理

孔体积按孔尺寸大小的分布简称为孔径分布或孔分布。为了便于数学表达和计算,人们常用各种几何形状规整的等效孔模型来对实际孔隙进行平均逼近。常用的模型有圆筒孔、平行板孔以及球形孔等效模型等。当这些孔隙处在一定温度下(如液氮温度下)的某一气体(如氮气)的环境中时,有一部分气体会被孔壁吸附。如果该气体冷凝后可以润湿孔壁(如液氮可以湿润大多数固体表面),则随着该气体的相对压力逐渐升高,除气体在各孔壁的吸附层厚度相应增大外,当达到与某组孔径相对应的临界相对压力时,还会发生毛细凝聚现象。半径越小的孔越先被凝聚液充满,随着该气体的相对压力不断增大,半径较大的孔也相继被凝聚液充满,而半径更大的孔的孔壁吸附层则继续增厚。当相对压力达到 1 时,所有孔都被充满,并且所有表面都发生凝聚。

由毛细孔中的热力学原理知,发生蒸发时,其孔的临界凯尔文半径与临界相对压力 x 的关系满足开尔文公式(Kelvin equation):

$$r_K = \frac{-2r v_m \cos \phi}{RT \ln x} \tag{5-6-2}$$

式中:r_K 为临界开尔文半径;σ 为液体的表面张力;ϕ 为液体与固体之间的接触角;R 为理想气体常数;T 为绝对温度;v_m 为液体的摩尔体积;r 为临界孔半径。

$$r = r_K + t \tag{5-6-3}$$

式中 t 为吸附层的厚度。以氮作吸附质,在液氮温度达到平衡时,有 $T=77.3$ K,$v_m=34.65\times10^{-6}$ m³/mol,$r=8.85$ m·N/m,$\phi=0°$,$R=8.314$ J/(mol·K)。于是,式(5-6-2)可写为

$$r_K = -4.14 (\lg x)^{-1} (\text{Å}) \tag{5-6-4}$$

对于充满凝聚液的孔,其壁上吸附层厚度 t 与相对压力 x 的关系则满足

$$t = t_\mathrm{m} \left(\frac{-5}{\ln x}\right)^{1/3} \quad (5\text{-}6\text{-}5)$$

式中 t_m 为单分子层厚度。对于氮气,$t_\mathrm{m} = 4.3$ Å,故式(5-6-5)可写为

$$t = -5.57 (\lg x)^{-1/3} (\text{Å}) \quad (5\text{-}6\text{-}6)$$

三、实验仪器

实验用 3H-2000 PS1 比表面及孔径分析仪如图 5-6-2 所示,主要由脱气模块和测试模块两部分组成。其中:脱气模块主要由温控试管夹套、防污染瓶试管夹套、防污染瓶、滤尘袋、真空表、抽拉板、加热炉等组成;测试模块主要由测试位试管夹套、饱和蒸气压管、杜瓦杯、自动杯盖、杯托、安全罩等组成。

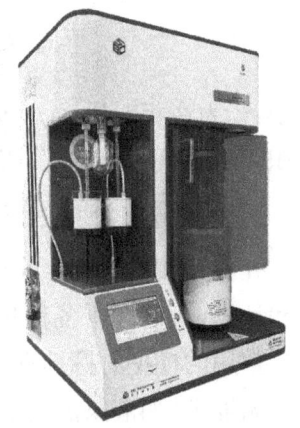

图 5-6-2 比表面及孔径分析仪

四、实验步骤与要求

1. 称样

比表面积小的样品不能满足最小称样量的要求,所以需要用大号样品管装,且要求尽量多装,并使用填充棒以减小样品管死体积。最小称样量不得低于 0.1 g。当待测样品比表面较大时,即使满足条件的称样量低于 0.1 g,也需要装 0.1 g,以减小称样误差。

2. 开气瓶

①打开气源高纯 N_2、He 气瓶。先打开钢瓶总阀(逆时针旋转半圈至一圈即可),再慢慢打开减压阀(顺时针为开,逆时针为关)。

②调节压力。调节减压阀至钢瓶减压阀出压力为 (0.3 ± 0.05) MPa。压力不能过大,防止进气阀门承受压力过大,使用寿命降低;压力也不能过低,这样无法在规定时间内达到目标压力。

3. 打开软件

打开仪器总电源,打开软件,听到"嘀"声,表示通信正常,软件界面底部状态条会显示仪器状态信息。

4. 样品吹扫脱气处理

①安装样品管。将样品管插入试管夹套,夹紧螺母应拧紧,拧不动为止,以防漏气。在没有样品管的脱气位装上玻璃塞。

②装电炉。将加热炉接线端口接在相应端口上,将加热炉套在样品管上。

③点击"脱气",进入脱气控制界面。选定温控表,检查设定温度。注意:设定温度上限为300 ℃;若试样安全温度较高,建议设定为200 ℃;吹扫温度应低于试样安全温度至少25 ℃。设置吹扫时间,点击"定时开始",开始计时。计时结束后,设备会发出蜂鸣提示(建议脱气时间设置为180 min左右)。

④点击"开始",即可开始脱气过程。

⑤吹扫完毕或计时结束后,取下加热炉,待样品管恢复常温再转移至测试位。

5. 设置实验条件

进入测试过程界面,点击"设置"进入测试设置页面,根据右侧帮助信息进行设置。

①选择有效分析站。

②对选中的分析站进行设置。样品名称和重量不能为空。输入比表面积下限可减少试投气次数,提高测试速度。如不知道待测样品比表面积,选择"不确定"。

③吸附腔体积计算。装样前需要先测出样品管和填充棒的空管体积,然后输入样品密度,确定吸附腔体积。

④分析站的分压点设置。点击"设置分压点值"可修改分压点设置,确定测试种类(比表面积、外比表面积、孔径)。

⑤最小投气量。设置最小投气量是为了在低压时能够投入额定的气体量,以尽快达到低压目标分压点。该值是根据样品吸附量估计的值,对于未知样品,建议设置为0.5,切勿输入太大的值,以防因投气量过大而跳过低压分压点。

⑥低、高压平衡时间系数。系数越大,平衡时间越长。如果是微孔样品,低压时吸附时间较长,所以把低压平衡系数设置大一点即可(建议值为10);如果是大孔样品,那么把高压平衡系数设置大一点即可(建议值为10);如果是未知样品,建议高、低压平衡系数都设置成5。

⑦液氮杯上升时间。该值越大,真空度越高。对于非微孔样品,建议值为2 min;对于微孔样品,建议值为5 min。

⑧恒温浴温度。根据液氮杯中的温度设置,液氮恒温浴温度为 77.3 K。

⑨目标压力值设置。选择所需等温线测试过程,点击"生成目标压力值",生成的目标压力为程序推荐的默认分压点,可以对生成后的目标压力值进行增加、删除操作。对于需要重点分析的分压段,可适当增加分压点。生成或修改完成后,点击"确定"。

6. 开始实验

设置完成后,点击"保存"返回测试过程界面,然后点击"开始"选择需要开始的分析站点,点击"确定"开始分析过程。可通过"测试过程实时监测"和"等温线"来查看各个分析站的测试进程,测试完成软件会蜂鸣 5 声进行提示。

7. 停止实验

点击"停止",选定的正在进行中的分析站测试过程会停止,仪器将进入停止流程,开始抽空样品管中的气体,并降下液氮杯。注意:不可强行拆卸样品管。

五、实验数据记录与处理

①绘制样品的氮气吸附等温线,对照图 5-6-1 判断其类型。
②绘制样品的孔径分布变化曲线,判断样品属于哪种孔径的材料。

六、注意事项

①脱气位真空度直接影响脱气效率,须根据样品密度预先判断样品是否易抽飞。一旦出现抽飞现象,须立即清理,保证设备正常运行。
②放填充棒时须缓慢放到底,样品管也应慢慢旋转插入试管夹套,以免损坏样品管。

七、思考题

①实验过程中为什么要对 p/p_0 的数值进行控制?一般控制在什么范围?
②实验操作过程中有哪些注意事项?

实验 5-7 粉体粒径及粒度分布测量

激光具有很好的单色性和极强的方向性,在没有阻碍的空间中传播会照射到无限远的地方,且很少有发散现象发生。当激光光束遇到颗粒阻碍时,颗粒会将照射到其上的激光向周围散射。颗粒的大小和数量会影响散射光的特性参数,因此可以通过测量光强、偏振度、衰减比等参数的空间分布来获得待测颗粒的信息。目前,基于光散射理论的激光粒度分析仪是一种可以快速精确地测量颗粒大小和分布的仪器,被广泛应用于制药工业、食品工业、化妆品工业以及材料科学研究等领域。近年来,激光粒度分析仪在环境监测中的应用逐渐受到重视。

一、实验目的

①掌握用激光粒度分析仪测量粉体粒度的方法。
②了解粉体粒度测量的相关理论方法。
③掌握对粉体粒度测试结果进行数据处理及分析的方法。

二、实验原理

1. 激光粒度分析仪的工作原理

激光粒度分析仪是利用颗粒对激光产生衍射和散射的现象来测量颗粒群的粒度分布的仪器,其基本原理为:从氦氖激光器发出波长为 0.6328 m 的激光束,经扩束镜后汇聚在针孔,针孔滤掉所有的高阶散射光,只允许低频的激光通过。随后,激光束成为发散的具有一定直径的平行光束。反射棱镜使光学系统的光轴旋转 90°,使光束由水平传播变成垂直传播。当样品池内没有颗粒时,光束将被聚焦在环形光电探测器的中心,穿过中心的小孔照到中心探测器上。当样品池内有颗粒样品时,光束照射到颗粒悬浮液时产生衍射,经傅里叶透镜聚焦,在透镜的焦平面上形成一中心圆斑和围绕圆斑的一系列同心圆环。圆环的直径随衍射角(与颗粒的直径有关)的变化而变化,粒径越小,衍射角越大,圆环直径越大。在透镜的后焦平面位置设有多元光电探测器,会聚的光束将有一部分被颗粒散射到环形光电探测器的各探测单元以及大角探测器上,从而接收颗粒群衍射的光通量。光电转换信号经模数转换,被送至计算机处理。计算机根据夫琅禾费衍射原理中关于任意角度下衍射光强度与颗粒直径的公式进行计算,并运用最小二乘法原理处理数据,最终得到颗粒群的粒度分布。

激光粒度测试法具有适用范围广、速度快、操作方便、重复性好的优点,测量范围覆盖 $0.1\mu m$ 至几百微米。

2. 颗粒对光的散射理论

光是一种电磁波,在传播过程中遇到颗粒时,将与之相互作用,发生散射。当颗粒可以被近似为均匀的、各向同性的圆球时,可以根据麦克斯韦方程严格地推算出散射场的强度分布,这一理论被称为米氏散射理论。

根据米氏散射理论和仪器的光学结构,可通过计算机分析给出各种直径粒子所对应的散射光能分布,其集合组成光能矩阵 M,即

$$M = \begin{bmatrix} m_{11} & \cdots & m_{1n} \\ \vdots & \ddots & \vdots \\ m_{n1} & \cdots & m_{nn} \end{bmatrix} \tag{5-7-1}$$

矩阵中每一列代表一个粒径范围内单位重量的颗粒产生的散射光能分布,因此,有

$$\begin{bmatrix} s_1 \\ \vdots \\ s_n \end{bmatrix} = \begin{bmatrix} m_{11} & \cdots & m_{1n} \\ \vdots & \ddots & \vdots \\ m_{n1} & \cdots & m_{nn} \end{bmatrix} \begin{bmatrix} w_1 \\ \vdots \\ w_n \end{bmatrix} \tag{5-7-2}$$

式中:$s_1, s_2, \cdots, s_n$ 代表散射光能分布,其中包含待测颗粒的粒度分布信息;$w_1, w_2, \cdots, w_n$ 代表颗粒的质量分布。根据上式,只要已知散射光能分布,就可以计算出与之对应的粒度分布。

3. 粒度测量常用指标

激光粒度分析仪进行粒度测量时,常用测量指标如下:

(1) 粒径

粒径又称为颗粒尺寸,用于表征颗粒的大小。除了球形颗粒这一特例之外,颗粒的粒径并不是真实的物理尺寸,而是随测量原理变化的等效尺寸。在激光散射法测粒径技术中,粒径是指与待测颗粒有相同的光学性质且有最相近的光散射特性的球形颗粒的直径。

(2) 粒度分布

粒度分布是指一个粉体样品中各种粒径的颗粒所占的比例。因为任何一个粉体样品都是由大小不同的颗粒组成的,所以只有用粒度分布才能确切地描

述其粗细情况。粒度分布可以用微分分布表示,也可以用累计分布表示;既可以用表格展示,也可以直接用曲线呈现。

(3)悬浮介质

测量粒度时需要把样品分散在液体或气体中,这些液体或气体称为悬浮介质。理想的悬浮介质应该是既能让样品在其中分散,又不让样品在其中分解或发生化学反应的。对于不同的待测样品,往往要选用不同的悬浮介质。

(4)光能分布

光能分布即散射光的能量分布,就是激光粒度分析仪各光电探测器接收到的散射光能量。背景光能可反映光路上的尘埃粒子或各光学镜面的瑕疵点引起的散射光能分布。样品颗粒的散射光能是被待测样品的颗粒散射的光能,其分布与样品颗粒的粒度相对应,但不等同于粒度分布。

(5)特征粒径

粒度分布可以比较完整、详尽地描述一个粉体样品的颗粒大小,但是数据太多,不能一目了然。为了应用方便,可以用一些能代表样品粒度的特征参数来描述其粒度情况。这些参数称为特征粒径,具体包括以下几种:

体积平均粒径 $D(4,3)$:粒径对体积的加权平均。

颗粒数平均粒径 $D(1,0)$:粒径对颗粒个数的加权平均。

表面积平均粒径 $D(3,2)$:粒径对表面积的加权平均。

中位粒径 D_{50}:粒径大于或小于 D_{50} 的颗粒占 50%,也称为平均粒径。

边界粒径 D_{10}:颗粒累计分布取值 10% 所对应的粒径。

边界粒径 D_{90}:颗粒累计分布取值 90% 所对应的粒径。

(6)粒度分布宽度

粒度分布宽度用于表征样品粒径的均匀程度。粒度分布宽,表示样品颗粒的粗细不均匀,反之则表示均匀。一般用一对边界粒径来表示分布宽度,如 (D_{10}, D_{90})。

(7)遮光比

遮光比是指测量用的照明光束被样品颗粒阻挡部分的横截面积与照明光束总面积的比值。通常,颗粒在测量介质中的浓度越高,遮光比越大。

(8)拟合残余

在激光粒度分析仪中,仪器直接测得的是光能分布,粒度分布是根据光能分布按照一定的数学拟合方法计算得到的。受颗粒形状、电子噪声等因素的影响,理论光能分布与实测光能分布之间通常存在差异即拟合残余。

三、实验仪器

实验用 LS-909 激光粒度分析仪如图 5-7-1 所示,主要由测试主机、湿法进样器和干法进样器组成。

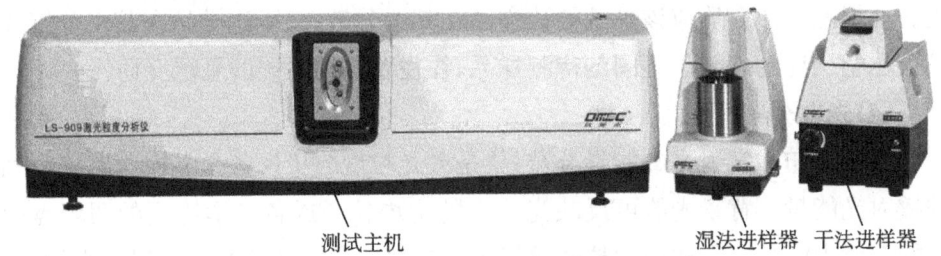

图 5-7-1　LS-909 激光粒度分析仪的组成

测试主机是整个仪器的核心,负责激光的发射、激光散射信号的光电转换、光电信号的预处理和模数转换,主要由光路自动对中机构、光电探测器、测量窗口插槽、长焦距傅里叶透镜以及氦氖激光器构成,如图 5-7-2 所示。测试样品时,我们将处理好的粉体样品加到循环进样器的加样槽内,湿法进样器和干法进样器分别使用循环泵和高压空气将样品颗粒输送到测量窗口以完成测试。仪器须连接计算机来处理光电信号,计算机负责将散射光的能量分布换算成样品的粒度分布,并形成测试报告。

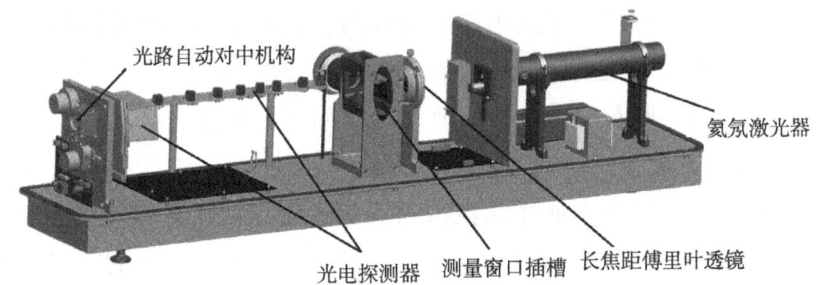

图 5-7-2　测试主机的内部结构示意图

四、实验步骤与要求

1. 仪器预热

打开电源,预热。一般要预热 30 min,激光功率才能稳定。如果环境温度较低,预热时间应适当延长。判断激光功率是否达到稳定的依据是,背景光能分布的零环数值是否稳定。

2. 系统对中

所谓系统对中,就是调节激光束的中心与环形光电探测器的中心使其一致。具体操作步骤如下:打开计算机,进入仪器配套软件界面。旋转上下两个对中旋钮,使"背景光能分布"中的零环最高,而其他环相对低。

正常情况下,零环数值应在 60 至 30 之间。零环数值高,其他环数值也相应较高;零环数值低,其他环数值也相应较低。如果零环数值下降,其他环数值反而升高,或者零环数值调到最大时也不大于 30,说明仪器处于异常状态。

3. 系统参数设置

根据实验需要,设置合适的待测样品折射率、数据处理分布模式、累积方式、测试次数等参数。

4. 样品制备

①向 50 mL 烧杯内加入 25 mL 悬浮液。

②用取样勺取适量待测样品,加入烧杯中。

③向烧杯内滴入适量分散剂,用玻璃棒搅拌悬浮液。样品与液体应混合良好,否则应更换悬浮液或分散剂。

④将烧杯放入超声波清洗机中,使清洗槽内的液面到达烧杯总高度的 1/2 左右,打开电源,振动 2 min 左右。振动时间可长可短,视具体样品而定。对容易下沉的样品,须一边振动,一边用玻璃棒搅拌。

⑤关闭电源,取出烧杯。

5. 背景测量

进入测试界面,单击屏幕上的"背景测量"按钮,待该按钮上的文字由"背景测量"变成"样品测量",即完成背景测量。

6. 样品测量

背景测量完成后,将准备好的样品倒入加样槽,单击屏幕上的"样品测量"按钮,便会自动进行样品测量,测试报告将显示在屏幕上。测量完毕,屏幕上将显示"测量结束"。

五、实验数据记录与处理

①将测量的特征粒径数值填入表 5-7-1,分析样品粒径的均匀程度。

②绘制粒度累计分布曲线和频率分布曲线。

表 5-7-1　样品的特征粒径

序号	$D(4,3)$	$D(1,0)$	$D(3,2)$	D_{50}	D_{10}	D_{90}
1						
2						
3						
4						
5						

六、注意事项

①不论仪器是否处于工作状态,仪器的全套设备都应放置在清洁干燥的环境中。激光粒度分析仪的全套设备不用时应盖上致密的防尘布。

②每测完一个样品,样品池(静态样品池或循环进样器)都必须立即清洗干净。静态样品池、循环进样器不用时,应用脱脂棉和镜头纸擦干其内外表面,套上密封胶袋,放入专用工具箱中。

③激光粒度分析仪连续开机时间不宜超过 5 h,超声波清洗机不宜连续使用超过 30 min,使用时应严格按照操作规程。

④控制箱不用时要排干里面的水,盖好进样杯的盖子,罩上防尘罩。

⑤禁止直视激光光源。即使佩戴了激光防护镜,也不可以直视激光发射口。

七、思考题

①实验中所测粒径的本质是什么?应用不同原理的粒度测量仪器测得的结果会相同吗?

②影响粒径测量的主要因素有哪些?

③粒度分布曲线的横坐标和纵坐标分别表示什么?

附　录

附录 1　厚度修正因子表

W/S	F(W/S)	W/S	F(W/S)	W/S	F(W/S)	W/S	F(W/S)
0.40	0.9993	0.59	0.9927	0.78	0.9699	0.97	0.9293
0.41	0.9992	0.60	0.9920	0.79	0.9681	0.98	0.9263
0.42	0.9990	0.61	0.9912	0.80	0.9664	0.99	0.9242
0.43	0.9989	0.62	0.9903	0.81	0.9645	1.0	0.921
0.44	0.9987	0.63	0.9894	0.82	0.9627	1.2	0.864
0.45	0.9986	0.64	0.9885	0.83	0.9608	1.4	0.803
0.46	0.9984	0.65	0.9875	0.84	0.9588	1.6	0.742
0.47	0.9981	0.66	0.9865	0.85	0.9566	1.8	0.685
0.48	0.9978	0.67	0.9853	0.86	0.9547	2.0	0.634
0.49	0.9976	0.68	0.9842	0.87	0.9526	2.2	0.587
0.50	0.9975	0.69	0.9830	0.88	0.9505	2.4	0.546
0.51	0.9971	0.70	0.9818	0.89	0.9483	2.6	0.510
0.52	0.9967	0.71	0.9804	0.90	0.9460	2.8	0.477
0.53	0.9962	0.72	0.9791	0.91	0.9438	3.0	0.448
0.54	0.9958	0.73	0.9777	0.92	0.9414	3.2	0.422
0.55	0.9953	0.74	0.9762	0.93	0.9391	3.4	0.399
0.56	0.9947	0.75	0.9747	0.94	0.9367	3.6	0.378
0.57	0.9941	0.76	0.9731	0.95	0.9343	3.8	0.359
0.58	0.9934	0.77	0.9715	0.96	0.9318	4.0	0.342

注：表中数据来源于 GB/T 1551—2021《硅单晶电阻率的测定　直排四探针法和直流两探针法》。$F(W/S)$ 为圆片厚度 W 与探针间距 S 之比的函数。

附录2 直径修正因子表

S/D	F(S/D)	S/D	F(S/D)	S/D	F(S/D)
0	4.5324	0.095	4.2039	0.19	3.45
0.005	4.5314	0.1	4.1712	0.195	3.4063
0.01	4.5284	0.105	4.1374	0.2	3.3625
0.015	4.5235	0.11	4.1025	0.21	3.2749
0.02	4.5167	0.115	4.0666	0.22	3.1874
0.025	4.508	0.12	4.0297	0.23	3.1005
0.03	4.4973	0.125	3.992	0.24	3.0142
0.035	4.4848	0.13	3.9535	0.25	2.9289
0.04	4.4704	0.135	3.9142	0.26	2.8445
0.045	4.4543	0.14	3.8743	0.27	2.7613
0.05	4.4364	0.145	3.8337	0.28	2.6793
0.055	4.4167	0.15	3.7926	0.29	2.5988
0.06	4.3954	0.155	3.7509	0.3	2.5196
0.065	4.3724	0.16	3.7089	0.31	2.4418
0.07	4.3479	0.165	3.6664	0.32	2.3656
0.075	4.3219	0.17	3.6236	0.33	2.2908
0.08	4.2944	0.175	3.5805	1/3	2.2662
0.085	4.2655	0.18	3.5372	—	—
0.09	4.2353	0.185	3.4937	—	—

注：表中数据来源于 GB/T 1551—2021《硅单晶电阻率的测定 直排四探针法和直流两探针法》。
$F(S/D)$ 为探针间距 S 与圆片直径 D 之比的函数。
当 S/D 为无穷小时，$F(S/D)=3.14/\ln 2=4.5324$；
当 $S/D=1/3$（极端情况）时，$F(S/D)=3.14/2\ln 2=2.2662$。

附录3 硅的电阻率温度系数

电阻率/($\Omega \cdot cm$)	温度系数 C_T/℃$^{-1}$ N型	温度系数 C_T/℃$^{-1}$ P型	电阻率/($\Omega \cdot cm$)	温度系数 C_T/℃$^{-1}$ N型	温度系数 C_T/℃$^{-1}$ P型
0.0006	0.00200	0.00160	0.10	0.00486	0.00372
0.0008	0.00200	0.00160	0.12	0.00517	0.00412
0.0010	0.00200	0.00158	0.14	0.00540	0.00444
0.0012	0.00184	0.00151	0.20	0.00585	0.00512
0.0014	0.00169	0.00149	0.25	0.00609	0.00548
0.0016	0.00161	0.00148	0.30	0.00627	0.00575
0.0020	0.00158	0.00148	0.35	0.00643	0.00596
0.0025	0.00159	0.00145	0.40	0.00656	0.00613
0.0030	0.00156	0.00137	0.50	0.00678	0.00639
0.0035	0.00146	0.00127	0.60	0.00696	0.00659
0.0040	0.00131	0.00116	1.0	0.00736	0.00707
0.0060	0.00060	0.00074	1.2	0.00747	0.00722
0.0080	0.00006	0.00046	1.4	0.00755	0.00734
0.010	−0.00022	0.00031	1.6	0.00761	0.00744
0.012	−0.00031	0.00025	2.0	0.00768	0.00759
0.014	−0.00026	0.00025	2.5	0.00774	0.00773
0.020	0.00025	0.00045	3.0	0.00778	0.00783
0.025	0.00083	0.00073	3.5	0.00782	0.00791
0.030	0.00139	0.00102	5.0	0.00791	0.00805
0.035	0.00190	0.00131	6.0	0.00797	0.00811
0.040	0.00235	0.00158	8.0	0.00806	0.00819
0.060	0.00364	0.00251	10	0.00813	0.00825
0.080	0.00439	0.00320	12	0.00818	0.00829

续表

电阻率/ ($\Omega \cdot$ cm)	温度系数 C_T/℃$^{-1}$		电阻率/ ($\Omega \cdot$ cm)	温度系数 C_T/℃$^{-1}$	
	N 型	P 型		N 型	P 型
16	0.00824	0.00835	160	0.00830	0.00880
20	0.00826	0.00840	200	0.00830	0.00882
25	0.00827	0.00845	250	0.00830	0.00884
30	0.00828	0.00849	300	0.00830	0.00886
35	0.00829	0.00853	350	0.00830	0.00888
50	0.00830	0.00862	400	0.00830	0.00891
60	0.00830	0.00867	500	0.00830	0.00897
80	0.00830	0.00872	600	0.00830	0.00900
100	0.00830	0.00876	800	0.00830	0.00900
120	0.00830	0.00878	1000	0.00830	0.00900

注：表中数据来源于 GB/T 1551—2021《硅单晶电阻率的测定 直排四探针法和直流两探针法》。表中 p 型硅数据仅对掺硼硅有效。

附录4 电阻率测试仪测量电流选择表

0.159 cm 间距四探针头：

I	W								
		0.00	0.01	0.02	0.03	0.04	0.05	0.06	0.07	0.08
W	0.1	00453	00498	00544	00589	00634	00680	00725	00770	00815
	0.2	00906	00951	00997	01042	01087	01133	01178	01223	01268
	0.3	01359	01404	01450	01495	01540	01586	01631	01676	01721
	0.4	01812	01857	01903	01948	01993	02039	02084	02129	02174
	0.5	02265	02310	02356	02401	02446	02492	02537	02582	02627
	0.6	02718	02763	02809	02854	02899	02945	02990	03035	03080
	0.7	03167	03212	03257	03302	03346	03391	03435	03480	03525

I	W				
		0.0	0.2	0.4	0.6	0.8
W	1.00	04486	05298	06028	06662	07203
	2.00	07807	08003	08367	08622	08830
	3.00	09008	09148	09266	09359	09434

I	W				
		0.0	0.2	0.4	0.6	0.8
W	4.00	09516	09573	09615	09658	09688
	5.00	09740	09752	09760	09792	09807
	6.00	09835	09844	—	—	—

注：表中 W 为厚度(mm)，I 为电流表示数。

$\rho = \dfrac{V}{I} \cdot W \cdot F\left(\dfrac{W}{S}\right) \cdot F\left(\dfrac{S}{D}\right) \cdot F_{sp}$；选择 $I = W \cdot F\left(\dfrac{W}{S}\right) \cdot F\left(\dfrac{S}{D}\right)$；设中心点 $F\left(\dfrac{S}{D}\right) = 4.53, F_{sp} = 1.00, S = 0.159$ cm。

(使用条件：硅片直径 $\Phi \geqslant 100$ mm)

查表方法举例：若样片厚度为 0.62 mm，则查表得到的电流表示数为 02809。

0.1 cm 间距四探针头：

I		W									
		0.00	0.01	0.02	0.03	0.04	0.05	0.06	0.07	0.08	0.09
W	0.1	00453	00498	00544	00589	00634	00680	00725	00815	00861	00815
	0.2	00906	00951	00997	01042	01087	01133	01178	01268	01314	01268
	0.3	01359	01404	01450	01495	01540	01586	01631	01721	01767	01721
	0.4	01811	01857	01901	01947	01991	02036	02081	02170	02215	02170
	0.5	02259	02304	02348	02392	02436	02479	02523	02610	02653	02610
	0.6	02696	02739	02781	02824	02866	02907	02949	03031	03072	03031
	0.7	03113	03153	03193	03233	03272	03311	03350	03427	03464	03427
	0.8	03502	03539	03572	03612	03648	03684	03719	03789	03823	03789
	0.9	03856	03890	03923	03956	03988	04020	04052	04112	04144	04112

I		W				
		0.0	0.2	0.4	0.6	0.8
W	1.00	04172	04697	05093	05378	05585
	2.00	05744	05850	05936	06007	06050

I		W				
		0.0	0.2	0.4	0.6	0.8
W	3.00	06088	06117	06145	06164	06180
	4.00	06197	—	—	—	—

注：表中 W 为厚度(mm)，I 为电流表示数。

$\rho = \dfrac{V}{I} \cdot W \cdot F\left(\dfrac{W}{S}\right) \cdot F\left(\dfrac{S}{D}\right) \cdot F_{sp}$；选择 $I = W \cdot F\left(\dfrac{W}{S}\right) \cdot F\left(\dfrac{S}{D}\right)$；设中心点 $F\left(\dfrac{S}{D}\right) = 4.53$，$F_{sp} = 1.00$，$S = 0.1$ cm。

(使用条件：硅片直径 $\Phi \geqslant 100$ mm)

查表方法举例：若样片厚度为 0.62 mm，则查表得到的电流表示数为 02781。

附录5 固体的线膨胀系数表

物质	温度/℃	线膨胀系数/($\times 10^{-6}$℃$^{-1}$)
铝	0~100	22.0~24.0
铁	0~100	11.54~13.20
紫铜	0~100	17.0~17.5
青铜	0~100	17.10~18.02
黄铜	0~100	18.10~20.08
不锈钢	0~100	16.20~17.40

注:不同金属材料的线膨胀系数不同,金属在不同温度段的线膨胀系数也不同,此表仅供参考。

附录6 铜-康铜热电偶分度表

温度/℃	热电势/mV								
	0	1	2	3	4	5	6	7	8
−10	−0.383	−0.421	−0.458	−0.496	−0.534	−0.571	−0.608	−0.646	−0.683
−0	0.000	−0.039	−0.077	−0.116	−0.154	−0.193	−0.231	−0.269	−0.307
0	0.000	0.039	0.078	0.117	0.156	0.195	0.234	0.273	0.312
10	0.391	0.430	0.470	0.510	0.549	0.589	0.629	0.669	0.709
20	0.789	0.830	0.870	0.911	0.951	0.992	1.032	1.073	1.114
30	1.196	1.237	1.279	1.320	1.361	1.403	1.444	1.486	1.528
40	1.611	1.653	1.695	1.738	1.780	1.882	1.865	1.907	1.950
50	2.035	2.078	2.121	2.164	2.207	2.250	2.294	2.337	2.380
60	2.467	2.511	2.555	2.599	2.643	2.687	2.731	2.775	2.819
70	2.908	2.953	2.997	3.042	3.087	30131	3.176	3.221	3.266
80	3.357	3.402	3.447	3.493	3.538	3.584	3.630	3.676	3.721
90	3.813	3.859	3.906	3.952	3.998	4.044	4.091	4.137	4.184
100	4.277	4.324	4.371	4.418	4.465	4.512	4.559	4.607	4.654
110	4.749	4.796	4.844	4.891	4.939	4.987	5.035	5.083	5.131
120	5.227	5.275	5.324	5.372	5.420	5.469	5.517	5.566	5.615
130	5.712	5.761	5.810	5.859	5.908	5.957	6.007	6.056	6.105
140	6.204	6.254	6.303	6.353	6.403	6.452	6.502	6.552	6.602
150	6.702	6.753	6.803	6.853	6.903	6.954	7.004	7.055	7.106
160	7.207	7.258	7.309	7.360	7.411	7.462	7.513	7.564	7.615
170	7.718	7.769	7.821	7.872	7.924	7.975	8.027	8.079	8.131
180	8.235	8.287	8.339	8.391	8.443	8.495	8.548	8.600	8.652
190	8.757	8.810	8.863	8.915	8.968	9.021	9.074	9.127	9.180

参考文献

[1] 马南钢. 材料物理性能综合实验[M]. 北京:机械工业出版社,2010.

[2] 龙毅. 材料物理性能[M]. 长沙:中南大学出版社,2009.

[3] 田莳,王敬民,王瑶,等. 材料物理性能[M]. 2 版. 北京:北京航空航天大学出版社,2022.

[4] 朱和国,王秀娟,刘吉梓. 材料科学研究与测试方法实验教程[M]. 南京:东南大学出版社,2019.

[5] 任凤章. 材料物理基础[M]. 2 版. 北京:机械工业出版社,2012.

[6] 刘强,黄新友. 材料物理性能[M]. 北京:化学工业出版社,2009.

[7] 李志林. 材料物理[M]. 2 版. 北京:化学工业出版社,2014.

[8] 杨尚林,张宇,桂太龙. 材料物理导论[M]. 哈尔滨:哈尔滨工业大学出版社,1999.

[9] 吴锵,黄洁雯,唐国栋. 材料物理基础[M]. 北京:国防工业出版社,2014.

[10] 吴开明,李云宝. 材料物理实验教程[M]. 北京:科学出版社,2012.

[11] 吴其胜. 材料物理性能[M]. 2 版. 上海:华东理工大学出版社,2018.

[12] 吴雪梅,诸葛兰剑,吴兆丰,等. 材料物理性能与检测[M]. 北京:科学出版社,2012.

[13] 陈木青,戴伟. 材料物理实验教程[M]. 武汉:华中科技大学出版社,2018.

[14] 周小中,关晓琳,彭辉,等. 材料科学基础实验[M]. 北京:化学工业出版社,2022.

[15] 赵玉增,任平,张俊喜. 材料物理性能测定及分析实验[M]. 北京:冶金工业出版社,2022.

[16] 郝兰众,韩治德,胡松青. 材料物理实验[M]. 东营:中国石油大学出版社,2017.

[17] 胡赓祥,蔡珣,戎咏华. 材料科学基础[M]. 3 版. 上海:上海交通大学出版社,2010.

[18] 高继华,谷坤明,谢玲玲. 材料物理基础[M]. 北京:清华大学出版社,2019.

[19] 高智勇,隋解和,孟祥龙. 材料物理性能及其分析测试方法[M]. 2版. 哈尔滨:哈尔滨工业大学出版社,2020.

[20] 曹万强,江娟,张传坤,等. 材料物理专业实验教程[M]. 北京:冶金工业出版社,2016.

[21] 雷文. 材料物理实验教程[M]. 南京:东南大学出版社,2018.

[22] 熊兆贤. 材料物理导论[M]. 3版. 北京:科学出版社,2012.